全国高等院校计算机基础教育"十三五"规划教材

MySQL 数据库程序设计

何元清　魏　哲　主　编

张　欢　张娅岚　周　敏　副主编

U0310504

中国铁道出版社有限公司
CHINA RAILWAY PUBLISHING HOUSE CO., LTD.

内 容 简 介

MySQL 是世界上最受欢迎的开源关系数据库管理系统之一，由于其性能优越、功能强大，已经广泛应用于互联网上各类中小型网站及信息管理系统的应用开发，受到广大软件爱好者及商业软件用户的青睐。

本书以讲解 MySQL 数据库基础知识为目标，以完成学生信息管理案例的实现为载体，深入讲解数据库基础知识、MySQL 编程、数据库和表的操作、视图管理、数据管理、PHP 的 MySQL 编程等内容。

本书内容丰富、讲解细致，适合作为高等院校非计算机专业数据库程序设计的教材，也可作为培训机构的培训教材和全国计算机等级考试（二级）MySQL 数据库程序设计的培训教材，同时也是一本面向广大 MySQL 爱好者的实用参考书。

图书在版编目（CIP）数据

MySQL 数据库程序设计 / 何元清，魏哲主编. —北京：中国铁道出版社，2018.1（2024.1重印）
全国高等院校计算机基础教育"十三五"规划教材
ISBN 978-7-113-24180-3

Ⅰ.①M… Ⅱ.①何… ②魏… Ⅲ.①SQL 语言-程序设计-高等学校-教材 Ⅳ.①TP311.132.3

中国版本图书馆 CIP 数据核字（2017）第 330991 号

书　　名：MySQL 数据库程序设计
作　　者：何元清　魏　哲

策　　划：周海燕　　　　　　　　　　　　　　　编辑部电话：（010）63549501
责任编辑：周海燕　彭立辉
封面设计：乔　楚
责任校对：张玉华
责任印制：樊启鹏

出版发行：中国铁道出版社有限公司（100054，北京市西城区右安门西街 8 号）
网　　址：http://www.tdpress.com/51eds/
印　　刷：三河市航远印刷有限公司
版　　次：2018 年 1 月第 1 版　　2024 年 1 月第 7 次印刷
开　　本：787mm×1092mm　1/16　印张：15　字数：362 千
书　　号：ISBN 978-7-113-24180-3
定　　价：38.00 元

　　随着科技的发展，计算机技术应用已经涉及人们生活的方方面面，对人们的生活方式产生了重要的影响。数据库技术是计算机技术的核心技术，支撑着整个计算机信息系统和应用系统，特别是随着大数据时代的到来，数据库技术已经成为当前计算机技术领域最活跃的版块之一。数据处理与应用能力已经成为大学生的基本素质之一，也关系到学生的择业及就业后对工作的适应能力。MySQL 是世界上最受欢迎的开源关系数据库管理系统之一，由于其性能优越、功能强大，已经广泛应用于互联网上各类中小型网站及信息管理系统的应用开发，受到广大软件爱好者及商业软件用户的青睐。"MySQL 数据库程序设计"是根据教育部计算机基础教学指导委员会"1+X"培养要求开设的公共基础课程，该课程对学生的知识结构、素质的培养、智力的开发等变得越来越重要。对此，我们在多年教学实践的基础上，根据人才培养的新要求以及新时代教育技术和教学手段在教学改革中的应用现状和水平，编写了本书。

　　全书共分三篇 11 章，基础篇包括第 1～3 章，实践篇包括第 4～9 章，应用篇包括第 10～11 章，全面介绍了"MySQL 数据库程序设计"课程要求的各方面知识，包括数据库基础知识、MySQL 编程、数据库和表的操作、视图管理、数据管理以及 PHP 的 MySQL 编程等内容。全书以完成学生信息管理案例的实现为载体，内容系统、新颖、简明、实用。为帮助读者更好地掌握知识点和操作技能，每章最后配有习题，还同步编写了配套上机指导教材。

　　本书由何元清、魏哲任主编，张欢、张娅岚、周敏任副主编，傅强和刘晓东主审。其中，第 1～3 章由何元清编写，第 4～6 章由张娅岚编写，第 7、8 章由张欢编写，第 9 章由周敏、魏哲编写，第 10、11 章由魏哲编写。全书由何元清统稿、定稿。

　　本书在编写过程中得到中国民航飞行学院各级领导和同行专家的大力支持和帮助，计算机工程教研室罗银辉、刘光志、戴蓉、路晶、宋海军、华漫、徐国标在资料的收集和整理方面付出了辛勤的劳动。在编写过程中，中国民航飞行学院教务处也给予了大力支持，在此一并表示衷心感谢。

　　由于时间仓促，编者水平有限，书中难免存在疏漏和不妥之处，敬请读者批评指正。

编　者

2017 年 11 月

基 础 篇

实 践 篇

应　用　篇

第1章 数据库系统概述

本章导读

数据库技术从诞生到现在，在不到半个世纪的时间里，形成了坚实的理论基础、成熟的商业产品和广泛的应用领域，吸引了越来越多的研究者加入，使得数据库成为一个研究者众多且被广泛关注的研究领域。随着信息管理内容的不断扩展和新技术的层出不穷，数据库技术面临着前所未有的挑战。那么什么是数据库？如何管理人们面临的越来越多的信息内容？本章将具体进行介绍。

学习目标

- 了解数据库技术的发展、特点。
- 掌握数据库的基本知识、体系结构。
- 理解数据库模型。

1.1 数据库基础

1.1.1 数据、信息、数据处理

数据、信息和数据处理是与数据库密切相关的 3 个基本概念。

1. 数据

人们通常使用各种各样的物理符号来表示客观事物的特征，这些符号及其组合就是数据。数据的概念包括两方面：数据内容和数据形式。数据内容是指所描述客观事物的具体特性，也就是通常所说的数据的"值"；数据形式则是指数据内容存储在媒体上的具体形式，也就是通常所说的数据的"类型"。数据主要有数字、文字、声音、图形和图像等多种形式。

2. 信息

信息是指数据经过加工处理后获取的有用知识。信息是客观事物属性的反映，是有用的数据。信息无处不在，它存在于人类社会的各个领域，而且不断变化，人们需要不断获取信息、加工信息，运用信息为社会的各个领域服务。

数据和信息是两个相互联系但又相互区别的概念。数据是信息的具体表现形式；信息是数据有意义的表现，是数据的内涵，是对数据语义的解释。

3. 数据处理

数据处理也称信息处理，就是将数据转换为信息的过程。数据处理的内容主要包括：数据的收集、整理、存储、加工、分类、维护、排序、检索和传输等。数据处理的目的是从大量的数据

中，根据数据自身的规律及其相互联系，通过分析、归纳、推理等科学方法，利用计算机技术、数据库技术等技术手段，提取有效的信息资源，为进一步分析、管理和决策提供依据。

例如，学生各门成绩为原始数据，经过计算得出平均成绩和总成绩等信息，这个计算处理的过程就是数据处理。

1.1.2　数据库技术的产生与发展

计算机数据处理技术与其他技术的发展一样，经历了由低级到高级的发展过程。计算机数据管理随着计算机硬件（主要是外存储器）、软件技术和计算机应用范围的发展而不断发展，管理水平不断提高，管理方式也发生了很大的变化。数据库管理技术的发展主要经历了人工管理、文件管理和数据库管理 3 个阶段。

1．人工管理阶段

早期的计算机主要用于科学计算，计算处理的数据量很小，基本上不存在数据管理的问题。20 世纪 50 年代初，计算机开始应用于数据处理。当时的计算机没有专门管理数据的软件，也没有像磁盘这样可随机存取的外部存储设备，对数据的管理也没有一定的格式。数据依附于处理它的应用程序，使数据和应用程序一一对应，互为依赖。

由于数据与应用程序的对应、依赖关系，某应用程序中的数据无法被其他程序利用，程序与程序之间存在着大量重复数据，即数据冗余；同时，由于数据是对应某一应用程序的，使得数据的独立性很差，如果数据的类型、结构、存取方式或输入/输出方式发生变化，处理它的程序必须相应改变，数据结构性差，而且数据不能长期保存。

在人工管理阶段存在的主要问题如下：

① 数据不具有独立性，程序和数据一一对应。

② 数据不保存，包含在程序中。数据在程序运行完后和程序一起释放。

③ 数据需要程序自己管理，没有进行数据管理的软件。

④ 数据不共享，一组数据只能对应一个程序。

人工管理阶段程序与数据的对应关系如图 1-1 所示。

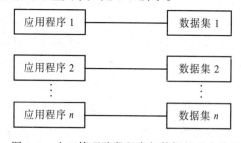

图 1-1　人工管理阶段程序与数据的对应关系

2．文件管理阶段

从 20 世纪 50 年代后期开始至 60 年代末为文件管理阶段。应用程序通过操作系统的文件管理功能来管理数据。由于计算机存储技术的发展和软件系统的进步，如计算机硬件出现了可直接存取的磁盘、磁带及磁鼓等外部存储设备；软件出现了高级语言和操作系统，数据处理应用程序利用操作系统的文件管理功能，将相关数据按一定的规则构成文件，通过文件系统对文件中的数据进行存取、管理，形成数据的文件管理方式。

在文件管理阶段，文件系统为程序与数据之间提供了一个公共接口，使应用程序采用统一的存取方式来存取、操作数据。程序与数据之间不再是直接的对应关系，因而程序和数据有了一定的独立性。但文件系统只是简单地存储数据，数据的存取在很大程度上仍依赖于应用程序，不同程序难于共享同一数据文件。与早期的人工管理阶段相比，利用文件系统管理数据的效率和数量都有很大的提高，但仍存在以下问题：

① 数据独立性较差，没有完全独立。

② 存在数据冗余。

③ 数据不能集中管理。

文件管理阶段应用程序与数据之间的关系如图 1-2 所示。

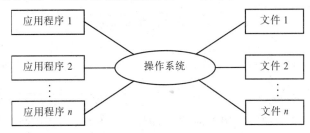

图 1-2　文件管理阶段应用程序与数据之间的关系

3. 数据库管理阶段

数据库管理阶段是 20 世纪 60 年代末在文件管理基础上发展起来的。随着计算机系统性价比的持续提高、软件技术的不断发展，人们克服了文件系统的不足，开发了一类新的数据管理软件——数据库管理系统（Database Management System，DBMS），运用数据库技术进行数据管理，将数据管理技术推向了数据库管理阶段。

数据库技术使数据有了统一的结构，对所有的数据实行统一、集中、独立的管理，以实现数据的共享，保证数据的完整性和安全性，提高了数据管理效率。数据库也是以文件方式存储数据的，但它是数据的一种高级组织形式。在应用程序和数据库之间，由 DBMS 把所有应用程序中使用的相关数据汇集起来，按统一的数据模型，以记录为单位存储在数据库中，为各个应用程序提供方便、快捷的查询、操纵。

数据库系统与文件系统的区别：数据库中数据的存储是按同一结构进行的，不同的应用程序都可直接操作使用这些数据，应用程序与数据间保持高度的独立性；数据库系统提供了一套有效的管理手段，保持数据的完整性、一致性和安全性，使数据具有充分的共享性；数据库系统还为用户管理、控制数据的操作，提供了功能强大的操作命令，用户可通过直接使用命令或将命令嵌入应用程序中，简单方便地实现数据的管理、控制操作。

数据库管理阶段的主要特点：

① 实现了数据结构化。

② 实现了数据共享。

③ 实现了数据独立。

④ 实现了数据的统一控制。

数据库管理阶段应用程序与数据之间的关系如图 1-3 所示。

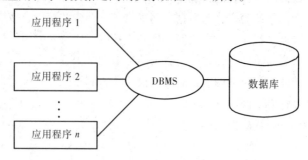

图 1-3　数据库管理阶段应用程序与数据之间的关系

1.2　数据库系统结构

1.2.1　数据库系统的基本概念

1. 数据库系统的组成

数据库系统（Database System，DBS），是一个计算机应用系统。它由数据库、数据库管理系统、计算机硬件、计算机软件（包括操作系统、语言及编译系统等）和用户等部分组成，如 1-4 所示。

（1）数据库

数据库（Database，DB）是指数据库系统中按一定的组织形式存储在一起的相互关联的数据的集合。数据

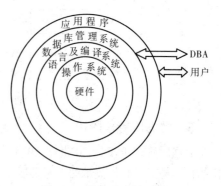

图 1-4　数据库系统的组成

库中的数据也是以文件的形式存储在存储介质上的，它是数据库系统操作的对象和结果。数据库中的数据具有集中性和共享性。所谓集中性是指把数据库看成性质不同的数据文件的集合，其中的数据冗余很小。所谓共享性是指多个不同用户使用不同语言，为了不同应用目的可同时存取数据库中的数据。

数据库中的数据由 DBMS 进行统一管理和控制，用户对数据库进行的各种数据操作都是通过 DBMS 实现的。

（2）数据库管理系统

数据库管理系统（DBMS）是指负责数据库存取、维护、管理的系统软件。DBMS 提供对数据库中数据资源进行统一管理和控制的功能，将用户应用程序与数据库数据相互隔离。它是数据库系统的核心，其功能的强弱是衡量数据库系统性能优劣的主要指标。它主要包括如下功能：

① 数据库定义（描述）功能。

② 数据库操纵功能。

③ 数据库管理功能。

④ 通信功能。

（3）计算机硬件

计算机硬件（Hardware）是数据库系统赖以存在的物质基础，是存储数据及运行数据库管理

系统的硬件资源，主要包括主机、存储设备、I/O 通道等。大型数据库系统一般都建立在计算机网络环境下。为使数据库系统获得较满意的运行效果，应对计算机的 CPU、内存、磁盘、I/O 通道等技术性能指标进行较高的配置。

（4）计算机软件

软件系统包括支持数据库管理系统运行的操作系统（如 Windows XP/7/10 等）、开发应用程序的高级语言及其编译系统等。

（5）应用程序

应用程序（Application）是在 DBMS 的基础上，由用户根据应用的实际需要所开发的、处理特定业务的程序。应用程序的操作范围通常仅是数据库的一个子集，即用户所需的那部分数据。

（6）用户

用户（User）是指管理、开发、使用数据库系统的所有人员，通常包括数据库管理员、应用程序员和终端用户。数据库管理员（Database Administrator，DBA）负责管理、监督、维护数据库系统的正常运行；应用程序员（Application Programmer）负责分析、设计、开发、维护数据库系统中运行的各类应用程序；终端用户（End-User）是在 DBMS 与应用程序支持下，操作使用数据库系统的普通使用者。不同规模的数据库系统，用户的人员配置可以根据实际情况有所不同，大多数用户都属于终端用户。在小型数据库系统中，特别是在微机上运行的数据库系统中，通常 DBA 由终端用户担任。

2．数据库系统的特点

数据库系统的出现是计算机数据处理技术的重大进步，它具有以下特点：

① 数据共享：指多个用户可以同时存取数据而不相互影响。数据共享包括以下三方面：所有用户可以同时存取数据；数据库不仅可以为当前的用户服务，也可以为将来的新用户服务；可以使用多种语言完成与数据库的接口。

② 减少数据冗余：数据冗余就是数据重复，既浪费存储空间，又容易导致数据不一致。在非数据库系统中，由于每个应用程序都有自己的数据文件，所以数据存在着大量的重复。

③ 具有较高的数据独立性：所谓数据独立是指数据与应用程序之间彼此独立，不存在相互依赖的关系。应用程序不必随数据存储结构的改变而变动，这是数据库一个最基本的优点。

④ 增强了数据安全性和完整性：数据库加入的安全保密机制，可以防止对数据的非法存取。数据库的集中控制方式，有利于控制数据的完整性；数据库系统采取的并发访问控制，保证了数据的正确性；另外，数据库系统还采取了一系列措施，实现了对数据库破坏的恢复。

3．数据库应用系统

数据库应用系统（Database Application System，DBAS）是在 DBMS 支持下根据实际问题开发出来的数据库应用软件，它包括数据库和应用程序两部分，需要在 DBMS 支持下开发。由于数据库的数据要被不同的应用程序共享，因此在开发应用程序之前要先设计数据库，然后开发应用程序。应用程序的开发可通过"功能分析—总体设计—详细设计—编码—调试"等步骤来实现。

1.2.2　数据库系统的体系结构

为了有效地组织、管理数据，提高数据库的逻辑独立性和物理独立性，人们为数据库设计了一个严谨的体系结构，包括 3 个模式（模式、外模式和内模式）和 2 个映射（外模式–模式映射和模式–内模式映射）。美国 ANSI/X3/SPARC 的数据库管理系统研究小组于 1975 年、1978 年提出了标准化的建议，将数据库结构分为 3 级：面向用户或应用程序员的用户级；面向建立和维护数据库人员的概念级；面向系统程序员的物理级。用户级对应外模式，概念级对应模式，物理级对应内模式，所以不同级别的用户对数据库可以形成不同的视图。

1. 模式

模式又称概念模式或逻辑模式，对应于概念级。它是由数据库设计者综合所有用户的数据，按照统一的观点构造的全局逻辑结构，是对数据库中全部数据的逻辑结构和特征的总体描述，是所有用户的公共数据视图（全局视图）。它是由数据库系统提供的模式数据描述语言（Data Description Language，DDL）来描述、定义的，体现、反映了数据库系统的整体观。

2. 外模式

外模式又称子模式，对应于用户级。它是某个或某几个用户所看到的数据库的数据视图，是与某一应用有关的数据的逻辑表示。外模式是从模式导出的一个子集，包含模式中允许特定用户使用的那部分数据。用户可以通过外模式描述语言（外模式 DLL）来描述、定义用户的数据记录，也可以利用数据操纵语言（Data Manipulation Language，DML）对这些数据记录进行操作。外模式反映了数据库的用户观。

3. 内模式

内模式又称存储模式，对应于物理级。它是数据库中全体数据的内部表示或底层描述，是数据库最低一级的逻辑描述，它描述了数据在存储介质上的存储方式和物理结构，对应着实际存储在外存储介质上的数据库。内模式由内模式描述语言（内模式 DLL）来描述、定义，它是数据库的存储观。

4. 三级模式间的映射

数据库系统的三级模式是数据在 3 个级别（层次）上的抽象，使用户能够逻辑地、抽象地处理数据而不必关心数据在计算机中的物理表示和存储。实际上，对于一个数据库系统而言，只有物理级数据库是客观存在的，它是进行数据库操作的基础；概念级数据库不过是物理数据库的一种逻辑的、抽象的描述（即模式）；用户级数据库则是用户与数据库的接口，它是概念级数据库的一个子集（外模式）。

用户应用程序根据外模式进行数据操作，通过外模式—模式映射，定义和建立某个外模式与模式间的对应关系，将外模式与模式联系起来，当模式发生改变时，只要改变其映射，就可以使外模式保持不变，对应的应用程序也可保持不变；另一方面，通过模式—内模式映射，定义建立数据的逻辑结构（模式）与存储结构（内模式）间的对应关系，当数据的存储结构发生变化时，只需改变模式—内模式映射，就能保持模式不变，因此应用程序也可以保持不变。

1.3　数　据　模　型

数据模型是现实世界数据特征的抽象，用于描述一组数据的概念和定义，数据模型按应用层次又分为概念模型和逻辑模型。概念模型是面向客观世界和用户的模型，用于数据库设计；逻辑模型是面向计算机系统的模型，用于数据库管理系统的实现。

1.3.1　概述

为方便计算机处理现实世界中的具体事物，必须把具体事物转换成计算机能够处理的数据。在数据库系统中，基本思想是把现实世界中的客观事物抽象为概念数据模型，然后再将概念数据模型转换成某一数据库管理系统支持的逻辑数据模型，如图 1-5 所示。

概念模型是数据库设计人员进行数据库设计的一种重要工具，也是数据库设计人员和用户之间进行交流的语言，E-R 模型是最常使用的一种概念模型。逻辑模型是面向数据库系统的模型，用于 DBMS 的实现，数据库管理系统常用的逻辑模型包括层次模型、网状模型和关系模型。

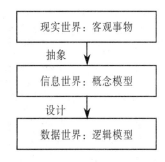

图 1-5　客观事物到数据的抽象过程

1.3.2　概念模型

概念数据模型与 DBMS 无关的，主要用于信息世界的建模，是现实世界到信息世界的第一层抽象。概念模型应该具有较强的语义表达能力，能够方便、直接地表达应用中的各种语义知识，同时也具有简单、清晰、易于用户理解等特点。

1．基本概念

（1）实体

实体是存在于现实世界中并且可以与其他物体区分开的物体，它可以是一个具体事物，如一个人、一辆汽车等，也可以是抽象的事物，如一个表、一个项目等。

（2）属性

属性用于描述实体的特征，一个实体可由若干个属性来表述。例如，办公桌有长、宽、高、颜色、重量等属性；学生有学号、姓名、性别、出生日期等属性。

（3）联系

在现实世界中，事物之间都存在相互联系。联系是实体集之间关系的抽象表示，实体集之间的联系分为 3 种：

① 一对一联系（1:1）：对于两个实体集 A 和 B，若 A 中的每一个值在 B 中至多有一个实体值与之对应，反之亦然，则称实体集 A 和 B 具有一对一的联系。例如，一个班级只有一个班长，而一个班长只在一个班级，则班级与班长之间具有一对一的联系。

② 一对多联系（1:N）：对于两个实体集 A 和 B，若 A 中的每一个值在 B 中有多个实体值与之对应，反之 B 中每一个实体值在 A 中至多有一个实体值与之对应，则称实体集 A 和 B 具有一对多的联系。例如，一个班长可以有多个同学，但是每个学生只能有一个班长，则班长与学生之间存在一对多的联系。

③ 多对多联系（$M:N$）：对于两个实体集 A 和 B，若 A 中每一个实体值在 B 中有多个实体值与之对应，反之亦然，则称实体集 A 与实体集 B 具有多对多的联系。例如，一个学生可以选修多门课程，而每门课程可以有多个学生选修，则学生与课程之间存在多对多的联系。

2．表示方法

通常用实体–联系方法表示概念模型，该方法用 E–R 模型来描述，如图 1–6 所示。

（E–R 图）

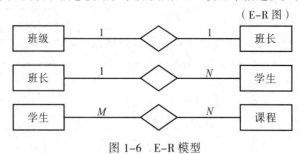

图 1–6　E–R 模型

E–R 图提供了表示信息世界中实体、属性和联系的方法。

① 实体型用矩形框表示，框中描述实体名。

② 联系用菱形框表示，框中描述联系名。

③ 属性用椭圆形框表示，框中描述属性名。

④ 连线用于描述实体与属性，实体与联系、联系与属性之间的连接。

1.3.3　逻辑模型

逻辑模型是用户从数据库所看到的模型，是具体的 DBMS 所支持的数据模型，分为 3 种：层次模型、网状模型、关系模型。

1．层次模型

用树形结构表示数据及其联系的数据模型称为层次模型（Hierarchical Model）。树是由结点和连线组成，结点表示数据集，连线表示数据之间的联系，树形结构只能表示一对多联系。通常将表示"一"的数据放在上方，称为父结点；而表示"多"的数据放在下方，称为子结点。树的最高位置只有一个结点，称为根结点。根结点以外的其他结点都有且仅有一个父结点与它相连，同时可能有一个或多个子结点与它相连。没有子结点的结点称为叶结点，它处于分支的末端。

层次模型的基本特点：

① 有且仅有一个结点无父结点，称其为根结点。

② 其他结点有且只一个父结点。

支持层次数据模型的 DBMS 称为层次数据库管理系统，在这种系统中建立的数据库是层次数据库。层次模型可以直接方便地表示一对一联系和一对多联系，但不能用它直接表示多对多联系。采用层次模型结构的数据库的典型代表是 IBM 公司的 IMS（Information Management System）数据库管理系统。该系统于 1986 年推出，是第一个大型商用数据库管理系统，曾经得到广泛应用。例如，学院机构就是一个典型的层次数据模型，如图 1–7 所示。

2．网状模型

用网络结构表示数据及其联系的数据模型称为网状模型（Network Model）。网状模型是层次模型的拓展，网状模型的结点间可以任意发生联系，能够表示各种复杂的联系。

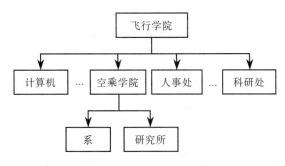

图 1-7　学院机构示意图

网状模型的基本特点：

① 一个以上结点无父结点。

② 至少一个结点有多于一个的父结点。

网状模型和层次模型在本质上是一样的，从逻辑上看，它们都是用结点表示数据，用连线表示数据间的联系。从物理上看，层次模型和网状模型都是用指针来实现两个结点之间的联系。层次模型是网状模型的特殊形式，网状模型是层次模型的一般形式。

支持网状模型的 DBMS 称为网状数据库管理系统，在这种系统中建立的数据库是网状数据库。网状结构可以直接表示多对多联系，这也是网状模型的主要优点。采用网状模型结构的数据库的典型代表是 20 世纪 70 年代数据系统语言研究会（Conference on Data System Language，CODASYL）下属的数据库任务组（Database Task Group，DBTG）提出的一个系统方案，即 DBTG 系统。例如，学生和课程的关系，就是一个典型的网状模型，如图 1-8 所示。

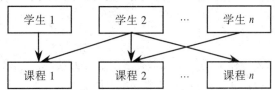

图 1-8　学生和课程的网状模型图

3．关系模型

人们习惯用表格形式表示一组相关的数据，既简单又直观，表 1-1 所示为一张学生基本情况表（stu）。这种由行与列构成的二维表，在数据库理论中称为关系，用关系表示的数据模型称为关系模型（Relational Model）。在关系模型中，实体和实体间的联系都是用关系表示的，也就是说，二维表格中既存放着实体本身的数据，又存放着实体间的联系。关系不但可以表示实体间一对多的联系，通过建立关系间的关联，也可以表示多对多的联系。

表 1-1　学生基本情况表

stuID	stuName	stuSex	stuBirth	stuSchool
20160111001	王小强	男	1997-08-17	飞行技术学院
20160111002	何金品	男	1998-06-12	飞行技术学院
20160211011	李红梅	女	1997-07-19	交通运输学院
20160310022	张志斌	男	1998-07-10	航空工程学院

stuID	stuName	stuSex	stuBirth	stuSchool
20160310023	张影	女	1998-01-13	航空工程学院
20160411002	张雪	女	1998-04-12	外国语学院
20160411033	王雪瑞	女	1997-05-17	外国语学院
20160511002	朱严方	男	1997-04-24	计算机学院
20160511011	何家驹	男	1997-09-14	计算机学院
20160511017	张毅	男	1998-02-12	计算机学院
20160611023	张股梅	女	1998-03-14	运输管理学院
20160711027	唐影	女	1997-10-05	空中乘务学院
20160722018	朱宏志	男	1998-06-13	安全工程学院

关系模型是建立在关系代数基础上的，因而具有坚实的理论基础。与层次模型和网状模型相比，具有数据结构单一、理论严密、使用方便、易学易用等特点，因此，目前绝大多数数据库系统的数据模型，都采用关系数据模型，它已成为数据库应用的主流。例如，MySQL 就是一种典型的关系型数据库管理系统。关系模型的主要优点：

① 数据结构单一。

② 关系规范化，并建立在严格的理论基础上。

③ 概念简单，操作方便。

1.3.4　关系数据库系统

1. 关系的基本概念

① 关系：一个关系就是一张二维表，通常将一个没有重复行、重复列的二维表看成一个关系，每个关系都有一个关系名。例如，表 1-1 学生基本情况表就代表一个关系，"学生基本情况"为关系名。

② 元组：二维表的每一行在关系中称为元组。一个元组对应表中一个记录。

③ 属性：二维表的每一列在关系中称为属性，每个属性都有一个属性名，属性值则是各个元组属性的取值。

④ 域：属性的取值范围称为域。域作为属性值的集合，其具体类型与范围由属性的性质及其所表示的意义确定。同一属性只能在相同域中取值。

⑤ 码（关键字）：关系中能唯一区分、确定不同元组的属性或属性组合，称为该关系的一个关键字。单个属性组成的关键字称为单关键字，多个属性组合的关键字称为组合关键字。需要强调的是，关键字的属性值不能取"空值"，所谓空值就是"不知道"或"不确定"的值，因而无法唯一地区分、确定元组。表 1-1 中学号属性可以作为单关键字，因为学号不允许相同，而姓名则不能作为关键字。

⑥ 候选码（候选关键字）：关系中能够成为关键字的属性或属性组合可能不是唯一的。凡在关系中能够唯一区分、确定不同元组的属性或属性组合，称为候选关键字。例如，表 1-1 中学号

属性就是候选关键字。

⑦ 主码（主关键字）：在候选关键字中选定一个作为关键字，称为该关系的主关键字。关系中主关键字是唯一的。

⑧ 外部关键字：关系中某个属性或属性组合并非关键字，但却是另一个关系的主关键字，称此属性或属性组合为本关系的外部关键字。关系之间的联系是通过外部关键字实现的。

关系模式：对关系的描述称为关系模式，其格式为：

关系名（属性名 1，属性名 2，...，属性名 n）

关系既可以用二维表格描述，也可以用数学形式的关系模式来描述。一个关系模式对应一个关系的数据结构，即表的数据结构。例如，表 1-1 对应的关系，其关系模式可以表示为：

学生基本情况（学号，姓名，性别，出生日期，学校）

其中，"学生基本情况"为关系名，括号中各项为该关系所有的属性名。

2．关系的基本特点

在关系模型中，关系具有以下基本特点：

① 关系必须规范化，属性不可再分割。

② 在同一关系中不允许出现相同的属性名。

③ 在同一关系中元组及属性的顺序可以任意交换。

④ 任意交换两个元组（或属性）的位置，不会改变关系模式。

3．关系规范化

在关系数据库中，数据表中数据如何组织是非常重要的问题，关系规范化的基本思想就是逐步消除数据依赖关系中不合适的部分，使得依赖于同一数据模型的数据达到有效分离，每个关系具有独立属性，同时又依赖共同关键字。所谓规范化就是每个关系满足一定规范要求，根据满足规范条件不同，可以分为 6 个等级，分别称为 1NF、2NF、3NF、BCNF、4NF、5NF，一般解决问题时数据表达到第三范式就可以满足需要。

关系规范化的 3 个范式规范要求如下：

① 第一范式（1NF）：在一个关系中消除重复字段，且各字段都是不可分割的基本数据项。

② 第二范式（2NF）：若关系模型属于第一范式，且关系中所有非主属性完全依赖于码。

③ 第三范式（3NF）：若关系模型属于第二范式，且关系中所有非主属性直接依赖于码。

4．关系运算

在关系数据库中查询用户所需数据时，需要对关系进行一定的关系运算。关系运算主要有选择、投影和连接 3 种。

（1）选择

选择（Selection）运算是从关系中查找符合指定条件元组的操作。以逻辑表达式作为选择条件，选择运算将选取使逻辑表达式为真的所有元组。选择运算的结果构成关系的一个子集，是关系中的部分元组，其关系模式不变。选择运算是从二维表格中选取若干行的操作，在数据表中则是选取若干个记录的操作。

（2）投影

投影（Projection）运算是从关系中选取若干个属性的操作。从关系中选取若干属性形成一个新的关系，其关系模式中属性个数比原关系少，或者排列顺序不同，同时也可能减少某些元组。因为排除了一些属性后，特别是排除了原关系中关键字属性后，所选属性可能有相同值，出现相同的元组，而关系中必须排除相同元组，从而有可能减少某些元组。投影是从二维表格中选取若干列的操作，在数据表中则是选取若干个字段。

（3）连接

连接（Join）运算是将两个关系模式的若干属性拼接成一个新的关系模式的操作，对应的新关系中，包含满足连接条件的所有元组。连接过程是通过连接条件来控制的，连接条件中将出现两个关系中的公共属性名，或者具有相同语义、可比性的属性。连接是将两个二维表格中的若干列，按同名等值的条件拼接成一个新二维表格的操作。在数据表中则是将两个数据表的若干字段，按指定条件（通常是同名等值）拼接生成一个新的表。

5. 关系完整性

关系完整性是为保证数据库中数据的正确性和相容性，对关系模型提出的某种约束条件或规则。完整性通常包括实体完整性、域完整性、参照完整性和用户定义完整性，其中实体完整性、域完整性和参照完整性是关系模型必须满足的完整性约束条件。

（1）实体完整性

实体完整性（Entity integrity）是指关系的主关键字不能重复也不能取空值。一个关系对应现实世界中一个实体集。现实世界中的实体是可以相互区分、识别的，在关系模式中主关键字作为唯一性标识不能取空值，否则，关系模式中存在着不可标识的实体，这样的实体就不是一个完整实体。

（2）域完整性

域完整性（Domain Integrity）用于保证数据库字段取值的合理性，属性值应是域中的值，这是关系模式规定了的。域完整性约束是最简单、最基本的约束。

（3）参照完整性

参照完整性（Referential Integrity）是定义建立关系之间联系的主关键字与外部关键字引用的约束条件。关系数据库中通常都包含多个存在相互联系的关系，关系与关系之间的联系是通过公共属性来实现的。所谓公共属性是指一个关系 A 的主关键字，同时又是另一关系 B 的外部关键字，参照关系 B 中外部关键字的取值与被参照关系 A 中某元组主关键字的值相同或取空值，则两个关系符合参照完整性规则要求。

习　　题

一、选择题

1. 数据是信息的载体，信息是数据的（　　　　）。
　　A. 符号化表示　　　B. 载体　　　　　　　C. 内涵　　　　　　　D. 抽象

2. 数据模型是将概念模型中的实体及实体间的联系表示成便于计算机处理的一种形式。数据模型一般有关系模型、层次模型和（　　　　）。
　　A. 网络模型　　　B. E-R 模型　　　　　C. 网状模型　　　　　D. 实体模型

3．在有关数据管理的概念中，数据模型是指（　　　　）。

　　A．文件的集合　　　　　　　　　　B．记录的集合

　　C．记录及其联系的集合　　　　　　D．网状层次型数据库管理系统

4．在关系运算中，查找满足一定条件的元组的运算称为（　　　　）。

　　A．复制　　　　　B．选择　　　　　C．投影　　　　　D．关联

5．数据表是相关数据的集合，它不仅包括数据本身，而且包括（　　　　）。

　　A．数据之间的联系　　　　　　　　B．数据定义

　　C．数据控制　　　　　　　　　　　D．数据字典

6．在有关数据库的概念中，若干记录的集合称为（　　　　）。

　　A．字段　　　　　B．文件　　　　　C．数据项　　　　　D．数据表

7．如果一个关系中的一个属性或属性组能够唯一地标识一个元组，则称该属性或属性组为（　　　　）。

　　A．外关键字　　　B．候选关键字　　　C．主关键字　　　　D．关系

8．数据库、数据库系统、数据库关系系统这三者之间的关系是（　　　　）。

　　A．数据库系统包含数据库和数据库管理系统

　　B．数据库管理系统包含数据库和数据库系统

　　C．数据库包含数据库系统和数据库管理系统

　　D．数据库系统就是数据库，也就是数据库管理系统

9．一个关系相当于一张二维表，二维表中的各列相当于该关系的（　　　　）。

　　A．数据项　　　　B．元组　　　　　C．结构　　　　　D．属性

10．MySQL 是一个（　　　　）关系型数据库。

　　A．中小型　　　　B．大中型　　　　C．巨型　　　　　D．面向对象型

11．衡量数据库系统性能优劣的主要指标是（　　　　）功能的强弱。

　　A．DBMS　　　　B．DBS　　　　　C．DB　　　　　　D．DBAS

12．数据库的三级体系结构中面向系统程序员的是（　　　　）。

　　A．外模式　　　　B．模式　　　　　C．模式和内模式　　D．内模式

13．一个关系就是一张二维表，表中每一列的取值范围称为（　　　　）。

　　A．元组　　　　　B．属性　　　　　C．关系　　　　　D．域

14．下列关于关系模型的说法正确的是（　　　　）。

　　A．关系必须规范化，属性可以再分割

　　B．在同一关系中不允许出现相同的属性名

　　C．在同一关系中元组及属性的顺序不能任意交换

　　D．交换两个元组（或属性）的位置，关系模式跟着改变

15．数据库应用系统简称为（　　　　）。

　　A．DBMS　　　　B．DBS　　　　　C．DB　　　　　　D．DBAS

16．数据库人工管理阶段与文件系统阶段的主要区别是文件系统（　　　　）。

　　A．数据共享性强　　　　　　　　　B．数据可长期保存

　　C．采用一定的数据结构　　　　　　D．数据独立性好

17. 下列关于关系数据模型的术语中，与二维表中"行"的概念最接近的是（　　　）。

　　A．属性　　　　　B．关系　　　　　C．关键字　　　　　D．元组

18. 要保证数据库逻辑数据独立性，需要修改的是（　　　）。

　　A．模式　　　　　　　　　　　B．模式与外模式的映射

　　C．内模式　　　　　　　　　　D．模式与内模式的映射

19. 关系数据模型由 3 部分组成，分别是（　　　）。

　　A．数据结构、数据通信、关系操作

　　B．数据结构、数据通信、数据完整性约束

　　C．数据通信、数据操作、数据完整性约束

　　D．数据结构、数据操作、数据完整性约束

20. 数据库系统和文件系统的区别是（　　　）。

　　A．数据库系统复杂，文件系统简单

　　B．文件系统管理的数据量小，而数据库系统管理的数据量大

　　C．文件系统只能管理程序文件，而数据库系统能管理各种文件

　　D．文件系统不能解决数据冗余和数据独立性问题，而数据库系统能解决此问题

21. 具有数据冗余度小，数据共享以及较高数据独立性等特征的系统是（　　　）。

　　A．管理系统　　　　　　　　　　B．高级程序

　　C．文件系统　　　　　　　　　　D．数据库系统

22. 下列（　　　）运算不是专门的关系运算。

　　A．选择　　　　　B．笛卡儿积　　　　C．投影　　　　　D．连接

23. 数据库中（　　　）是指数据的正确性和相容性。

　　A．并发性　　　　B．完整性　　　　　C．安全性　　　　D．恢复性

24. 数据独立性是指（　　　）。

　　A．数据库系统　　　　　　　　　B．数据依赖于程序

　　C．数据不依赖于程序　　　　　　D．数据库管理系统

25. 在下面的两个关系中，学号和班级号分别为学生关系和班级关系的主键（或称主码），则外键是（　　　）。

学生（学号，姓名，班级号，成绩）

班级（班级号，班级名，班级人数，平均成绩）

　　A．学生关系的"班级号"　　　　　B．班级关系的"班级号"

　　C．学生关系的"学号"　　　　　　D．班级关系的"班级名"

26. 在一个关系中，如果有这样一个属性组存在，其值可以唯一地标识该关系中的一个元组，则该属性组称为（　　　）。

　　A．主属性　　　　B．候选码　　　　　C．数据项　　　　D．主属性值

27. 图书馆使用的图书管理系统属于（　　　）。

　　A．DBAS　　　　B．DBS　　　　　C．DB　　　　　D．DBMS

28. 数据、信息和（　　　）是与数据库密切相关的 3 个基本概念。

　　A．数据处理　　　B．关系　　　　　C．存储　　　　　D．数据管理

29. 下列对数据库管理阶段的主要特点描述中不正确的是(　　)。

    A. 实现了数据结构化　　　　　　　B. 实现了数据分析

    C. 实现了数据的独立　　　　　　　D. 实现了数据的统一控制

30. 大学一年级学生和大学计算机基础课程之间的关系为(　　)。

    A. 一对多　　　　B. 一对一　　　　C. 多对多　　　　D. 点对点

二、填空题

1. 数据库系统的核心是_____。

2. 关系型数据库的标准操作语言是_____。

3. 数据库管理系统常见的数据模型有层次、网状和_____ 3种。

4. 在关系中，每一行称为_____，用于表示一组数据项。

5. 对关系进行选择、投影、连接运算后，运算的结果仍然是一个_____。

6. 数据库系统由_____、数据库管理系统、计算机硬件、计算机软件和用户等部分组成。

7. 数据库管理系统的主要功能包括：数据库定义功能、_____、数据库管理功能、通信功能。

8. 数据库的三级体系结构是外模式、_____和内模式

9. 数据库系统的三级模式之间的映射分别是_____和模式—内模式映射。

10. 数据管理的发展经历了人工管理阶段、文件管理阶段和_____阶段。

11. 数据库系统的三级模式中，_____是用来定义数据库的全局逻辑结构的。

12. 数据模型描述的是数据库中数据与数据之间的_____。

13. 数据存储时存在着大量重复数据的现象称为_____。

14. 按一定的组织形式存储在一起的相互关联的数据的集合称为_____。

15. 数据库中的数据由_____进行统一管理和控制。

三、判断题

1. 在关系模型中，交换任意两行的位置不影响数据的实际含义。　　　　　　(　　)

2. 数据库系统也称为数据库管理系统。　　　　　　　　　　　　　　　　(　　)

3. 关系模型中，一个关键字至多由一个属性组成。　　　　　　　　　　　(　　)

4. 使用数据库系统可以避免数据的冗余。　　　　　　　　　　　　　　　(　　)

5. 数据库系统是为数据库的建立、使用和维护而配置的软件。　　　　　　(　　)

6. 人工管理阶段存在大量数据冗余。　　　　　　　　　　　　　　　　　(　　)

7. 数据库只包括描述事物的数据本身。　　　　　　　　　　　　　　　　(　　)

8. 数据库系统的核心是数据库管理员。　　　　　　　　　　　　　　　　(　　)

9. 人工管理阶段数据已经具有独立性，且程序和数据一一对应。　　　　　(　　)

10. 数据库系统是一个完整的计算机系统。　　　　　　　　　　　　　　　(　　)

11. 开发应用程序时要先开发程序，后设计数据库。　　　　　　　　　　　(　　)

12. 层次数据模型中除根结点以外的其他结点都有且仅有一个父结点。　　　(　　)

13. 关系中能够成为关键字的属性或属性组合可能不是唯一的。　　　　　　(　　)

14. 关系中同一属性可以在不同域中取值。　　　　　　　　　　　　　　　(　　)

15. 在数据库的设计过程中规范化是必不可少的。　　　　　　　　　　　　(　　)

第 2 章 \ MySQL 编程基础

本章导读

　　MySQL 作为一个关系数据库管理系统，已经广泛应用于互联网上各类中小型网站及信息管理系统的应用开发。本章介绍了 MySQL 数据库的发展、特点和集成开发环境 WampServer，采用命令行纯文本的方式，重点介绍了 MySQL 数据库交互过程中常用 SQL 语句的语法及使用，对 MySQL 中数据类型、表达式等基础知识做了详细介绍，有利于读者更好地理解和掌握 MySQL 编程基础，为后面的 MySQL 操作和编程打下坚实基础。

　　学习目标

- 了解 MySQL 数据库的发展和特点。
- 掌握 MySQL 编程基础。
- 掌握 MySQL 数据基础。

2.1　MySQL 概述

　　MySQL 是一种开放源代码的关系型数据库管理系统（RDBMS），由瑞典 AB 公司开发，现属于 Oracle 公司。MySQL 使用结构化查询语言（SQL）进行数据库管理。

1. MySQL 发展

　　MySQL 已经成为流行的关系数据库管理系统，并逐步占领了原有商业数据库的市场。Google、网易、久游等大公司都在使用 MySQL 数据库。而 MySQL 数据库也不再仅仅应用于 Web 项目，在网络游戏领域中，大部分后台数据库也都采用 MySQL 数据库，如劲舞团、魔兽世界、Second Life 等。此外，MySQL 数据库已成功应用于中国外汇交易中心、中国移动、国家电网等许多项目中。MySQL 数据库的发展可以概括为 3 个阶段：

　　（1）开源数据库阶段

　　1979 年，MySQL 创始人 Monty Widenius 用 BASIC 设计了一个报表工具，使其可以在 4 MHz 主频和 16 KB 内存的计算机上运行，不久用 C 语言进行了重写并移植到了 UNIX 平台，命名为 Unireg。

　　1990 年，Monty 借助于 MySQL 的代码，将它集成到自己的存储引擎中，但效果并不太令人满意。

　　1996 年，MySQL 1.0 发布，它只面向一小拨人，相当于内部发布。

　　1996 年 10 月，MySQL 3.11.1 发布，最开始只提供 Solaris 下的二进制版本。后来，MySQL 被依次移植到各个平台，并允许免费使用，但是不能将 MySQL 与自己的产品绑定在一起发布。

　　1998 年 1 月，MySQL 关系型数据库公开发行第一个版本。它使用系统核心的多线程机制提供完全的多线程运行模式，并提供了面向 C、C++、Eiffel、Java、Perl、PHP、Python 及 Tcl 等编程语言的编程接口(API)，支持多种字段类型，并且提供了完整的操作符支持。

1999 年，MySQL AB 公司在瑞典成立，Monty 与 Sleepycat 合作开发出了 Berkeley DB 引擎，MySQL 从此开始支持事务处理。

2000 年 4 月，MySQL 对旧的存储引擎 ISAM 进行了整理，将其命名为 MyISAM。

2001 年，MySQL 集成存储引擎 InnoDB，该引擎支持事务处理和行级锁，并成为最成功的 MySQL 事务存储引擎。

2003 年 12 月，MySQL 5.0 版本发布，提供了视图、存储过程等功能。

（2）Sun MySQL 阶段

2008 年 1 月，MySQL AB 公司被 Sun 公司以 10 亿美金收购，MySQL 数据库进入 Sun 时代。Sun 公司对其进行了大量的推广、优化、Bug 修复等工作。

2008 年 11 月，MySQL 5.1 发布，它提供了分区、事件管理，以及基于行的复制和基于磁盘的 NDB 集群系统，同时修复了大量的 Bug。

（3）Oracle MySQL 阶段

2009 年 4 月，Oracle 公司以 74 亿美元收购 Sun 公司，MySQL 数据库进入 Oracle 时代。

2010 年 12 月，MySQL 5.5 发布，其主要新特性包括半同步的复制及对 SIGNAL/RESIGNAL 的异常处理功能的支持，并加强了 MySQL 在企业级方面的特性，InnoDB 存储引擎也成为 MySQL 的默认存储引擎。

2013 年 2 月，MySQL5.6 发布，对查询性能做了相关优化，提高了 InnoDB 的处理效率，并且加入了新的 API 以用于查询和管理。

2015 年 10 月，MySQL5.7 发布，此版本为编写本书时的最新版 MySQL，功能最为强大。

随着 MySQL 的不断成熟及开放式的插件存储引擎架构的形成，越来越多的开发人员加入到 MySQL 存储引擎的开发中。而随着 InnoDB 存储引擎的不断完善，同时伴随着 LAMP 架构的崛起，在未来的数年中，MySQL 数据库仍将继续飞速发展。

本书使用的是 MySQL 5.7，在安全性、灵活性、易用性、可用性和性能等方面都是 MySQL 系列中最好的。MySQL 5.7 在用户安全、数据库内容加密上做了较大改进，并且加入的 JSON 查询，使得 MySQL 使用起来更加灵活；在性能上也有相关改进，包括临时表相关的性能改进、只读事务的性能优化、连接建立速度的优化和复制性能的改进，用户使用更加得心应手。

2. MySQL 特点

MySQL 具有以下主要特点：

① 高速：在 MySQL 中，使用了极快的"B 树"磁盘表（MyISAM）和索引压缩，通过使用优化的"单扫描多连接"，能够实现极快的连接，SQL 函数使用高度优化的类库实现，运行速度快。

② 安全：灵活和安全的权限和密码系统，允许基于主机的验证。连接到服务器时，所有的密码传输均采用加密形式，从而保证了密码安全。

③ 低廉：MySQL 采用 GPL 许可，用户可以免费使用 MySQL，对于一些商业用途，需要购买 MySQL 商业许可，但价格相对低廉。

④ 支持多平台：MySQL 支持包括 Linux、Windows、FreeBSD、IBM AIX、HP-UX、Mac OS、OpenBSD、Solaris 等 20 种开发平台，这使得用户可以选择多种平台实现自己的应用，并且在不同平台上开发的应用系统可以很容易在各种平台之间进行移植。

⑤ 支持多语言：MySQL 为各种流行的程序设计语言提供支持，为它们提供了很多 API 函数，包括 C、C++、Java、Perl、PHP 等。

⑥ 支持多存储器引擎：MySQL 中提供了多种数据库存储引擎，各引擎各有所长，适用于不同的应用场合，用户可以选择最合适的引擎以得到最高性能。

⑦ 支持大型数据库：InnoDB 存储引擎将 InnoDB 表保存在一个表空间内，该表空间可由数个文件创建。这样，表的大小就能超过单独文件的最大容量。表空间还可以包括原始磁盘分区，从而使构建很大的表成为可能，最大容量可以达到 64 TB。

2.2　WampServer

WampServer 是一款由法国人开发的 Apache Web 服务器、PHP 解释器以及 MySQL 数据库的整合软件包。本书使用的版本是 WampServer 3.0.6，官网下载地址为 http://www.wampserver.com/。

2.2.1　WampServer 组件

1. Apache 2.4.23

Apache HTTP Server（简称 Apache）是 Apache 软件基金会的一个开放源代码的网页服务器，可以在大多数计算机操作系统中运行，由于其多平台和安全性被广泛使用，是最流行的 Web 服务器端软件之一。它快速、可靠并且可通过简单的 API 扩展，将 Perl/Python 等解释器编译到服务器中。Apache 2.4.23 包含一些安全漏洞的修复。Apache 具有以下特点：

① 用于解析静态文本，并发性能高，侧重于 HTTP 服务。

② 支持静态页（HTML），不支持动态请求，如 CGI、Servlet/JSP、PHP、ASP 等。

③ 具有很强的可扩展性，可以通过插件支持 PHP，还可以单向连接 Tomcat。

④ 目前是世界使用排名第一的 Web 服务器。

2. PHP 5.6.25/7.0.10

PHP 是一种创建动态交互式站点的服务器端脚本语言，包含命令列执行接口（Command Line Interface）和图形使用者接口（GUI），可免费下载和使用。PHP 7 的速度是 PHP 5.6 的两倍，具有以下特性：

① 采用 PHP NG – Zend Engine 3。

② 抽象语法树。

③ 64 位的 INT 支持。

④ 统一的变量语法。

⑤ 新增 Closure::call()。

⑥ 一致性 foreach 循环。

⑦ 匿名类的支持。

⑧ 新增<=>、**、?? 、\u{xxxx}操作符。

⑨ 增加了返回类型的声明。

⑩ 增加了标量类型的声明。

⑪ 核心错误可以通过异常捕获。

⑫ 增加了上下文敏感的词法分析。

3．MySQL 5.7.14

MySQL 是一个关系型数据库管理系统，与前期版本比较，MySQL 5.7.14 在安全性、灵活性、易用性、可用性和性能等方面做了改进，数据库不需要进行任何修改，只需要将业务迁移到 MySQL 5.7 上，就能带来不少性能的提升。

4．phpMyAdmin 4.6.4

phpMyAdmin 是一个以 PHP 为基础，以 Web-Base 方式架构在网站主机上的 MySQL 的数据库管理工具，phpMyAdmin 是用 PHP 编写的软件工具，可以通过 Web 方式控制和操作 MySQL 数据库。通过 phpMyAdmin 可以对数据库进行建立、复制和删除数据等操作。

5．Adminer 4.2.5

Adminer 是一个类似于 phpMyAdmin 的 MySQL 全功能的数据库管理工具。Adminer 只有一个 PHP 文件，易于使用和安装，支持多语言，支持 PHP4.3+、MySQL 4.1+以上的版本。提供的功能包括：

① 创建、修改、删除索引/外键/视图/存储过程和函数。
② 查询、合计、排序数据。
③ 新增/修改/删除记录。
④ 支持所有数据类型，包括大字段。
⑤ 能够批量执行 SQL 语句。
⑥ 支持将数据、表结构、视图导成 SQL 或 CSV。
⑦ 能够外键关联打印数据库概要。
⑧ 能够查看进程和关闭进程；能够查看用户和权限并进行修改。
⑨ 管理事件和表格分区。

6．phpSysInfo 3.2.5

phpSysInfo 是基于 Apache 和 PHP 的监测服务器状态的软件，包括服务器使用的系统、核心版本、服务器硬件信息、网络设备的使用情况、内存的使用情况和磁盘信息等，在页面最顶端可以选择页面的风格和语言。

2.2.2　WampServer 安装与配置

1．WampServer 安装

WampServer 将 Apache、MySQL、PHP 的安装过程一并继承，并且做好了相应的配置，除此之外，还加上了 SQLitemanager 和 Phpmyadmin，省去了很多复杂的配置过程。

在 Windows 中安装 WampServer 的过程简单，启动安装程序后一直单击 Next 按钮即可完成安装。具体操作步骤如下：

① 双击安装文件，进入信息提示界面，如图 2-1 所示。
② 选择安装路径，如图 2-2 所示；选择开始菜单文件夹，如图 2-3 所示。安装过程中可根据具体需要做相应修改。

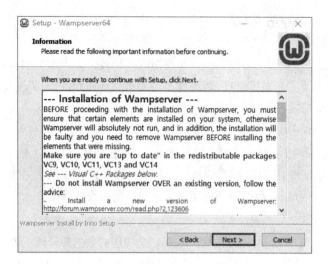

图 2-1　显示相关信息

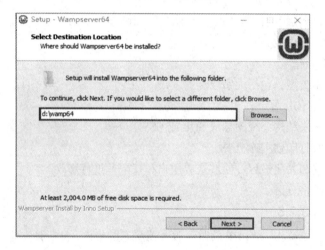

图 2-2　选择安装路径

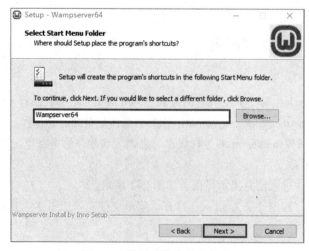

图 2-3　选择开始菜单文件夹

③ 进入准备安装界面，如图 2-4 所示。

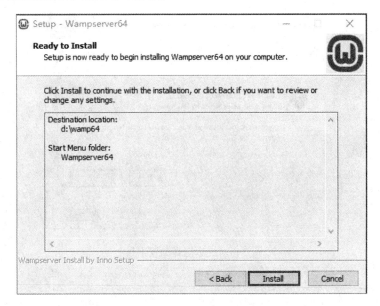

图 2-4　准备安装界面

④ 安装界面如图 2-5 所示。

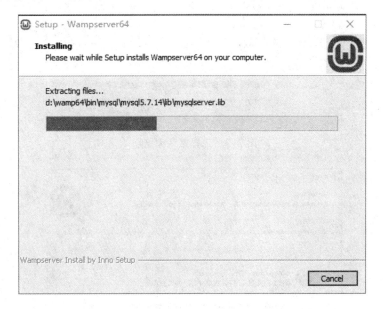

图 2-5　安装界面

⑤ 安装过程中会提示要选择默认浏览工具，如图 2-6 所示。WampServer 默认浏览工具是选择 Windows 的浏览器，即 explorer.exe，如图 2-7 所示。若要指定其他浏览器，在目录中选择即可。

安装过程中会提示要选择编辑工具，如图 2-8 所示。图 2-9 所示为提示是否使用默认的 notepad 作为编辑工具，在目录中选择即可。

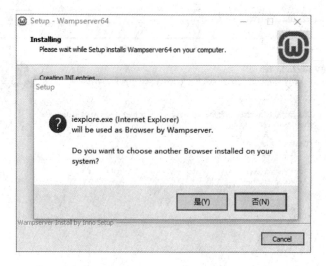

图 2-6　提示选择浏览工具

图 2-7　选择默认浏览器

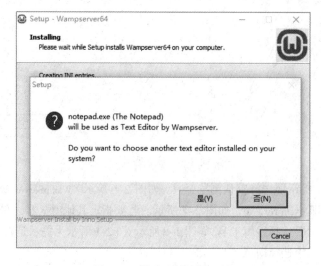

图 2-8　提示选择编辑工具

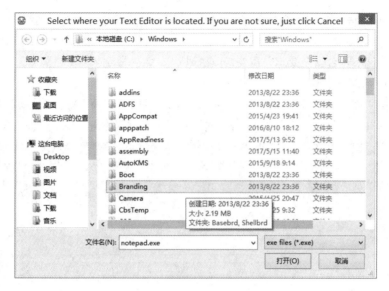

图 2-9　WampServer 安装与配置

⑥ 至此就完成了 WampServer 的安装，如图 2-10 所示。

图 2-10　WampServer 安装与配置

2. WampServer 配置

　　WampServer 安装完成后启动程序，屏幕右下角会出来标记 ，右击，依次选择 Language→Chinese，随后单击 ，选择 "www 目录" 会打开安装 WampServer 的默认存放网页文件夹，如果需要更改存放网页的文件夹地址，可打开磁盘中 WampServer 的安装目录，找到 script 文件夹，用记事本打开其中的 config.inc.php 文件，找到 "$wwwDir = $c_installDir.'/www';"，将目录修改为目的地址即可。例如改成 D:\website，对应的代码为 $wwwDir = 'D:/website'。需要注意的是，Windows 下表示路径的 "\" 在此为 "/"。然后重启 WampServer。

随后需要对 MySQL 及 phpMyAdmin 进行配置，如果单独安装过 MySQL 会发现一个问题，在安装 MySQL 时需要配置 root 密码，但安装 WampServer 时，始终没有配置密码的步骤，因为 MySQL 密码默认为空。这不符合安全要求，需要修改密码。

WampServer 的配置步骤如下：

① 单击 ⬛，选择 phpMyAdmin，打开 phpMyAdmin 的管理页面，单击"主页"按钮或"服务器：Local Databases"，会出现如图 2-11 所示的界面，单击常规设置中的"修改密码"按钮。

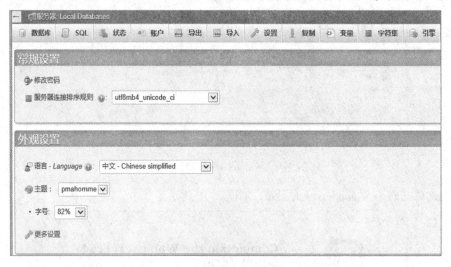

图 2-11　常规的外观设置界面

② 在打开的"修改密码"对话框中填入欲修改的密码，并重新输入确认，再单击右下方的"执行"按钮（见图 2-12），会出现修改成功的提示。注意：切记勿单击"生成密码"按钮。

图 2-12　"修改密码"对话框

③ 完成上述操作之后重启 MySQL 服务，再次进入页面，会出现如图 2-13 所示的错误。

因为刚才修改了 MySQL 的密码，但没有修改 phpMyAdmin 与 MySQL 通信的密码，所以需打开 WampServer 的安装目录，然后依次打开\wamp\apps\phpmyadmin4.6.4(根据版本不同，目录名会有所不同)，以记事本方式打开其中的 config.inc.php，找到 "$cfg['Servers'][$i]['password'] = '';"，在最后的两个单引号中输入刚才修改的密码（见图 2-14），然后保存即可。

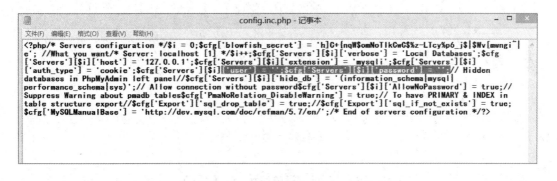

图 2-13　显示错误界面

图 2-14　修改 phpMyAdmin 与 MySQL 通信密码

④ 做完上面的配置之后，需要给 MySQL 数据库创建一个用户以及用户对应的数据库。单击图 2-11 中的 账户 按钮，再单击 新增用户账户 链接，按图 2-15 所示的方法创建一个用户以及对应的数据库，并赋予单个数据库管理权限。下面的资源限制则是按照实际情况填写，一般情况下可以保留默认，最后单击 执行 按钮，即可创建好相应的用户及数据库。

关于 Apache 的相关配置，在 WampServer 已经集成好了，但其中有些细节的东西还需要完善，如外网访问，域名修改等，在后期具体使用时再进行更改。

至此，除 PHP 外，其余所有相关安装配置步骤都已完成。关于 PHP 的相关配置将在第 3 章进行介绍。

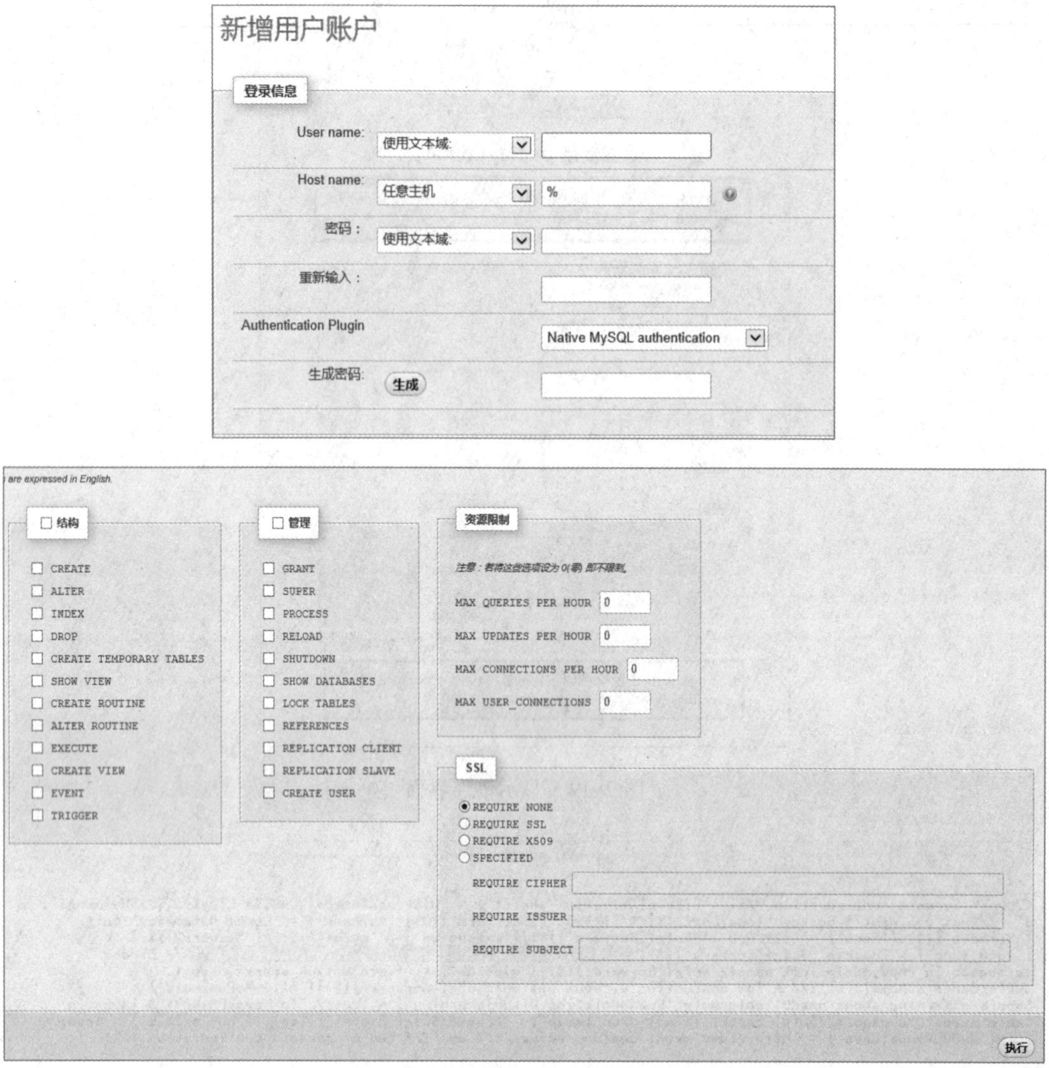

图 2-15　创建用户及对应的数据库

2.3　结构化查询语言（SQL）

　　MySQL 服务器安装完毕，就在计算机上构建了一个完整的数据库管理系统，用户可以通过命令行或图形化的管理工具对 MySQL 数据库进行操作。这种操作都是通过结构化查询语言（Structured Query Language，SQL）来实现的，SQL 是各类数据库交互操作的基础。

1. SQL 概述

　　SQL 最早是 IBM 的圣约瑟研究实验室为其关系数据库管理系统 SYSTEM R 开发的一种查询语言，它的前身是 SQUARE 语言。SQL 结构简洁，功能强大，简单易学，所以自从 IBM 公司 1981 年推出以来，得到了广泛应用。如今无论是 Oracle、Sybase、Informix、SQL Server 这些大型的数据库管理系统，还是 Visual FoxPro、PowerBuilder 这些微机上常用的数据库开发系统，都支持 SQL

作为查询语言。

在 20 世纪 70 年代初，E.E.Codd 首先提出了关系模型。70 年代中期，IBM 公司在研制 SYSTEM R 关系数据库管理系统时研制了 SQL，最早的 SQL（即 SEQUEL2）在 1976 年 11 月的 IBM Journal of R&D 上公布。

1979 年，Oracle 公司首先推出基于 SQL 的商用产品，IBM 公司在 DB2 和 SQL/DS 数据库系统中也实现了 SQL。

1986 年 10 月，美国 ANSI 采用 SQL 作为关系数据库管理系统的标准语言（ANSI X3. 135-1986），后为国际标准化组织（ISO）采纳为国际标准。

1989 年，美国 ANSI 采纳在 ANSI X3.135-1989 报告中定义的关系数据库管理系统的 SQL 标准语言，称为 ANSI SQL 89，该标准用于替代 ANSI X3.135-1986 版本。

目前，所有主要的关系数据库管理系统都支持某些形式的 SQL，大部分数据库都遵守 ANSI SQL89 标准。

2．SQL 的主要特点

（1）SQL 风格统一

SQL 可以独立完成数据库生命周期中的全部活动，包括定义关系模式、录入数据、建立数据库、查询、更新、维护、数据库重构、数据库安全性控制等一系列操作，这就为数据库应用系统开发提供了良好的环境。在数据库投入运行后，还可根据需要随时逐步修改模式，且不影响数据库的运行，从而使系统具有良好的可扩充性。

（2）高度非过程化

非关系数据模型的数据操纵语言是面向过程的语言，用其完成用户请求时，必须指定存取路径。而用 SQL 进行数据操作，用户只需提出"做什么"，而不必指明"怎么做"，因此用户无须了解存取路径，存取路径的选择以及 SQL 语句的操作过程由系统自动完成。这不但大大减轻了用户负担，而且有利于提高数据独立性。

（3）面向集合的操作方式

SQL 采用集合操作方式，不仅查找结果可以是元组的集合，而且一次插入、删除、更新操作的对象也可以是元组的集合。

（4）以同一种语法结构提供两种使用方式

SQL 既是自含式语言，又是嵌入式语言。作为自含式语言，它能够独立地用于联机交互的使用方式，用户可以在终端键盘上直接输入 SQL 命令对数据库进行操作；作为嵌入式语言，SQL 语句能够嵌入到高级语言（例如，C、COBOL、FORTRAN、PL/1）程序中，供程序员设计程序时使用。在两种不同的使用方式下，SQL 的语法结构基本上是一致的。这种以统一的语法结构提供两种不同的操作方式，为用户提供了极大的灵活性与方便性。

（5）语言简洁，易学易用

SQL 功能极强，但由于设计巧妙，语言十分简洁，完成数据定义、数据操纵、数据控制的核心功能只用了 9 个动词：CREATE、DROP、SELECT、INSERT、UPDATE、DELETE、GRANT、REVOKE，且 SQL 语法简单，接近英语口语，因此容易学习，也容易使用。

3．SQL 的功能

SQL 包含 3 部分：

（1）数据定义语言（DDL）：CREATE、ALTER、DROP

SQL 数据定义语句对数据库及数据库中各种对象进行创建、删除、修改等操作。数据库的主要对象包括表、视图、触发器、存储过程等。SQL 的数据定义语句如表 2-1 所示。

表 2-1　SQL 的数据定义语句

定 义 对 象	定 义 语 句		
	创　　建	删　　除	修　　改
数据库	CREATE DATABASE	DROP DATABASE	
表	CREATE TABLE	DROP TABLE	ALTER TABLE
视图	CREATE VIEW	DROP VIEW	
索引	CREATE INDEX	DROP INDEX	

（2）数据操纵语言（DML）：INSERT、UPDATE、DELETE、SELECT

SQL 数据操纵语句对数据库中各种对象的数据进行插入、修改、删除操作。SQL 的数据操纵语句如表 2-2 所示。

表 2-2　SQL 的数据操纵语句

操 纵 语 句	功　　能	描　　述
SELECT	对表或视图检索数据	SELECT...FROM
INSERT	对表或视图插入数据	INSERT INTO ...VALUES
UPDATE	对表或视图更新数据	UPDATE ...SET
DELETE	对表或视图删除数据	DELETE FROM...

（3）数据控制语言（DCL）：GRANT、REVOKE、DELETE

SQL 数据控制语句对数据库用户设置权限，用于安全管理。SQL 的数据控制语句如表 2-3 所示。

表 2-3　SQL 的数据控制语句

控 制 语 句	功　　能	描　　述
GRANT	授予权限	GRANT...ON...TO
REVOKE	收回权限	REVOKE...ON...TO

2.4　MySQL 数据基础

2.4.1　数据类型

MySQL 中定义数据字段的类型对数据库的优化是非常重要的。MySQL 支持多种数据类型，大致可以分为 4 类：数值类型、日期/时间类型、字符串类型和复合类型。

1．数值类型

MySQL 支持所有标准 SQL 中的数值类型，并且支持 MyISAM、MEMORY、InnoDB 和 BDB 表。

MySQL 的数值类型如表 2-4 所示。

表 2-4　数值类型

类　型	字　节	范围（有符号）	范围（无符号）	用　途
TINYINT	1	–128 ~ 127	0 ~ 255	小整数值
SMALLINT	2	–32 768 ~ 32 767	0 ~ 65 535	大整数值
MEDIUMINT	3	–8 388 608 ~ 8 388 607	0 ~ 16 777 215	大整数值
INT 或 INTEGER	4	–2 147 483 648 ~ 2 147 483 647	0 ~ 4 294 967 295	大整数值
BIGINT	8	–9 233 372 036 854 775 808 ~ 9 223 372 036 854 775 807	0 ~ 18 446 744 073 709 551 615	极大整数
FLOAT	4	–3.402 823 466E+38 ~ –1.175 494 351 E–38，0，1.175 494 351 E–38 ~ 3.402 823 466 E+38；)	0，1.175 494 351 E–38 ~ 3.402 823 466 E+38	单精度
DOUBLE	8	–1.797 693 134 862 315 7 E+308 ~ –2.225 073 858 507 201 4 E–308，0， 2.225 073 858 507 201 4 E–308 ~ 1.797 693 134 862 315 7 E+308；	0，2.225 073 858 507 201 4 E–308 ~ 1.797 693 134 862 315 7 E+308	双精度
DECIMAL	16	依赖于 M 和 D 的值	依赖于 M 和 D 的值	小数值

2．日期和时间类型

每个时间类型有一个有效值范围或零，如果指定非法的 MySQL 表达式则返回值为零。表 2-5 列出了 MySQL 的日期和时间类型。

表 2-5　日期和时间类型

类　型	字　节	范　围	格　式	用　途
TIME	3	–838:59:59 ~ 838:59:59	HH:MM:SS	时间值或持续时间
YEAR	1	1901 ~ 2155	YYYY	年份值
DATETIME	8	1000-01-01 00:00:00 ~ 9999-12-31 23:59:59	YYYY-MM-DD HH:MM:SS	混合日期和时间值
TIMESTAMP	4	1970-01-01 00:00:00 ~ 2037-12-31 23:59:59	YYYYMMDD HHMMSS	混合日期和时间值，时间戳

3．字符串类型

字符串类型用来存储非数值数据，不同字符串类型占用的字节数不同，表 2-6 列出了 MySQL 的字符串类型。

表 2-6　字符串类型

类　型	字　节	用　途
CHAR	0 ~ 255	定长字符串
VARCHAR	0 ~ 65 535	变长字符串
TINYBLOB	0 ~ 255	不超过 255 个字符的二进制字符串
TINYTEXT	0 ~ 255	短文本字符串
BLOB	0 ~ 65 535	二进制形式的长文本数据

类　　型	字　　节	用　　途
TEXT	0 ~ 65 535	长文本数据
MEDIUMBLOB	0 ~ 16 777 215	二进制形式的中等长度文本数据
MEDIUMTEXT	0 ~ 16 777 215	中等长度文本数据
LONGBLOB	0 ~ 4 294 967 295	二进制形式的极大文本数据
LONGTEXT	0 ~ 4 294 967 295	极大文本数据

MySQL 还支持两种复合数据类型 ENUM 和 SET，它们扩展了 SQL 规范。这些类型在技术上也是字符串类型，但是也可以被视为不同的数据类型。

一个 ENUM 类型只允许从一个集合中取得一个值，而 SET 类型允许从一个集合中取得任意多个值，如表 2-7 所示。

表 2-7　复合类型

类　　型	元　　素	返回值	作　　用
ENUM	65 536	一个或 NULL	集合中单选
SET	64	多个值	集合中多选

4．空间数据类型

空间数据是指用来表示空间实体的位置、形状、大小及其分布特征诸多方面信息的数据，它可以用来描述来自现实世界的目标，它具有定位、定性、时间和空间关系等特性。空间数据是一种用点、线、面以及实体等基本空间数据结构来表示人们赖以生存的自然世界的数据。

空间数据类型有两种类型：geometry 数据类型，支持平面或欧几里得（平面球）数据，符合适用于 SQL 规范的开放地理空间联盟（OGC）简单特征 1.1.0 版；geography 数据类型，可存储诸如 GPS 纬度和经度坐标之类的椭圆体（圆球）数据。geometry 和 geography 数据类型支持 11 种空间数据对象或实例类型。但是，这些实例类型中只有 7 种"可实例化"；可以在数据库中创建并使用这些实例（或可对其进行实例化）。这些实例的某些属性由其父级数据类型派生而来，使其在 GeometryCollection 中区分为 Points、LineStrings、Polygons 或多个 geometry 或 geography 实例。

5．JSON 数据类型

JSON（JavaScript Object Notation）是一种轻量级的数据交换格式，采用完全独立于编程语言的文本格式来存储和表示数据。其特点是层次结构简洁、清晰，易于阅读和编写，也易于机器解析和生成，能有效地提升网络传输效率。因此，JSON 已成为一种理想的数据交换语言。MySQL 5.7.8 开始支持 JSON 数据类型。

在 JSON 语言中，一切都是对象，任何支持的数据类型都可以通过 JSON 来表示，其中对象和数组是比较特殊且常用的两种类型。

① 对象：对象在 JSON 中是使用花括号 { } 包裹起来的内容，表示为 {键 1：值 1，键 2：值 2，...} 的键值对结构。在面向对象的语言中，键为对象的属性，值为键对应的值。键名可以使用整数和字符串来表示，值的类型可以是任意类型。

② 数组：数组在 JSON 中是方括号 [ ] 包裹起来的内容，表示为　["值 1", "值 2", ..., {键 1：

值 1, 键 2：值 2, ...}] 的索引结构。在 JSON 中，数组是一种比较特殊的数据类型，一般使用索引，但也可以像对象那样使用键值对。

2.4.2　常量

常量是指在程序运行过程中其值保持不变的量，不同数据类型其常量的表现形式也是不一样的。

1．字符串常量

字符串是指用单引号或双引号括起来的字符序列，分为 ASCII 字符串常量和 Unicode 字符串常量。

ASCII 字符串常量是用单引号括起来的，由 ASCII 字符构成的符号串，如：'Hello'。ASCII 字符用一个字节存储。

Unicode 字符串常量与 ASCII 字符串常量相似，但它前面有一个 N 标志符，且 N 前缀必须为大写，只能用单引号括起字符串。例如，N'Hello'。Unicode 数据中的每个字符用两个字节存储。

在字符串中可以使用普通的字符，也可使用转义序列来表示特殊的字符，如表 2-8 所示。

表 2-8　转义序列

序　　列	含　　义
\0	一个 ASCII　0 (NUL)字符
\n	一个换行符
\r	一个回车符（Windows 中使用\r\n 作为新行标志）
\t	一个定位符
\b	一个退格符
\Z	一个 ASCII 26 字符（Ctrl+Z）
\'	一个单引号（"'"）
\"	一个双引号（"""）
\\	一个反斜线（"\"）
\%	一个 "%" 符。它用于在正文中搜索 "%" 的文字实例，否则这里 "%" 将解释为一个通配符
_	一个 "_" 符。它用于在正文中搜索 "_" 的文字实例，否则这里 "_" 将解释为一个通配符

注意：

① 在字符串内引用单引号可以写成"'"。

② 在字符串内引用双引号可以写成'"'。

③ 可以在引号前加转义字符（"\"）。

④ 在字符串内用双引号 """ 引用的单引号 "'" 不需要特殊处理，不需要用双字符或转义。同样，在字符串内用单引号 "'" 引用的双引号 """ 也不需要特殊处理。

2．数值常量

数值常量可以分为整数常量和浮点数常量。

① 整数常量即不带小数点的十进制数，例如，10、+13、-15。

② 浮点数常量是使用小数点的数值常量，例如，-1.12、2.8E3、1.3E-6。

3．十六进制常量

MySQL 支持十六进制值，一个十六进制值为一个字符串常量，一对十六进制数字被转换为一个字符，前面用大写字母 X 或小写字 x 标识，后面用引号标识，引号中只可以使用数字 0～9 及字母 a～"f" 或 A～F。

例如，x'4D7953514C'表示字符串 MySQL。

十六进制数值不区分大小写，其前缀 X 或 x 可以被 0x 取代而且不用引号，即 X'41'可以替换为 0x41。

注意：0x 中 x 一定要小写。

十六进制值的默认类型是字符串。

例如，0x61 字符 a。如果想要确保该值作为数字处理，可以使用 cast（…AS UNSIGNED）。

例如，SELECT 0x61, CAST(0x61 AS UNSIGNED);表示数值 97。

如果要将一个字符串或数字转换为十六进制格式的字符串，可以用 hex()函数。

例如，将字符串 Sql 转换为十六进制，结果为 53716C。

4．日期时间常量

日期时间常量是用单引号将表示日期时间的字符串括起来构成。日期型常量包括年、月、日，表示为 "年–月–日"，数据类型为 DATE。时间型常量包括小时、分、秒及微秒，表示为 "小时:分:秒:微秒"，表示为 "年–月–日 小时:分:秒:微秒"，数据类型为 DATETIME。DATETIME 和 TIMESTAMP 的区别在于 DATETIME 的年份在 1000～9999 之间，而 TIMESTAMP 的年份在 1970～2037 之间，还有就是 TIMESTAMP 在插入带微秒的日期时间时将微秒忽略。TIMESTAMP 还支持时区，即在不同时区转换为相应时间。

需要要特别注意的是，MySQL 是按 "年–月–日" 的顺序表示日期的，中间的间隔符 "–" 也可以使用如 "\""@" 或 "%" 等特殊符号。

5．位字段常量

位字段常量用 b'值'的形式表示，值用 0 和 1 组合。例如，b'0'显示为空白，b'1'显示为一个笑脸图标。

使用 bin 函数可以将位字段常量显示为二进制格式。使用 oct 函数可以将位字段常量显示为数值型格式。

6．布尔值

布尔值包含 TRUE 和 FALSE。FALSE 的数字值为 "0"，TRUE 的数字值为 "1"。

7．NULL 值

NULL 值可适用于各种列类型，它通常用来表示 "没有值""无数据" 等意义，并且不同于数字类型的 "0" 或字符串类型的空字符串。

2.4.3　变量

变量是指在程序运行过程中其值不断变化，没有固定值的量。MySQL 的变量分为系统级变量和用户级变量两种。

1．系统级变量

MySQL 系统级变量用于控制数据库的一些行为和方式的参数，用于初始化或设置数据库对系统资源的占用、文件存放位置等。系统变量又分为全局变量和会话变量。

（1）全局变量

全局变量影响服务器整体操作。当服务器启动时，它将所有全局变量初始化为默认值。这些默认值可以在选项文件中或在命令行中指定的选项进行更改。全局变量只有 SUPER 权限能更改。全局变量作用于服务器的整个生命周期，但重启后要想让全局变量继续生效，需要更改相应的配置文件。

设置全局变量有如下两种方式：

① SET GLOBAL var_name = value;

② SET @@GLOBAL.var_name = value;

查看全局变量有如下两种方式：

① SELECT @@ GLOBAL.var_name;

② SHOW GLOBAL variables LIKE "%var%";

（2）会话变量

服务器为每个连接的客户端维护一系列会话变量。在客户端连接时，使用相应全局变量的当前值对客户端的会话变量进行初始化。设置会话变量不需要特殊权限，但客户端只能更改自己的会话变量，而不能更改其他客户端的会话变量。会话变量的作用域与用户变量一样，仅限于当前连接。当前连接断开后，其设置的所有会话变量均失效。

设置会话变量有如下 3 种方式：

① SET SESSION var_name = value;

② SET @@ SESSION.var_name = value;

③ SET var_name = value;

查看会话变量有如下三种方式：

① SELECT @@var_name;

② SELECT @@session.var_name;

③ SHOW SESSION variables LIKE "%var%";

2．用户级变量

在 MySQL 中用户可以自己定义变量，自定义变量在使用中变量名不区分大小写，最大长度为 64 个字符，自定义变量又分用户变量和局部变量。

（1）用户变量

用户变量可以作用于当前整个连接，如果当前连接断开，其定义的用户变量都会消失。

用户变量用 "select @变量名" 方式定义，赋值有两种方式：一种是直接用"="号；另一种是用":="号。其区别在于使用 set 命令对用户变量进行赋值时，两种方式都可以使用；当使用 select 语句对用户变量进行赋值时，只能使用":="方式，"="号被看作是比较操作符。例如：

```
set @x=3;
SET @x: =3;
SELECT @x: =3;
```

（2）局部变量

局部变量一般用在 SQL 语句块中，例如，存储过程的 begin/end。其作用域仅限于该语句块，在该语句块执行完毕后，局部变量就消失了。

局部变量一般用 declare 来声明，可以使用 default 来说明默认值。

2.4.4　运算符与表达式

MySQL 可以通过运算符来对表中的数据进行运算，常见的运算符类型有：算术运算符、比较运算符、逻辑运算符、位运算符。

1．算术运算符与表达式

算术表达式由算术运算符、数值型常量、数值型变量、数值型字段及其函数组成，其运算结果为数值型。算术运算符及算术表达式如表 2-9 所示。

表 2-9　算术运算符及算术表达式

运　算　符	功　　能	表达式例子	结　　果
+、-	加减运算	3+5-7	1
*、/	乘除法运算	9*2/3	6
%	求余运算,返回余数	16%5	1
DIV	整除	5 DIV 2	2

2．比较运算符与表达式

比较表达式由比较运算符、常量、变量、字段及其函数组成，比较运算符的结果总是 1、0 或者是 NULL。比较运算符经常在 SELECT 的查询条件子句中使用，用来查询满足指定条件的记录。MySQL 中比较运算符如表 2-10 所示。

表 2-10　比较运算符及比较表达式

运　算　符	功　　能	举　　例	结　　果
=	等于	1=0,'2'=2,NULL=NULL	0,1,NULL
<=>	完全等于	1<=>0,'2'<=>2,NULL<=>NULL	0，1，1
<>(!=)	不等于	1<>0,'2'<>2,NULL<>NULL	1,0,NULL
<=	小于等于	'gd'<>'gd',1<=2,NULL<=NULL;	0,1,NULL
>=	大于等于	'gd'>='gd',10>=2,NULL>=NULL;	1,1,NULL
>	大于	'gd'>'gd',100>2,NULL>NULL;	0,1,NULL
<	小于	'gd'<'gd',1<2,NULL<NULL	0,1,NULL
IS NULL	判断一个值是否为 NULL	NULL ISNULL, ISNULL(10)	1, 0
IS NOT NULL	判断一个值是否不为 NULL	NULL IS NOT NULL, 10 IS NOT NULL	0, 1
LEAST	在有两个或多个参数时，返回最小值	least(2,0),least(20.0,3.0,100.5), least(10,NULL);	0，3.0, NULL
GREATEST	当有 2 或多个参数时，返回最大值	greatest(2,0),greatest(20.0,3.0,100.5), greatest(10,NULL);	2,100.5, NULL

运 算 符	功 能	举 例	结 果
BETWEEN AND	判断一个值是否落在两个值之间	4 BETWEEN 4 AND 6, 12 BETWEEN 9 AND 10;	1，1， 0
IN	判断一个值是否等于列表中任一值	2 IN(1,3,5,'thks'), 'thks' IN(1,3,5,'thks');	0， 1
NOT IN	判断一个值不是 IN 列表中的任意一个值	2 NOT IN(1,3,5,'thks'), 'thks' NOT IN(1,3,5,'thks');	1， 0
LIKE	通配符匹配	'stud' LIKE 'stu_','stud' LIKE '%d', 'stud' LIKE 't___','s' LIKE NULL;	1,1, 0, NULL
REGEXP	正则表达式匹配	'ssky' REGEXP '^s', 'ssky' REGEXP '.sky', 'ssky' REGEXP '[ab]';	1,1, 0

3. 逻辑运算符与表达式

逻辑表达式由逻辑运算符、逻辑型常量、逻辑型变量、逻辑型字段及其函数组成。在 MySQL 中，逻辑表达式求值结果均为 1（TRUE）、0（FALSE）和 NULL。MySQL 中的逻辑运算符如表 2-11 所示。

表 2-11 逻辑运算符

运 算 符	作 用	举 例	结 果
NOT 或者!	逻辑非	NOT 10,NOT(1-1),NOT NULL	0,1,NULL
AND 或者&&	逻辑与	1AND-1,1AND 0,1 AND NULL	1,0,NULL
OR 或者‖	OR 或者‖	1OR-1,0 OR 0,0 OR NULL	1,0,NULL
XOR	逻辑异或	1XOR0,0XOR0,1 XOR NULL	1,0,NULL

4. 位运算符与表达式

位表达式由位运算符、常量、变量、字段及其函数组成，用来对二进制字节中的位进行测试、位移或者测试处理，MySQL 中提供的位运算符表 2-12 所示。

表 2-12 位运算符

运 算 符	功 能	举 例	结 果
|	位或	10|15,9|4|2	15，15
&	位与	10&15,9&4&2	10，0
^	位异或	10^15,1^0,1^1	5，1，0
<<	位左移	1<<2,4<<2	4，16
>>	位右移	1>>1,16>>2	0，4
~	位取反，反转所有位	5&~1	4

5. 运算符优先级

MySQL 表达式在进行计算时各种运算符运算的顺序是不同的，如果想改变运算顺序可以使用括号。MySQL 运算符优先级如表 2-13 所示。

表 2-13　运算符优先级

优 先 级	作　　用	运　算　符
低 ↑ 高	赋值运算	=、:=
	逻辑异或	XOR
	逻辑与	&&、AND
	逻辑非	NOT
		BETWEEN、CASE、WHEN、THEN、ELSE
	比较运算符	=、<=>、>=、>、<=、<、<>、!=、IS、LIKE、REGEXP、IN
	位或	|
	位与	&
	位左右移	<<、>>
	算术加减	−、+
	算术乘除取余	*、/、DIV、%
	位异或	^
	取负、位取反	−、~
	逻辑非（与 NOT 不同）	!

2.4.5　函数

函数是数据运算的一种特殊形式，由函数名跟一对括号组成，括号内给出函数中的自变量，也可以没有自变量，但括号不能省略。MySQL 数据库提供了很多函数，包括：数学函数、字符串函数、日期和时间函数、系统信息函数、加密函数和其他函数。

1．数学函数

MySQL 的数学函数主要用于数字处理和数学计算，表 2-14 列出了 MySQL 提供的数学函数。

表 2-14　数学函数

函　　数	作　　用	举　　例	结　果
ABS(x)	返回 x 的绝对值	ABS(−1)	1
CEIL(x),CEILING(x)	返回大于或等于 x 的最小整数	CEIL(1.5)	2
FLOOR(x)	返回小于或等于 x 的最大整数	FLOOR(1.5)	1
SIGN(x)	返回 x 的符号，为 −1、0 和 1	SIGN(−10)	−1
PI()	返回圆周率(3.141593)	PI()	3.141593
TRUNCATE(x,y)	返回 x 保留到小数点后 y 位的值	TRUNCATE(1.234,2)	1.23
ROUND(x)	返回离 x 最近的整数	ROUND(1.23456)	1
ROUND(x,y)	保留 x 小数点后 y 位的值	ROUND(1.234,2)	1.23
POW(x,y)	返回 x 的 y 次方	POW(2,3)	8
SQRT(x)	返回 x 的平方根	SQRT(25)	5

续表

函　数	作　用	举　例	结　果
MOD(x,y)	返回 x 除以 y 以后的余数	MOD(5,2)	1
LOG10(x)	返回以 10 为底的对数	LOG10(100)	2
DEGREES(x)	将弧度转换为角度	DEGREES(3.14)	省略
SIN(x)	求正弦值(参数是弧度)	SIN(RADIANS(3))	省略
RAND()	返回 0~>1 的随机数	RAND()	省略
RAND(x)	返回 0~>1 的随机数，x 值相同时返回的随机数相同	RAND(2)	省略
EXP(x)	返回 e 的 x 次方	EXP(3)	省略
LOG(x)	返回自然对数(以 e 为底的对数)	LOG(3)	省略
RADIANS(x)	将角度转换为弧度	RADIANS(180)	省略
ASIN(x)	求反正弦值(参数是弧度)	ASIN(3.14)	省略
COS(x)	求余弦值(参数是弧度)	COS(3.14)	省略
ACOS(x)	求反余弦值(参数是弧度)	ACOS(3.14)	省略
TAN(x)	求正切值(参数是弧度)	TAN(3.14)	省略
ATAN(x) ATAN2(x)	求反正切值(参数是弧度)	ATAN(3.14)	省略
COT(x)	求余切值(参数是弧度)	COT(3.14)	省略

2．字符串函数

字符串函数是 MySQL 中最常用的一类函数，主要用于处理表中的字符串。MySQL 提供的字符处理函数如表 2-15 所示。

表 2-15　字符处理函数

函　数	作　用	举　例	结　果
CHAR_LENGTH(s)	返回字符串 s 的字符数	CHAR_LENGTH('你 1')	2
LENGTH(s)	返回字符串 s 的长度	LENGTH('你好 123')	9
CONCAT(s1,s2,...)	合并 s1、s2 为一个字符串	CONCAT('12','34')	1234
CONCAT_WS(x,s1,s2,...)	合并字符串并加上 x	CONCAT_WS('@','1','3')	1@3
INSERT(s1,x,len,s2)	用 s2 替换 s1 的 x 位置开始长度为 len 的字符串	INSERT('12345',1,3,'abc')	abc45
UPPER(s),UCASE(S)	将字符串 s 变成大写字母	UPPER('abc')	ABC
LOWER(s),LCASE(s)	将字符串 s 变成小写字母	LOWER('ABC')	abc
LEFT(s,n)	取字符串 s 左边 n 个字符	LEFT('abcde',2)	ab
RIGHT(s,n)	取字符串 s 右边 n 个字符	RIGHT('abcde',2)	de
LPAD(s1,len,s2)	用 s2 来填充 s1 的左边，使字符串长度达到 len	LPAD('abc',5,'xx')	xxabc
RPAD(s1,len,s2)	用 s2 来填充 s1 的右边，使字符串的长度达到 len	RPAD('abc',5,'xx')	abcxx
LTRIM(s)	去掉字符串 s 左边的空格	LTRIM(' a b ')	a b

续表

函　数	作　用	举　例	结　果
RTRIM(s)	去掉字符串 s 右边的空格	RTRIM(' a b ')	a b
TRIM(s)	去掉字符串 s 左右的空格	TRIM(' a b ')	a b
TRIM(s1 FROM s)	去掉 s 中左右的字符串 s1	TRIM('@'FROM'@ab@')	ab
REPEAT(s,n)	将字符串 s 重复 n 次	REPEAT('ab',3)	ababab
SPACE(n)	返回 n 个空格	SPACE(3)	
REPLACE(s,s1,s2)	用 s2 替代 s 中的字符串 s1	REPLACE('abc','a','x')	xbc
STRCMP(s1,s2)	比较字符串 s1 和 s2	STRCMP('ab', 'ac')	−1
SUBSTRING(s,n,len)	从 s 中的第 n 个位置取长度为 len 的字符串	SUBSTRING ('abcd',2,3)	bcd
MID(s,n,len)	同 SUBSTRING(s,n,len)	MID('abcd',2,3)	bcd
LOCATE(s1,s),	从字符串 s 中获取 s1 的位置	LOCATE('b', 'abc')	2
POSITION(s1 IN s)	从字符串 s 中获取 s1 的位置	POSITION('b' IN 'abc')	2
INSTR(s,s1)	从字符串 s 中获取 s1 的开始位置	INSTR('abc','b')	2
REVERSE(s)	将字符串 s 的顺序反过来	REVERSE('abc')	cba
ELT(n,s1,s2,...)	返回第 n 个字符串	ELT(2,'a','b','c')	b
FIELD(s,s1,s2...)	返回与 s 匹配的字符位置	FIELD('c','a','b','c')	3
MAKE_SET(x,s1,s2)	返回一个字符集合	MAKE_SET(1|4,'a','b','c')	a,c
SUBSTRING_INDEX	返回字符串	SUBSTRING_ INDEX('a*b','*',1)	a
FIND_IN_SET(s1,s2)	返回在字符串 s2 中与 s1 匹配的字符串的位置	FIND_IN_SET('b','a,b,c,d')	2

3．日期和时间函数

日期和时间函数主要用于处理日期时间，其结果是日期和时间或天数。MySQL 提供的日期和时间函数如表 2-16 所示。

表 2-16　日期和时间函数

函　数	作　用	举　例	结　果
CURDATE()	返回当前日期	CURDATE()	2017-07-27
CURRENT_DATE()	返回当前日期	CURRENT_DATE()	2017-07-27
CURTIME()	返回当前时间	CURTIME()	10:40:40
CURRENT_TIME	返回当前时间	CURRENT_TIME	10:40:40
NOW() LOCALTIME() SYSDATE() LOCALTIMESTAMP()	返回当前日期和时间	NOW() LOCALTIME() SYSDATE() LOCALTIMESTAMP()	2017-07-27 10:42:12
UTC_DATE()	返回 UTC 日期	UTC_DATE()	2017-07-27
UTC_TIME()	返回 UTC 时间	UTC_TIME()	02:48:21
MONTH(d)	返回日期 d 中的月份	MONTH('2017-07-27')	7

续表

函　　数	作　　用	举　　例	结　　果
MONTHNAME(d)	返回日期中月份名称	MONTHNAME('2017-07-27')	July
DAYNAME(d)	返回日期 d 是星期几	DAYNAME('2017-07-27')	Thursday
WEEK(d) WEEKOFYEAR(d)	返回日期是本年第几个星期，范围是 0->53	WEEK('2011-11-11')	30
DAYOFYEAR(d)	返回 d 是本年的第几天	DAYOFYEAR('2017-07-27 ')	208
QUARTER(d)	返回 d 是第几季节	QUARTER('2017-07-27 ')	3
HOUR(t)	返回 t 中的小时值	HOUR('1:2:3')	1
SECOND(t)	返回 t 中的秒值	SECOND('1:2:3')	3
TIME_TO_SEC(t)	将时间 t 转换为秒	TIME_TO_SEC('1:12:00')	4320
SEC_TO_TIME(s)	将以秒为单位的时间 s 转换为 "时:分:秒:" 的格式	SEC_TO_TIME(4320)	01:12:00
TO_DAYS(d)	计算日期 d 距离 0000 年 1 月 1 日的天数	TO_DAYS('0001-01-01 01:01:01')	366

4．系统信息函数

系统信息函数用来查询 MySQL 数据库的系统信息。MySQL 提供的系统信息函数如表 2-17 所示。

表 2-17　系统信息函数

函　　数	作　　用
VERSION()	返回数据库的版本号
CONNECTION_ID()	返回服务器的连接数
DATABASE()，SCHEMA()	返回当前数据库名
USER()，SYSTEM_USER()，SESSION_USER() CURRENT_USER()，CURRENT_USER	返回当前用户
CHARSET(str)	返回字符串 str 的字符集
COLLATION(str)	返回字符串 str 的字符排列方式
LAST_INSERT_ID()	返回最近生成的 AUTO_INCREMENT 值
LOAD_FILE(file_name)	读入文件并返回文件内容

5．加密函数

加密函数是用来对数据进行加密的函数。MySQL 提供的加密函数如表 2-18 所示。

表 2-18　加密函数

函　　数	说　　明
PASSWORD(str)	用于给用户的密码加密
MD5	用于不需要解密的数据加密
ENCODE(str,pswd_str)	使用加密密码 pswd_str 来加密字符串 str，结果是二进制数
DECODE(crypt_str,pswd_str)	使用解密密码 pswd_str 来解密字符串 str

6. 其他函数

MySQL 还提供了对表达式判断、数字格式化等其他函数，如表 2-19 所示。

表 2-19　其他函数

函　　数	说　　明
FORMAT(x,n)	将数字 x 进行格式化，将 x 保留到小数点后 n 位
ASCII(s)	返回字符串 s 的第一个字符的 ASCII 码
BIN（x）	返回 x 的二进制编码
HEX(x)	返回 x 的十六进制编码
OCT(x)	返回 x 的八进制编码
CONV(x,f1,f2)	返回 f1 进制数变成 f2 进制数
INET_ATON(IP)	将 IP 地址转换为数字表示；IP 值需要加上引号
INET_NTOA(n)	将数字 n 转换成 IP 形式
GET_LOCK(name,time)	定义名称为 name、持续时间长度为 time 秒的锁。如果锁定成功，则返回 1；如果尝试超时，则返回 0；如果遇到错误，返回 NULL
RELEASE_LOCK(name)	解除名称为 name 的锁。如果解锁成功，则返回 1；如果尝试超时，返回 0；如果解锁失败，返回 NULL
IS_FREE_LOCK(name)	判断是否使用名为 name 的锁定。如果使用返回 0，否则返回 1
IF(expr,v1,v2)	如果表达式 expr 成立，返回结果 v1；否则，返回结果 v2
IFNULL(v1,v2)	如果 v1 的值不为 NULL，则返回 v1，否则返回 v2
CASE 　　WHEN e1 　　THEN v1 　　WHEN e2 　　THEN e2 　　… 　　ELSE vn END	CASE 表示函数开始，END 表示函数结束。如果 e1 成立，则返回 v1；如果 e2 成立，则返回 v2；如果全部不成立，则返回 vn。而当有一个成立之后，后面的就不执行了

习　　题

一、选择题

1. MySQL 语言的特点不包括（　　）。

　　A. 高速　　　　　　B. 安全、廉价　　　　　C. 支持多平台　　　　D. 抽象

2. MySQL 的全称是（　　）。

　　A. 结构化语言　　B. 查询语言　　　　　　C. 结构化查询语言　　D. 高级语言

3. 本书使用的 MySQL 版本为(　　)。

　　A. MySQL5.6　　　B. MySQL5.7　　　　　　C. MySQL5.8　　　　　D. MySQL5.9

4. 下列符号不属于 SQL 语言比较字符的是(　　　)。

    A．>=　　　　　　　B．!=　　　　　　　C．==　　　　　　　D．<>

5. SQL 已经成为一种流行的语言，大部分数据库都遵守（　　　）标准。

    A．ANSI SQL89　　B．ANSI SQL88　　C．ANSI SQL90　　D．ANSI SQL87

6. MySQL 语言的优点不包括（　　　）。

    A．语言风格统一，高度过程化　　　　B．面向集合的操作方式

    C．同种语法结构两种使用方式　　　　D．面向对象的编程思想

7. 下列关键词不属于 SQL 中数据定义的是（　　　）。

    A．CREATE　　　B．ALTER　　　C．UPDATE　　　D．DROP

8. 下列数据库内容中能使用修改命令的对象是（　　　）。

    A．数据库　　　B．表　　　C．视图　　　D．索引

9. 设置表中某列为 TINYINT，则下列选项中存入数据库不会报错的选项为（　　　）。

    A．–200　　　B．158　　　C．127　　　D．128

10. 对于数据库中数值类型为 INT 的列项中，其取值范围为（　　　）。

    A．–2 147 483 648～2 147 483 647　　　　B．–128～127

    C．–32 768～32 767　　　　D．–256～255

11. 在 MySQL 中，FLOAT 类型的数据占用（　　　）字节的空间。

    A．2　　　B．4　　　C．8　　　D．1

12. 在 MySQL 中，DOUBLE 类型的数据占用（　　　）字节的空间。

    A．2　　　B．4　　　C．8　　　D．1

13. 若在数据库中存储一系列数据其小数位精确到 48 位，则选用（　　　）最精确。

    A．FLOAT　　　B．DOUBLE　　　C．INT　　　D．LONG

14. 在创建时间类型的数据时，如果指定非法的 MySQL 表达式，返回（　　　）。

    A．0　　　　　　　　B．FALSE

    C．NULL　　　　　　D．ERRO

15. SQL 中创建数据表属于（　　　）功能。

    A．数据定义　　　B．数据操纵　　　C．数据查询　　　D．数据控制

16. DATE 数据类型的正确格式为（　　　）。

    A．YYYY–MM–DD　　　　B．HH:MM:SS

    C．YYYY.MM.DD　　　　D．YYYY–MM–DD HH:MM:SS

17. YEAR 数据类型存储时占用（　　　）字节。

    A．2　　　B．4　　　C．8　　　D．1

18. 对于 VARCHAR 类型的数据，其能表示的字符串最长为（　　　）字节。

    A．255　　　B．65 535　　　C．256　　　D．65 536

19. 定义长文本数据类型的关键字为（　　　）。

    A．BLOB　　　B．TEXT　　　C．CHAR　　　D．ARRAY

20. LONGTEXT 在数据库中的用途为（　　　）。

    A．长文本数据　　　　　　B．极大文本数据

  C．中等长度文本数据   D．二进制文本数据

21．需要一种能从一系列集合中取得一个值的类型，（ ）最合适。

  A．INT   B．ENUM   C．CHAR   D．TEXT

22．转义字符中序列'\n'的含义为（ ）。

  A．空格   B．换行   C．输出 n   D．定位符

23．下列十六进制的数值书写正确的是（ ）。

  A．0x41   B．X41   C．'X41   D．x41

24．TIMESTAMP 的年份设置在（ ）区间之间。

  A．1970～2037   B．0～3000

  C．1000～9999   D．1900～2037

25．下列选项中定义全局变量的语句正确的是（ ）。

  A．SET GLOBAL VAR_NAME=VALUE

  B．SET @GLOBAL VAR_NAME=VALUE

  C．SET @@GLOBAL VAR_NAME=VALUE

  D．SET GLOBAL.VAR_NAME=VALUE

26．下面所列 SQL 语句中，属于数据控制功能的是（ ）。

  A．INSERT   B．CREATE   C．GRANT   D．SELECT

27．下列选项中定义会话变量的语句正确的是（ ）。

  A．SET SESSION VAR_NAME=VALUE

  B．SET @SESSION VAR_NAME=VALUE

  C．SET @@SESSION VAR_NAME=VALUE

  D．SET SESSION.VAR_NAME=VALUE

28．下列选项中定义用户级别变量的语句正确的是（ ）。

  A．SET X=3   B．SET @X=3

  C．SELECT X:=3   D．SELECT @X=3

29．下列选项中运算符优先级最高的是（ ）。

  A．NOT   B．!   C．=   D．>>

30．函数 ABS(X)表示的意思是（ ）。

  A．返回 X 的绝对值   B．返回 X 的地址

  C．返回 X 的平方根   D．返回以 10 为底的 X 对数

二、填空题

1．SQL 全称为结构化查询语言，其英文全称为_____。

2．SQL 中数据定义包括 CREATE、ALTER、_____。

3．对表或视图进行插入操作的关键字为_____。

4．TINYINT 类型的数据占存储空间_____字节。

5．以 DATETIME 数据类型的格式写出今天的日期_____。

6．在 SQL 中可以用来表示实体位置、大小、分布等信息的数据类型为_____。

7．将数值 68 以十六进制的方法表示为_____。

8. 布尔值中的 TRUE 的数值为_____，FALSE 的数值为_____。

9. 全局变量只能通过_____权限对其进行更改。

10. 在 SQL 中，对于用户自己定义的变量，最大长度为_____个字符。

11. 当在使用 SELECT 定义用户级变量时，只能用_____符号对变量赋值。

12. 已知小写字母 a 的 ASCII 码是 97，则'\101'为字符_____。

13. 若 m=7 x=2.5 y=4.7 则表达式 x+m%3*(int)(x+y) %2/4 的值是_____。

14. 若 x、y 均为整型 x=2 y=5 则 y++；x+y= _____。

15. 若 s 为字符型变量，s='\069'，则 s 为_____。

三、判断题

1. MySQL 是现在唯一关系数据库系统。 （　　）

2. MySQL 能够支持多种编程语言并且能够跨平台使用。 （　　）

3. SQL 可以独立完成数据库生命周期中的全部活动。 （　　）

4. SQL 既是自含式语言，又是嵌入式语言。 （　　）

5. 对数据库及数据库中各种对象进行更新也属于 SQL 数据定义操作。 （　　）

6. 数值 129 可以定义为 TINYINT 类型的数据。 （　　）

7. DOUBLE 类型的数据可存储的数据精度比 FLOAT 高。 （　　）

8. 在 SQL 中非法的数据指定会得到 NULL 的返回值。 （　　）

9. ASCII 码和 UNICODE 码的编码规则相同。 （　　）

10. 数值常量只包含整数常量。 （　　）

11. 对于日期常量，其可以定义任意年。 （　　）

12. 数值 1 和 TRUE 的布尔值是相同的。 （　　）

13. 在 SQL 中有系统变量和用户变量两种变量。 （　　）

14. 数据库中的运算符优先级都是相同的。 （　　）

15. 逻辑运算中是按照布尔值来计算。 （　　）

第3章　程序设计基础

本章导读

计算机程序是指为了得到某种结果由计算机等具有信息处理能力的装置执行的代码化指令序列。程序设计包括结构化程序设计和面向对象程序设计。结构化程序设计是以模块功能和处理过程设计为主的程序设计方法；面向对象程序设计是对象作为程序的基本单元，将程序和数据封装其中，以提高软件的重用性、灵活性和扩展性。

本章以 PHP 程序设计作为脚本语言，介绍程序设计的基本原则、程序基本结构、面向对象程序设计方法等知识。

学习目标

- 了解程序设计的基本步骤。
- 掌握 PHP 程序设计基础、基本语法和编程。
- 理解 PHP 程序的基本结构。

3.1　程序设计概述

程序设计是以某种语言为工具，给出解决特定问题程序的过程，是软件构造活动中的重要组成部分。程序设计过程应包括分析、设计、编码、测试、排错等不同阶段。

任何设计活动都是在各种约束条件和相互矛盾的需求之间寻求一种平衡，程序设计也不例外。在计算机技术发展的早期，由于机器资源比较昂贵，程序的时间和空间代价往往是设计关心的主要因素。随着硬件技术的飞速发展和软件规模的日益庞大，程序的结构、可维护性、复用性、可扩展性等因素日益重要。

1. 程序设计步骤

程序设计分为分析问题、设计算法、编写程序、运行测试、编写文档几个步骤。

（1）分析问题

对于接受的任务要进行认真的分析，研究所给定的条件，分析最后应达到的目标，找出解决问题的规律，选择解题的方法，完成实际问题。

（2）设计算法

算法就是为解决问题而采取的方法与步骤。随着计算机的出现，算法被广泛地应用于计算机的问题求解中，被认为是程序设计的精髓。

（3）编写程序

将算法翻译成计算机程序设计语言，对源程序进行编辑、编译和连接。

（4）运行测试

运行可执行程序，得到运行结果。能得到运行结果并不意味着程序正确，要对结果进行分析，看它是否合理。若不合理要对程序进行调试，即通过上机发现和排除程序中故障的过程。

（5）编写文档

许多程序是提供给别人使用的，如同正式的产品应当提供产品说明书一样，正式提供给用户使用的程序，必须向用户提供程序说明书。内容应包括：程序名称、程序功能、运行环境、程序的装入和启动、需要输入的数据，以及使用注意事项等。

2．程序设计方法

程序设计的主要方法有面向结构的方法和面向对象的方法。面向结构的方法又称结构化程序设计，程序设计面向过程。

（1）结构化程序设计

结构化程序设计概念最早由 E.W.Dijikstra 在 1965 年提出，是软件发展的一个重要的里程碑。它的主要观点是采用自顶向下、逐步求精及模块化的程序设计方法。

结构化程序设计使用 3 种基本控制结构构造程序，任何程序都可由顺序、选择、循环 3 种基本控制结构构造。结构化程序设计主要强调的是程序的易读性。

（2）面向对象程序设计

面向对象程序设计是将对象作为程序的基本单元，将程序和数据封装其中，以提高软件的重用性、灵活性和扩展性。

① 对象：对象是具有某些特性的具体事物的抽象。例如，现实生活中的一个人、一台计算机都是对象；抽象世界中的情感、思想是对象；信息世界中的窗体、控件也是对象。

② 属性：属性是对象所具有的某种特性和状态。例如，现实生活中一个人有身高、体重、肤色等特性；信息世界中窗体有高度、宽度等特性和可见、不可见等状态。

③ 事件：事件是由系统预先调用的由用户或系统触发的动作。事件作用于对象，对象识别事件并做出相应的反应。

④ 方法：方法是描述对象行为的过程，是对象接受消息后所执行的一系列程序代码。对象的事件可以具有与之关联的方法，方法也可以独立于事件而单独存在。

⑤ 类：类是具有共同属性、共同操作性质的对象的集合，类是对象的抽象描述，对象是类的实例。例如，水果是类，苹果是对象。类又分为基类和子类，子类继承基类的所有特性。

类具有继承性、封装性和多态性。

3.2　PHP 编程基础

PHP（Hypertext Preprocessor，超文本预处理器）是一种通用开源脚本语言，主要适用于 Web 开发领域。PHP 语法吸收了 C 语言、Java 和 Perl 的特点，可以比 CGI 或者 Perl 更快速地执行动态网页。与其他的编程语言相比，PHP 有许多优势和特点，主要表现在以下几方面：

① 开放源代码：所有的 PHP 源代码事实上都可以得到。

② PHP 免费性：和其他技术相比，PHP 本身免费且是开源代码。

③ PHP 跨平台性强：由于 PHP 是运行在服务器端的脚本，几乎支持所有流行的数据库，可以运行在 UNIX、Linux、Windows、Mac OS、Android 等平台。

④ PHP 效率高：PHP 是将程序嵌入到 HTML 文档中去执行，执行效率比完全生成 HTML 标记的 CGI 要高许多。

⑤ PHP 专业专注：PHP 以支持脚本语言为主，独特的语法混合了 C、Java、Perl 以及 PHP 自创新的语法，同为类 C 语言。

3.2.1 PHP 配置

PHP 经过配置后才能访问和操控 MySQL 服务器，通常是在 PHP 中加入 MySQL 或者 MySQLi 访问接口。下面以 WampServer 为例介绍如何对 PHP 进行接口配置。

在安装好 WampServer 后启动运行 WampServer，在正常情况下桌面右下角会出现该软件的快捷图标，当所有服务正常运行时，该软件图标会呈现出绿色标识。其次，点击该软件图标后选择 PHP 并展开右侧菜单，此时会看到 PHP extensions 选项并展开右侧菜单，勾选 php_MySql 和 php_MySqli 选项后即完成相关配置。

在其他环境下也可找到 php_ini 文件，打开该文件后找到 extension=php_MySql.dll 和 extension=php_MySqli.dll。如果这两个语句前面存在分号（;），则将分号去掉，因为分号表示后面的信息是注释。然后，重新启动 Web 服务器，PHP 就可使用内置 MySQL 函数库。

在 Wamserver 安装目录下的 www 文件夹中新建文本文件 TEST，在该文件中输入下面语句：

`<?php    phpinfo( );    ?>`

保存 TEST 文件并将文件的扩展名改为.php。

在桌面右下角单击 WampServer 的快捷图标，选择 Localhost。此时浏览器会自动打开，如图 3-1 所示。

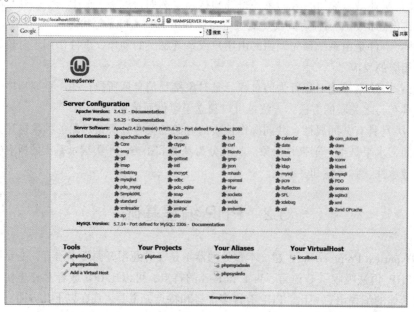

图 3-1 Localhost 页面

在浏览器网址（本例 http://localhost:8080）后输入 TEST.php，如果以上配置都生效，则会出现显示 PHP 版本信息的页面，如图 3-2 所示。

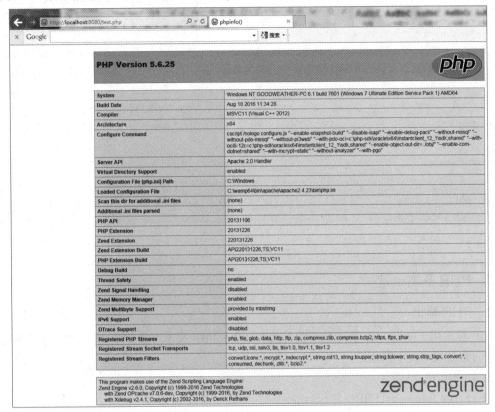

图 3-2　PHP 版本信息页面

该页面底部也会显示配制好的 MySQL 接口和 MySQLi 接口信息，如图 3-3、图 3-4 所示。

mysql		
MySQL Support	enabled	
Active Persistent Links	0	
Active Links	0	
Client API version	mysqlnd 5.0.11-dev - 20120503 - $Id: 76b08b24596e12d4553bd41fc93cccd5bac2fe7a $	
Directive	**Local Value**	**Master Value**
mysql.allow_local_infile	On	On
mysql.allow_persistent	On	On
mysql.connect_timeout	60	60
mysql.default_host	no value	no value
mysql.default_password	no value	no value
mysql.default_port	3306	3306
mysql.default_socket	no value	no value
mysql.default_user	no value	no value
mysql.max_links	Unlimited	Unlimited
mysql.max_persistent	Unlimited	Unlimited
mysql.trace_mode	Off	Off

图 3-3　MySQL 接口信息

mysqli	
Mysqli Support	enabled
Client API library version	mysqlnd 5.0.11-dev - 20120503 - $Id: 76b08b24596e12d4553bd41fc93cccd5bac2fe7a $
Active Persistent Links	0
Inactive Persistent Links	0
Active Links	0

Directive	Local Value	Master Value
mysqli.allow_local_infile	On	On
mysqli.allow_persistent	On	On
mysqli.default_host	no value	no value
mysqli.default_port	3306	3306
mysqli.default_pw	no value	no value
mysqli.default_socket	no value	no value
mysqli.default_user	no value	no value
mysqli.max_links	Unlimited	Unlimited
mysqli.max_persistent	Unlimited	Unlimited
mysqli.reconnect	Off	Off
mysqli.rollback_on_cached_plink	Off	Off

图 3-4　MySQLi 接口信息

3.2.2　PHP 基本语法

1. PHP 标记

PHP 标记用于标识 PHP 脚本代码的开始和结束，PHP 脚本可放置于文档中的任何位置。在 PHP 中可以使用 4 种不同标记：

① <?PHP 和 ?>。

② <Script language="PHP">和</Script>。

③ <?和?>。

④ <%和%>。

后两种分别是短标记和 ASP 风格标记，必须在 php.ini 配置文件中设置才可以使用。一般使用<?php 和 ?>标记。

PHP 文件的默认文件扩展名是 ".php"。PHP 文件通常包含 HTML 标签以及一些 PHP 脚本代码。大多数情况下 PHP 都是嵌入在 HTML 文档中。

【例 3-1】第一个 PHP 例子。

```
<HTML>
 <BODY>
  <?PHP
   ECHO"我的 PHP 页面";
   ECHO "Hello World!"
  ?>
 </BODY>
</HTML>
```

2. 指令分隔符

PHP 需要在每条语句后用分号结束指令，一段 PHP 代码的结束标记隐含表示一个分号，即最后一行可以不用分号结束。例如，例 3-1 中指令 ECHO "Hello World!"后面可以省略分号。

3．注释

PHP 代码中的注释不会被作为程序来读取和执行，PHP 支持 C/C++和 UNIX shell 风格的注释，以#、//、/*…*/标识注释，#是一种简短的注释方法，单行注释一般使用//双斜杠，多行注释使用/*…*/形式。

在 PHP 中，所有用户定义的函数、类和关键词（例如 IF、ELSE、ECHO 等）都对大小写不敏感。

3.2.3 PHP 数据类型

PHP 是一种弱类型编程语言，其各种数据类型之间可以自由进行转换。PHP 支持 8 种基本的数据类型，其中四种标量类型、两种复合类型、两种特殊类型，如表 3-1 所示。

表 3-1 PHP 数据类型

类　　型	范　　围	描　　述
boolean（布尔型）	TRUE/true 或 FALSE/false	常用于条件测试
integer（整型）	−2 147 483 648～+2 147 483 647	3 种格式整数：十进制、十六进制（0x）或八进制（0）
float（浮点型）	1.7E-308～1.7E+308	浮点数是有小数点或指数形式的数字
string（字符串）	4096（默认）	字符串可以是引号内的任何文本。使用单引号或双引号标识
array（数组）	单个变量中存储多个值	有 3 种类型的数组：数值数组、关联数组、多维数组，使用 Array 定义
object（对象）	特殊数据类型	在 PHP 中，使用 class 关键词声明对象
resource（资源）	一种特殊变量	资源是通过专门的函数来建立和使用的
NULL（NULL）	NULL	NULL 值表示变量无值。也用于区分空字符串与空值数据库

3.2.4 PHP 表达式

1．常量

在 PHP 中常量是一个简单的标识符，在脚本执行期间其值不会改变，常量对大小写敏感，一般常量总是大写的。常量名的命名规则如下：

① 常量名必须以字母或下画线开头。

② 常量名不能以数字开头。

③ 常量名只能包含字母数字字符和下画线（A～z、0～9 以及_）。

常量的作用范围是全局的，使用 DEFINE()函数定义，一旦定义，就不能改变或取消。常量只能包含标量数据。

【例 3-2】常量的使用。

```
<?PHP
  DEFINE("CONSTANT","中国民航飞行学院");
  ECHO CONSTANT;    //输出"中国民航飞行学院"
?>
```

2．变量

PHP 中变量使用$符号后面跟变量名表示，变量名区分大小写。PHP 变量命名规则遵循常量名的命名规则。

PHP 变量赋值有直接赋值、变量赋值、引用赋值几种方式。

【例 3-3】变量的使用。

```
<?PHP
  $a=100;      // 直接赋值，为变量$a 分配一个存储空间，其值 100
  $b=$a;       // 变量赋值，把变量$a 的值赋给$b
  $c=&$a;      // 引用赋值，$c 和$a 共用一个存储空间，任何变量的改变会相互影响
?>
```

PHP 变量的类型由赋给它的值决定，在例 3-3 中$a 的类型是整型。

3. 数组

数组就是一组数据的集合，把一系列数据组织起来，形成一个可操作的整体。PHP 中数组可以是一维数组，也可以是多维数组，数组的每个实体都包含两项：键和值。

PHP 中有两种方法定义数组：一种是用 ARRAY()语言结构来新建一个数组。它接受任意数量用逗号分隔的键（key）⟹ 值（value）对。其语言结构如下：

```
ARRAY (key =>value , ...)
```

其中，键（key）可以是一个整数或字符串，值（value）可以是任意类型的值。

数组定义后，数组元素引用采用数组名加下标的方法，从 PHP 5.4 起可以使用短数组定义语法，用 ARRAY [] 替代 ARRAY ()。

【例 3-4】数组的定义。

```
<?PHP
  $ARRAY=array("1"=>"中国","2"=>"民航","3"=>"飞行","4"=>"学院");
  ECHO "<br>";
  ECHO $array[1];
  ECHO $array[2];
  ECHO $array[3];
  ECHO $array[4];
?>
```

另一种方法是直接为数组元素赋值。如果在创建数组时不知道所创建数组的大小，或在实际编写程序时数组的大小可能发生变化，一般采用这种方法创建数组。

【例 3-5】数组赋值。

```
<?PHP
  $array[1]="飞行";
  $array[2]="学院";
?>
```

4. 表达式

表达式是 PHP 最重要的组成元素，最基本的表达式形式是常量和变量。PHP 表达式和 MySQL 一样，根据不同运算符可以组成不同表达式。PHP 运算符有算术运算符、赋值运算符、位运算符、比较运算符、字符运算符、逻辑运算符。除此之外，PHP 还支持一个错误控制运算符@。当将其放置在一个 PHP 表达式之前时，该表达式可能产生的任何错误信息都被忽略掉。@ 运算符只对表达式有效，可以把它放在变量、函数和 include()调用、常量之前。不能把它放在函数或类的定义之前，也不能用于条件结构。PHP 还支持递增、递减运算符，如表 3-2 所示。

表 3-2　递增递减运算符

运 算 符	功　　能	例　　子	结　　果
++	加一	X=10 X++	X=11
--	减一	X=10 x--	X=9

3.3　PHP 流程控制

任何 PHP 脚本都是由一系列语句构成的。一条语句可以是一个赋值语句、一个函数调用、一个循环、一个条件语句，甚至是一个什么也不做的语句（空语句），语句通常以分号结束。此外，还可以用花括号将一组语句封装成一个语句组。语句组本身可以当作是一行语句。PHP 由顺序、条件、循环 3 种流程控制组成。

3.3.1　顺序结构

顺序结构是程序设计语言中最简单常用的基本结构，在这种结构中，程序中的语句或命令按照先后顺序逐条从上到下依次执行，直到整个脚本语言执行完毕。

【例 3-6】编写程序计算圆面积。

```php
<?PHP
  $R=5;
  $S=pi()*$R*$R;
  ECHO "圆面积=";
  ECHO $S;
?>
```

3.3.2　选择结构

1. IF 结构

IF 结构是很多语言（包括 PHP 在内）最重要的特性之一，它允许按照条件执行代码片段。PHP 的 IF 结构和 C 语言相似，其语句结构如下：

【格式】
```php
<?PHP
    IF (expr)
    statement
?>
```

【功能】先计算表达式 expr 的值，如果 expr 的值为 TRUE，PHP 将执行 statement；如果值为 FALSE，将忽略 statement，继续执行后续语句。其中 statement 可以是一条语句，也可以是多条语句组成的语句体，如果是语句体必须用一对花括号{}标识。其执行流程如图 3-5 所示。

【例 3-7】判断数值大小。

```php
<?PHP
  IF ($a>$b)
  ECHO "a 大于 b";
?>
```

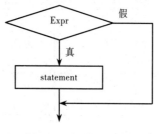

图 3-5　IF 执行流程

2．IF...ELSE 结构

IF...ELSE 结构是双分支结构，其语句结构如下：

【格式】
```
<?PHP
    IF (expr)
    statement1
    ELSE
    statement2
?>
```

【功能】先计算表达式 expr 的值，如果 expr 的值为 TRUE，PHP 将执行 statement1；如果值为 FALSE，PHP 将执行 statement2。其执行流程如图 3-6 所示。

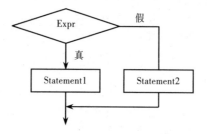

图 3-6　IF...ELSE 执行流程

其中，语句或语句体可以是 IF 语句或 ELSE IF 语句。

【例 3-8】判断数值大小。
```
<?PHP
  IF ($a>$b){
    ECHO "a 大于 b";
  }ELSE{
    ECHO "a 小于 b";
  }
?>
```

3．SWITCH 结构

很多场合下需要把同一个变量（或表达式）与很多不同的值进行比较，并根据它等于哪个值来执行不同的代码。PHP 提供的 SWITCH 语句可以实现这种功能。其语句结构如下：

【格式】
```
SWITCH (expr){
    CASE expr1:
```

```
statement1;
    [BREAK];
CASE expr2:
    statement2;
    [BREAK];
    …
}
```

【功能】仅当一个 CASE 语句中的值和 SWITCH 表达式的值匹配时 PHP 才开始执行语句，直到 SWITCH 的程序段结束或者遇到第一个 BREAK 语句为止。如果不在 CASE 的语句段最后写上 BREAK，PHP 将继续执行下一个 CASE 中的语句段。

【例 3-9】判断数值范围。

```
<?PHP
$i=0;
SWITCH ($i){
    CASE 0:
        ECHO "i等于 0";
        BREAK;
    CASE 1:
        ECHO  "i等于 1";
        BREAK;
    CASE 2:
        ECHO "i等于 2";
        BREAK;
}
?>
```

3.3.3　循环结构

1．WHILE 循环

WHILE 循环是 PHP 中最简单的循环类型。WHILE 语句的基本格式如下：

【格式】WHILE (expr)

       循环体

【功能】先计算表达式 expr 的真，如果 expr 的值为 TRUE，PHP 重复执行循环语言；如果 expr 的值为 FALSE，PHP 执行循环体的后续语句。如果 WHILE 表达式的值一开始就是 FALSE，则循环语句一次都不会执行。其执行流程如图 3-7 所示。

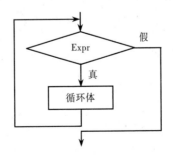

图 3-7　WHILE 循环流程图

【例 3-10】用 WHILE 循环依次输出 1～10 十个数字。

```PHP
<?PHP
$i=1;
WHILE ($i<=10){
  ECHO $i;
  $i++;
}
?>
```

花括号的循环体可以使用替代语句 ENDWHILE 实现。例 3-10 与下面例 3-11 功能一样。

【例 3-11】用 ENDWHILE 替代花括号的循环体依次输出 1～10 十个数字。

```PHP
<?PHP
 $i=1;
 WHILE ($i<=10):
   ECHO $i;
   $i++;
 ENDWHILE
?>
```

2. DO…WHILE 循环

DO…WHILE 循环和 WHILE 循环非常相似，区别在于表达式的值是在每次循环结束时检查而不是开始时。DO…WHILE 语句的基本格式如下：

【格式】DO

　　　循环体

　　　WHILE (expr)

【功能】先执行循环体，然后计算表达式 expr 的值，如果 expr 的值为 TRUE，PHP 返回 DO 继续执行循环体；如果 expr 的值为 FALSE，PHP 退出循环体，执行循环体的后续语句。DO…WHILE 循环中循环体至少执行一次。其执行流程如图 3-8 所示。

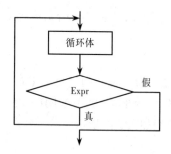

图 3-8　DO…WHILE 循环流程图

【例 3-12】用 DO…WHILE 循环依次输出 1～10 十个数字。

```PHP
<?PHP
 $i=1;
 DO {
   ECHO $i;
   $i++;
 }
 WHILE ($i<=10)
?>
```

3．FOR 循环

FOR 循环是 PHP 中最复杂的循环结构。FOR 循环的语法如下：

【格式】FOR (expr1; expr2; expr3)
　　　　循环体

【功能】第一个表达式（expr1）在循环开始前无条件求值（并执行）一次。expr2 在每次循环开始前求值，如果值为 TRUE，则执行循环语句；如果值为 FALSE，则终止循环。expr3 在每次循环之后被求值（并执行）。

每个表达式都可以为空或包括逗号分隔的多个表达式。表达式 expr2 中，所有用逗号分隔的表达式都会计算，但只取最后一个结果。expr2 为空意味着将无限循环下去。

【例 3-13】用 FOR 循环依次输出 1～10 十个数字。

```php
<?PHP
  FOR ($i=1; $i<=10; $i++){
    ECHO $i;
  }
?>
```

【例 3-14】expr2 为空，用 FOR 循环依次输出 1～10 十个数字。

```php
<?PHP
  FOR ($i=1; ; $i++){
    IF ($i>10){
    BREAK;
    }
  ECHO $i;
  }
?>
```

4．FOREACH 循环

FOREACH 循环结构实现遍历数组的功能，仅能够应用于数组和对象。FOREACH 循环有两种语法：

【格式 1】FOREACH (array_expression as $value)
　　　　statement

【功能】每次循环时把当前单元的值被赋给$value，并且数组内部的指针向前移一步，然后执行 statement，直到遍历完数组。

【例 3-15】遍历数组值赋给变量。

```php
<?PHP
  $arr=array(1, 2, 3, 4);
  FOREACH ($arr as $value){
    $value=$value * 2;
    ECHO "值: $value";
  }
?>
```

【格式 2】FOREACH (array_expression as $key => $value)
　　　　statement

【功能】每次循环时把当前单元的值被赋给$value，键名赋给变量$key，并且数组内部的指针向前移一步，然后执行 statement，直到遍历完数组。

【例 3-16】遍历数组键名赋给变量。

```
<?PHP
  $arr=array(1, 2, 3, 4);
  FOREACH ($arr as $key=>$value){
    $value=$value * 2;
    ECHO "键: $key;值: $value";
  }
?>
```

3.3.4 PHP 文件包含

在 PHP 中，可以将 PHP 文件的内容插入另一个 PHP 文件，严格来说文件包含就是注入一段用户能控制的脚本或代码，并让服务器端执行。PHP 文件包含主要由 include、require、include_once、require_once 这 4 条语句完成，当使用这 4 条语句包含一个新的文件时，该文件将作为 PHP 代码执行，PHP 内核并不会在意该被包含文件是什么类型，被包含的文件可以是 txt 文件、图片文件、远程 URL 等。

【格式】

① include"filename"

② include_once "filename"

③ require()"filename"

④ require_once "filename"

【功能】

① 这 4 条语句都可以把 PHP 文件的内容插入另一个 PHP 文件。

② include 和 require 语句作用相同，区别在于错误处理方面：

- require 会生成致命错误（E_COMPILE_ERROR）并停止脚本。
- include 只生成警告（E_WARNING），并且脚本会继续。

③ include_once 和 require_once 在包含文件前先判断文件是否已经被包含过，如已经包含，则忽略本次包含。

【例 3-17】include 包含例子 1。

假设有一个名为 example1.php 的标准的页脚文件：

```
<?php
  echo "<p>中国民航飞行学院</p>";
?>
```

如果在一张页面中引用这个页脚文件，用 include 语句的程序如下：

```
<html>
  <body>
    <h1>欢迎访问我们的首页！</h1>
    <p>...</p>
    <?php include 'example.php';?>
  </body>
</html>
```

【例 3-18】include 包含例子 2。

假设有一个名为 example2.php 的文件，其中定义了一些变量：

```php
<?php
    $site ='美丽的中国';
    $unit='中国民航飞行学院';
?>
```

如果调用这些变量，就引用 example2.php 文件：

```html
<html>
  <body>
    <h1>欢迎访问我的首页！</h1>
    <?php
      include 'example2.php';
      echo "我生活在" . $site "。";
      echo "我工作在" . $unit "。";
    ?>
  </body>
</html>
```

【例 3-19】综合实例 1：编程输出杨辉三角。

```php
<html>
<head>
<title>杨辉三角</title>
</head>
<body>
<?php
$n=8;//设置行数
for($i=0;$i<$n;$i++)
{  for($k=1;$k<=$n-$i;$k++)
      {echo "   ";}
   for($j=0;$j<=$i;$j++)
   {  if($j==0 || $i==$j)
      { $yh[$i][$j]=1;}
    else
      { $yh[$i][$j]=$yh[$i-1][$j-1]+$yh[$i-1][$j];}
    echo $yh[$i][$j]."   ";
    }
    echo "<br>";
}
?>
</body>
</html>
```

【例 3-20】综合实例 2：编程输出九九乘法表。

```php
<html>
<head>
<title>九九乘法表</title>
</head>
<body>
<h3>九九乘法表</h3>
<?php
for($i=1;$i<=9;$i++)
```

```
{
 for($j=1;$j<=$i;$j++)
 {  $result=$j."*".$i."=".$i*$j;
    echo $result."   ";  }
  echo "<br>";   }
?>
</body>
</html>
```

【例 3-21】综合实例 3：建设学生基本信息管理系统基本页面。

```
<html>
<head>
<title> 学生基本信息管理系统 </title>
</head>
<body>
<center>
<h2>学生基本信息管理系统</h2>
<h3>学生管理</h3>
<a href="js.php">查看学生</a><br>
<a href="js.php">删除学生</a><br>
<a href="js.php">动态添加</a><br>
<a href="js.php"v>动态删除</a><br>
<h3>课程管理</h3>
<a href="js.php">查看课程</a><br>
<a href="js.php">删除课程</a><br>
<a href="js.php">动态添加</a><br>
<a href="js.php">动态删除</a><br>
 </center>
</body>
</html>
```

其中 js.php 内容如下：

```
<html>
<body>
<center>本网页正在建设中！<br>
<a href="3-21.php">返回主页</a>
</center>
</body>
</html>
```

习　　题

一、选择题

1. PHP 指的是（　　　）。

    A．Private Home Page

    B．Personal Hypertext Processor

    C．PHP: Hypertext Preprocessor

    D．Personal Home Page

2．PHP 与 Linux、Apache 和 MySQL 一起共同组成了一个强大的 Web 应用程序平台，下列选项中为该平台简称的是（　　　）。

    A．WAMP   B．LAMP   C．LNMP   D．WNMP

3．在下列选项中，哪些不属于 PHP 的突出特点（　　　）。

    A．开源免费   B．开发成本高

    C．跨平台性   D．支持多种数据库

4．PHP 服务器脚本由哪个分隔符包围（　　　）。

    A．<?php...</?>   B．<script>...</script>

    C．<?php...?>   D．<&>...</&>

5．下列选项表示 PHP 标记，其中错误的是（　　　）。

    A．<?php 和>

    B．<Script language="php">和</Script>

    C．<?和?>

    D．<$和$>

6．如何使用 PHP 输出"hello world"（　　　）。

    A．"Hello World";

    B．echo "Hello World";

    C．Document.Write("Hello World");

7．在 PHP 中，所有的变量以哪个符号开头（　　　）。

    A．!   B．&   C．$ D．#

8．下列字符序列中，不可用作标识符的是（　　　）。

    A．abc123   B．no.1   C．_123_   D．?_ok

9．结束 PHP 语句的正确方法是（　　　）。

    A．</php>   B．New line   C．;   D．.

10．引用文件"time.inc"的正确方法是（　　　）。

    A．<?php require("time.inc"); ?>

    B．<!--include file="time.inc"-->

    C．<?php include_file("time.inc"); ?>

    D．<% include file="time.inc" %>

11．下列选项中，哪个不是 PHP 的注释符（　　　）。

    A．<!--　-->   B．#   C．/**/   D．//

12．下面关于常量名的命名规则，错误的是（　　　）。

    A．常量名必须以字母或下划线开头

    B．常量名不能以数字开头

    C．常量名只能包含字母数字字符和下划线（A-z、0-9 以及_）

    D．常量名可以以数字开头

13．下边哪个变量是非法的（　　　）。

    A．$_10   B．$10_some   C．$aVaRt   D．$and

14. 执行以下程序段的输出是（   ）。

```php
<?php
$a=3,$b=4;
if ($a > $b)
  echo "a 大于 b";
else
  echo "a 小于 b";
?>
```

    A．a 大于 b   B．a 小于 b   C．错误   D．不确定

15. 下列选项不属于 PHP 中的选择控制的是（   ）。

    A．IF 条件控制   B．IF…ELSE 条件控制

    C．SWITCH 条件控制   D．CHOOSE 条件控制

16. PHP 定义变量正确的是（   ）。

    A．var a=5;   B．$a=10;   C．int b=6;   D．var $a = 12;

17. 以下代码输出的结果为（   ）。

```php
<?php
$attr = array("0"=>"aa","1"=>"bb","2"=>"cc");
echo $attr[1];
?>
```

    A．会报错   B．aa   C．输出为空   D．bb

18. PHP 如何输出反斜杠（   ）转义字符。

    A．\n   B．\r   C．\t   D．\\

19. 给$count 变量加 1 的正确方法是（   ）。

    A．++count   B．$count++;   C．count++;   D．$count =+1

20. PHP 输出拼接字符串正确的是（   ）。

    A．echo $a+"hello"   B．echo $a+$b

    C．echo $a."hello"   D．echo '{$a}hello'

二、填空题

1. PHP 文件的默认文件扩展名是_____。

2. 常量的作用范围是全局的，使用_____函数定义，一旦定义，就不能改变或取消。

3. PHP 中变量使用_____符号后面跟变量名表示，变量名区分大小写。

4. PHP 变量赋值有三种方式，直接赋值，_____，引用赋值。

5. $array=array("1"=>"中国","2"=>"民航","3"=>"飞行","4"=>"学院")，则 echo $array[1]输出为_____。

6. 任何 PHP 脚本都是由一系列语句构成的。语句通常以_____结束。

7. 写出 PHP 中脚本代码开始和结束标记的任意一种形式_____。

8. PHP 中，多行注释以_____开始，以_____结束。

9. 如果我们想把错误隐藏起来，可以使用错误控制运算符_____。

10. PHP 中程序常见的流程控制为：顺序控制，选择控制，_____。

11. PHP 中声名全局变量的关键字是_____。

12. 数组的每个实体都包含两项：_____和_____。

13. PHP 文件包含主要由_____、_____、_____、_____四个语句完成。

14. 条件控制 IF(expr)，其中的 expr 是以_____值为检测标准。

15. 循环语句有 WHILE 循环、DO-WHILE 循环、_____。

三、判断题

1. PHP 是一种运行在服务器端的语言，为了方便进行用户交互，通常和 HTML 结合使用。
（　　）

2. 使用 PHP 写好的程序，在 Linux 和 Windows 平台上都可以运行。（　　）

3. 进行 PHP 程序开发时，可以借助软件和工具来提高效率。（　　）

4. PHP 变量的类型由赋给它的值决定，如定义 $a=100 则 $a 的类型是整型。（　　）

5. 数组就是一组数据的集合，把数据组织起来，形成一个可操作的整体。（　　）

6. php 中布尔类型数据只有两个值：真和假。（　　）

7. php 变量使用之前需要定义变量类型。（　　）

8. php 中连接两个字符串的符号是"+"。（　　）

9. php 可以使用"scanf"来打印输出结果。（　　）

10. 在 php 中"= ="的意思是"等于"。（　　）

11. 在 PHP 中，既可以使用单引号也可以使用双引号来包围字符串。（　　）

12. 在顺序结构中，程序中的语句或命令按照手写的先后顺序逐条从上到下依次执行，直到整个脚本语言执行完毕。（　　）

13. while 和 do-while 语句都是先判断条件再执行循环体。（　　）

14. 在循环体内使用 break 语句或 continue 语句的作用相同。（　　）

15. 在 PHP 中，函数名称区分大小写。（　　）

第 **4** 章 \ 创建数据库与数据表

本章导读

数据库是指数据库系统中按一定的组织形式存储在一起的相互关联的数据的集合,用于存储多种数据对象,包括数据表、视图、触发器、存储过程等。数据表是最基本的数据对象。完成应用系统开发的可行性分析、需求分析、总体设计以后,需进行数据库的设计,首先应创建好数据库及数据表。

学习目标

- MySQL 数据库的创建。
- 数据库的选择、修改及删除。
- 数据表的创建、修改、查看及删除。
- 数据类型。
- 数据完整性。

4.1 数 据 库

4.1.1 创建并选择数据库

安装好数据库后,用户可以通过 console 客户端或可视化工具 phpMyAdmin 等,实现与数据库服务器的通信。运行 MySQL 服务器并通过用户名和密码登录到 MySQL 服务器以后,就可以开始创建和使用数据库。创建数据库之前,为了避免添加中文记录时出现乱码,需修改 MySQL 的 my.ini 文件中的字符集键值:

```
DEFAULT-CHARACTER-SET=UTF8
CHARACTER-SET-SERVER=UTF8
```

修改完后,重启 MySQL 的服务。下面介绍如何创建数据库。

【格式】CREATE DATABASE [IF NOT EXISTS] <数据库名>
        [CHARACTER SET <字符集名>]

【功能】创建一个新的数据库。

【说明】

① <数据库名>:数据库的名称,命名规则应符合操作系统的文件夹命名规则。数据库命名时不要使用数字开头,并且尽可能具有实际意义。在 MySQL 中不区分大小写,但书中习惯于关键词大写,与数据库名、表名、列名区分开,并有助于检查错误。

② IF NOT EXISTS:[ ]代表可选项。MySQL 不允许两个数据库使用相同的名字,使用 IF NOT

EXIST 代表在创建指定数据库之前，检查该数据库名是否存在。如果与现有数据库同名，将避免重复创建的错误。

③ <字符集名>：指数据库的字符集。设置字符集是为了避免数据存储时出现乱码。可以使用 gb2312、gbk、utf8、big5、latin1 等字符集。如果要在数据库中存放中文，最好使用 utf8 或 gbk 字符集。该子句可以缺省，这样采用的就是数据库默认字符集 gbk。MySQL 数据库中支持的字符集，可以通过 SHOW CHARACTER SET 语句查看，查看结果如图 4-1 所示。

Charset	Description	Default collation	Maxlen
big5	Big5 Traditional Chinese	big5_chinese_ci	2
dec8	DEC West European	dec8_swedish_ci	1
cp850	DOS West European	cp850_general_ci	1
hp8	HP West European	hp8_english_ci	1
koi8r	KOI8-R Relcom Russian	koi8r_general_ci	1
latin1	cp1252 West European	latin1_swedish_ci	1
latin2	ISO 8859-2 Central European	latin2_general_ci	1
swe7	7bit Swedish	swe7_swedish_ci	1
ascii	US ASCII	ascii_general_ci	1
ujis	EUC-JP Japanese	ujis_japanese_ci	3
sjis	Shift-JIS Japanese	sjis_japanese_ci	2
hebrew	ISO 8859-8 Hebrew	hebrew_general_ci	1
tis620	TIS620 Thai	tis620_thai_ci	1
euckr	EUC-KR Korean	euckr_korean_ci	2
koi8u	KOI8-U Ukrainian	koi8u_general_ci	1
gb2312	GB2312 Simplified Chinese	gb2312_chinese_ci	2
greek	ISO 8859-7 Greek	greek_general_ci	1
cp1250	Windows Central European	cp1250_general_ci	1
gbk	GBK Simplified Chinese	gbk_chinese_ci	2
latin5	ISO 8859-9 Turkish	latin5_turkish_ci	1
armscii8	ARMSCII-8 Armenian	armscii8_general_ci	1
utf8	UTF-8 Unicode	utf8_general_ci	3
ucs2	UCS-2 Unicode	ucs2_general_ci	2
cp866	DOS Russian	cp866_general_ci	1
keybcs2	DOS Kamenicky Czech-Slovak	keybcs2_general_ci	1
macce	Mac Central European	macce_general_ci	1
macroman	Mac West European	macroman_general_ci	1
cp852	DOS Central European	cp852_general_ci	1
latin7	ISO 8859-13 Baltic	latin7_general_ci	1
utf8mb4	UTF-8 Unicode	utf8mb4_general_ci	4
cp1251	Windows Cyrillic	cp1251_general_ci	1
utf16	UTF-16 Unicode	utf16_general_ci	4
utf16le	UTF-16LE Unicode	utf16le_general_ci	4
cp1256	Windows Arabic	cp1256_general_ci	1
cp1257	Windows Baltic	cp1257_general_ci	1
utf32	UTF-32 Unicode	utf32_general_ci	4
binary	Binary pseudo charset	binary	1
geostd8	GEOSTD8 Georgian	geostd8_general_ci	1
cp932	SJIS for Windows Japanese	cp932_japanese_ci	2
eucjpms	UJIS for Windows Japanese	eucjpms_japanese_ci	3
gb18030	China National Standard GB18030	gb18030_chinese_ci	4

图 4-1　MySQL 中支持的字符集

④ 在命令客户端中，必须用分号终止每一条 SQL 命令。

⑤ 以下对语法格式中出现的常见符号进行说明：

- < >：表示必须指定该对象。

- [ ]：表示可选项。

- |：表示多个选项只能选择其一。

- { }：表示必选项。

对某数据库进行操作，或创建表、视图等对象之前，需要选择该数据库作为当前数据库。USE 命令可以实现数据库的切换，其 SQL 语句如下：

【格式】USE <数据库名>

【功能】选择当前数据库。

【说明】使用 CREATE DATABASE 创建新数据库后，该数据库不会成为当前数据库。因此，在对数据库进行操作之前，需使用该命令指定当前数据库。

【例 4-1】在 MySQL 中创建一个名为 student 的数据库，并使用该数据库。

在 MySQL 命令行客户端 console 中输入如下 SQL 语句：

```
mysql> CREATE DATABASE student;
Query OK, 1 row affected (0.05 sec)
mysql> USE student;
Database changed
```

4.1.2　修改及查看数据库

数据库创建后，如果需要修改数据库的参数，可以使用 ALTER DATABASE 命令，语法格式如下：

【格式】ALTER DATABASE [数据库名]
　　　　[DEFAULT] CHARACTER SET <字符集>
　　　　|[DEFAULT] COLLATE <校对规则>[,…]

【功能】修改数据库的默认字符集及校对规则。

【说明】

① [数据库名]：可选项，指明修改的数据库名。如果缺省，代表修改的是当前数据库。

② CHARACTER SET <字符集>：修改数据库的默认字符集。字符集的名称与新建数据库时的字符集相同，不再赘述。

③ COLLATE <校对规则>：修改数据库的默认校对规则。

注意：ALTER DATABASE 用于修改数据库的全局特性，这些特性存储在文件 db.opt 中，用户必须具有数据库修改权限，才能使用该命令。当需要修改多个数据库参数时，使用逗号隔开。

【例 4-2】创建一个新的数据库 test，然后修改 test 数据库的默认字符集为 gb2312。

```
mysql> CREATE DATABASE test;
Query OK, 1 row affected (0.00 sec)
mysql> ALTER DATABASE test DEFAULT CHARACTER SET gb2312;
Query OK, 1 row affected (0.00 sec)
```

在 MySQL 中，使用 SHOW DATABASES 来查看可用的数据库，SQL 语句如下：

【格式】SHOW DATABASES [LIKE <数据库名>]

【功能】查看可用数据库。

【说明】

① 该命令查看用户权限范围内的可使用的数据库列表。

② LIKE：为可选项，使用 LIKE 时，表示只查看与<数据库名>相匹配的数据库信息。

【例 4-3】列出当前用户可以使用的数据库。

```
mysql> SHOW DATABASES;
```

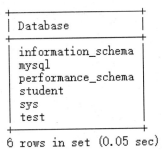

```
6 rows in set (0.05 sec)
```

从查询结果可以看出，目前 MySQL 中共存在 6 个数据库。其中，有 4 个数据库（information_schema、mysql、performance_schema、sys）是系统自带的，mysql 数据库中存放的是用户的访问权限等信息，对系统来说是必不可少的，不能删除。student 和 test 是用户自定义数据库。

4.1.3　删除数据库

当数据库不再使用了，就可以将其删除，避免无用的数据占用数据库的存储空间。在 MySQL 中，可以使用如下命令删除已经创建的指定数据库。

【格式】`DROP DATABASE [IF EXISTS] <数据库名>`

【功能】删除指定数据库。

【说明】

① 要使用该命令，用户必须具有 DROP 权限。

② DROP DATABASE：删除数据库，包括数据库中的所有数据对象，需谨慎使用。在不知道待删除的数据库名的情况下，可以使用 SHOW DATABASES 命令来查看数据库。

③ IF EXIST：为可选项。使用 IF EXIST 时，可防止该用户权限下，指定数据库不存在时，发生错误提示。

④ 数据库创建成功以后，数据库的名称不能被修改，即不能给已经存在的数据库重命名。

【例 4-4】删除 test 数据库。

```
mysql> DROP DATABASE test;
Query OK, 0 rows affected (0.08 sec)
mysql> SHOW DATABASES;
```

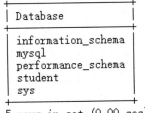

```
5 rows in set (0.00 sec)
```

执行上述命令后，查看所有数据库，发现 test 数据库已经被删除。

4.2　数　据　表

4.2.1　创建数据表

1. 数据类型

一旦确定了数据库所需的所有表和列，就应该确定每个字段的 MySQL 数据类型。在创建数据库时，MySQL 要求定义每个字段将包含哪一类信息，主要有三类信息，包括文本、数字、日期和时间类型。常用的数据类型如表 4-1 所示。

表 4-1　常用的数据类型

数　据　类　型	取　值　范　围	说　　明
TINYINT	$-2^7 \sim 2^7-1$	1 字节
SMALLINT	$-2^{15} \sim 2^{15}-1$	2 字节
INT	$-2^{31} \sim 2^{31}-1$	4 字节
BIGINT	$-2^{63} \sim 2^{63}-1$	8 字节
FLOAT	占用 4 字节长度	表示方法：FLOAT(有效位数，小数位数)，可以精确到小数点后 7 位
DOUBLE	占用 8 字节长度	表示方法：DOUBLE(有效位数，小数位数)，可以精确到小数点后 15 位
DECIMAL	最大有效位是 65 位	表示方法：DECIMAL(有效位数，小数位数)，可以精确到小数点后 30 位
CHAR	0～255 个字符	用于声明一个定长的数据
VARCHAR	0～65 535 个字符	用于声明一个变长的数据
BINARY	0～255 个字节	用于声明一个定长的数据，存储二进制数据
VARBINARY	0～65 535 个字节	用于声明一个变长的数据，存储二进制数据
DATETIME	1000-01-01 00:00:00～9999-12-31 23:59:59	存储格式为 YYYY-MM-DD HH-MM-SS
DATE	1000-01-01　～9999-12-31	存储格式为 YYYY-MM-DD
TIMESTAMP	显示的固定宽度是 19 个字符	用于记录 UPDATE 和 INSERT 操作时间
TIME	-838:59:59～838:59:59	存储格式为 HH:MM:SS

除此之外，还有一些数据类型：枚举类型、集合类型、位类型等。

（1）枚举类型

所谓枚举类型是指数据只能取指定范围内的值，即只能在设置好的范围内取值，用 enum 表示。例如，将 stu 数据表中 stuSex 设置为枚举类型，枚举值为"男"或"女"，向表中添加数据时，stuSex 的值只能添加"男"和"女"这两个值。

（2）集合类型

集合类型与枚举类型类似，不同的是，它可以取指定范围内任意组合的值。若将 stu 数据表中 stuSex 设置为集合类型，其中列出的值为"男""女"，代表的含义是：向表中添加数据时，stuSex 的值可以是"男""女"或者"男女"这 3 个值。

（3）位类型

位类型包括 BIT 和 BOOL 两种类型。BIT 定义一个指定位数的数据；BOOL 只有 TRUE 和 FALSE 两个值，用于逻辑值的判断。

2．表的结构

表是数据库中最基本的数据对象。一个数据表由数据表名、数据表的结构、数据表的记录 3 个要素组成。定义数据表的结构，就是定义数据表的字段个数、字段名、字段类型、字段宽度。除此之外，还应考虑创建索引、完整性约束、空值声明、使用 AUTO_INCREMENT 属性，以及进行记录添加时字段的默认值等。

　　下面以本文项目"学生信息管理系统"所使用到的数据表 admin、stu、course、score 为例，介绍表结构的定义，如表 4-2～表 4-5 所示。

表 4-2　admin 表

列　　名	类　　型
admin_ID	VARCHAR(30) NOT NULL
admin_pwd	VARCHAR(30) NOT NULL
Email	VARCHAR(40) NOT NULL

表 4-3　stu 表

列　　名	类　　型
stuID	VARCHAR(11) NOT NULL
stuName	VARCHAR(30) NOT NULL
stuSex	VARCHAR(2) NOT NULL
stuBirth	DATE NOT NULL
stuSchool	VARCHAR(30) NOT NULL

表 4-4　course 表

列　　名	类　　型
courseID	VARCHAR(10) NOT NULL
courseName	VARCHAR(30) NOT NULL
courseTime	INT(3) NOT NULL

表 4-5　score 表

列　　名	类　　型
stuID	VARCHAR(11) NOT NULL
courseID	VARCHAR(10) NOT NULL
score	FLOAT NOT NULL

3．SQL 命令

确定了表结构以后，即可开始进行表的创建。创建表的 SQL 语句如下：

【格式】CREATE TABLE <表名>
　　　　(<列名 1> <类型 1> [NOT NULL|NULL] [PRIMARY KEY]
　　　　[DEFAULT 表达式 1] [, …]<列名 n> <类型 n>
　　　　[NOT NULL|NULL] [PRIMARY KEY] [DEFAULT 表达式 1])

【功能】创建表。

【说明】

　　① 创建一个以<表名>为名字、以指定列名及列属性定义的数据表。列名最长 128 个字符，可包含中文、英文字母、下画线等，同一表中不允许有重复列。

　　② NOT NULL|NULL：NOT NULL 子句定义该列不能为空；NULL 子句定义该列可以为空值。注意区别空值与空字符串，NULL 是空值，即没有值，不是空串。两个单引号（''），其间没有空格或其他字符代表空串，空串是一个有效值。

③ PRIMARY KEY：该子句定义数据表的主键，一个表只能有一个 PRIMARY KEY 约束，并且由 PRIMARY KEY 约束的列不能为空值。

④ DEFAULT：在 MySQL 中，默认值是指向表中插入数据时，如果没有明确给出某列的值，则允许为其指定一个值。DEFAULT 子句定义列的默认值，默认值的数据类型应与定义的列的类型相同。如果没有为列指定默认值，MySQL 会自动分配一个默认值。如果列允许为空，则默认值为 NULL；如果列不允许为空，则默认值取决于列的类型。

【例 4-5】按表 4-3 所示的表结构，在数据库 student 下创建 stu 表。

```
mysql> USE student;
Database changed
mysql> CREATE TABLE stu
    -> (
    -> stuID VARCHAR(11) NOT NULL,
    -> stuName VARCHAR(30) NOT NULL,
    -> stuSex VARCHAR(2) NOT NULL,
    -> stuBirth DATE NOT NULL,
    -> stuSchool VARCHAR(30) NOT NULL
    -> ) ENGINE=InnoDB;
    Query OK, 0 rows affected (0.22 sec)
```

【例 4-6】按表 4-4 所示的表结构，在数据库 student 下创建 course 表。

```
mysql> CREATE TABLE course
    -> (
    -> courseID VARCHAR(10) NOT NULL,
    -> courseName VARCHAR(30) NOT NULL,
    -> courseTime INT (3) NOT NULL
    -> ) ENGINE=InnoDB;
Query OK, 0 rows affected (0.11 sec)
```

【例 4-7】按表 4-5 所示的表结构，在数据库 student 下创建 score 表。

```
mysql> CREATE TABLE score
    -> (
    -> stuID VARCHAR(11) NOT NULL,
    -> courseID VARCHAR(10) NOT NULL,
    -> score FLOAT NOT NULL
    -> ) ENGINE=InnoDB;
Query OK, 0 rows affected (0.11 sec)
```

【说明】

① 引擎类型：MySQL 支持多种类型的数据引擎，包括 MyISAM、InnoDB、Memory 等，为不同的数据库处理任务提供各自不同的适应性和灵活性，其中 MyISAM 为默认引擎。可以使用 SHOW ENGINES 显示可用的数据引擎及默认引擎。使用时，可以如上述例子所示，使用 ENGINE=×××的方式，为数据指定某一种引擎。

② 此处给出最基本的表的定义方式，还可以使用 DEFAULT、PRIMARY KEY、CHECK 等子句，指定列的很多属性。具体使用方法，后续相关章节将会涉及。

4.2.2 修改数据表

对于已经创建好的表，有时会对其进行表结构的修改，例如增加或删除字段、更改字段类型和宽度、重命名字段、创建或取消索引、重新设置默认值等。在 MySQL 中，修改数据表的常见格式如下：

【格式】ALTER TABLE <表名>
　　　　{ADD COLUMN <列名> <类型>
　　　　|CHANGE COLUMN <原列名> <新列名> <新类型>
　　　　|ALTER COLUMN <列名> {SET DEFAULT <默认值> | DROP DEFAULT}
　　　　|MODIFY COLUMN <列名> <类型>
　　　　|DROP CULUMN <列名>
　　　　|RENAME TO <新表名>
　　　　|ENGINE ×××
　　　　|CONVERT TO CHARACTER SET ××× }

【功能】修改数据表，包括增加新列，修改列名、列类型，删除指定列等。

【说明】

① ADD COLUMN <列名> <类型>：用于向表中增加新的列，可同时增加多个列，并可以定义该列的其他属性，包括默认值、是否主键、是否允许为空等，其中，添加主键时一定要删除原有主键。

② CHANGE COLUMN <原列名> <新列名> <新类型>：修改列名及列的数据类型。

③ ALTER COLUMN <列名>：修改或删除列的默认值，为指定列定义主键等。

④ MODIFY COLUMN <列名> <类型>：修改列的数据类型，但不能更改列的名称。

⑤ DROP CULUMN <列名>：删除指定列。

⑥ RENAME TO <新表名>：重命名表。

⑦ ENGINE ×××：修改表的存储引擎为×××。

⑧ CONVERT TO CHARACTER SET×××：修改表的字符集为×××。

1．增加新列

【格式】ALTER TABLE <表名>
　　　　ADD COLUMN <列名> <类型>
　　　　[NOT NULL|NULL] [PRIMARY KEY] [DEFAULT 表达式]

【说明】

① [NOT NULL|NULL]：可选项。NOT NULL 子句定义该列不能为空；NULL 子句定义该列可以为空值。

② [PRIMARY KEY]：可选项。设置新增加列为主键。

③ [DEFAULT 表达式]：可选项。定义新增加列的默认值。

【例 4-8】在表 stu 中 stuSex 和 stuBirth 字段之间增加两个字段：totalScore FLOAT(5,1) UNSIGNED NOT NULL、partyMem BOOL NOT NULL，默认值为 1。

```
mysql> ALTER TABLE stu
    -> ADD COLUMN totalScore FLOAT(5,1) UNSIGNED NOT NULL AFTER stuSex,
    -> ADD COLUMN partyMem BOOL NOT NULL DEFAULT 1 AFTER totalScore;
Query OK, 0 rows affected (0.34 sec)
Records: 0  Duplicates: 0  Warnings: 0
mysql> SHOW COLUMNS FROM stu;
```

Field	Type	Null	Key	Default	Extra
stuID	varchar(11)	NO		NULL	
stuName	varchar(30)	NO		NULL	
stuSex	varchar(2)	NO		NULL	
totalScore	float(5,1) unsigned	NO		NULL	
partyMem	tinyint(1)	NO		1	
stuBirth	date	NO		NULL	
stuSchool	varchar(30)	NO		NULL	

```
7 rows in set (0.00 sec)
```

查看添加后的表结构，发现指定位置处添加了新列 partyMem 和 totalScore。

2. 修改列名及数据类型

【格式】ALTER TABLE <表名>
　　　CHANGE COLUMN <原列名> <新列名> <新类型>

【说明】

① <原列名>：被修改的列名。

② <新列名>：修改后的列名。

③ <新类型>：修改后的列的数据类型。

【例 4-9】在表 stu 中，将列名 partyMem 修改为 partyMember，其他属性不变，并查看修改后的表结构信息。

```
mysql> ALTER TABLE stu
    -> CHANGE COLUMN partyMem partyMember BOOL NOT NULL DEFAULT 1;
Query OK, 0 rows affected (0.05 sec)
Records: 0  Duplicates: 0  Warnings: 0
mysql> SHOW COLUMNS FROM stu;
```

Field	Type	Null	Key	Default	Extra
stuID	varchar(11)	NO		NULL	
stuName	varchar(30)	NO		NULL	
stuSex	varchar(2)	NO		NULL	
totalScore	float(5,1) unsigned	NO		NULL	
partyMember	tinyint(1)	NO		1	
stuBirth	date	NO		NULL	
stuSchool	varchar(30)	NO		NULL	

```
7 rows in set (0.02 sec)
```

注意：SQL 语句使用的 BOOL 类型与以上显示的 partyMember 的数据类型 tinyint(1)是等价的。

3. 修改或删除指定列的默认值

【格式】ALTER TABLE <表名>
　　　ALTER COLUMN <列名>
　　　[SET DEFAULT 表达式] [DROP DEFAULT]

【说明】

① <列名>：指定被修改的列。

② [SET DEFAULT 表达式]：可选项。为被修改的列设置默认值。

③ [DROP DEFAULT]：可选项。删除指定列的默认值。

【例 4-10】在表 stu 表中，取消列 partyMember 的默认值。

```
mysql> ALTER TABLE stu
    -> ALTER COLUMN partyMember DROP DEFAULT;
Query OK, 0 rows affected (0.05 sec)
Records: 0  Duplicates: 0  Warnings: 0
mysql> SHOW COLUMNS FROM stu;
```

```
+-------------+---------------------+------+-----+---------+-------+
| Field       | Type                | Null | Key | Default | Extra |
+-------------+---------------------+------+-----+---------+-------+
| stuID       | varchar(11)         | NO   |     | NULL    |       |
| stuName     | varchar(30)         | NO   |     | NULL    |       |
| stuSex      | varchar(2)          | NO   |     | NULL    |       |
| totalScore  | float(5,1) unsigned | NO   |     | NULL    |       |
| partyMember | tinyint(1)          | NO   |     | NULL    |       |
| stuBirth    | date                | NO   |     | NULL    |       |
| stuSchool   | varchar(30)         | NO   |     | NULL    |       |
+-------------+---------------------+------+-----+---------+-------+
7 rows in set (0.00 sec)
```

4. 修改列的数据类型

【格式】ALTER TABLE <表名>
　　　　MODIFY COLUMN <列名> <类型>

【说明】MODIFY COLUMN 子句可以修改指定列的数据类型，但不能修改列名。使用时可以通过 FIRST 或 AFTER 更改列在表中的位置。

【例 4-11】在表 stu 中，partyMember 的数据类型由 BOOL 更改为 varchar(2)，并设置此列成为该表的第一列。

```
mysql> ALTER TABLE stu
    -> MODIFY COLUMN partyMember VARCHAR(2) FIRST;
Query OK, 0 rows affected (0.33 sec)
Records: 0  Duplicates: 0  Warnings: 0
+-------------+---------------------+------+-----+---------+-------+
| Field       | Type                | Null | Key | Default | Extra |
+-------------+---------------------+------+-----+---------+-------+
| partyMember | varchar(2)          | YES  |     | NULL    |       |
| stuID       | varchar(11)         | NO   |     | NULL    |       |
| stuName     | varchar(30)         | NO   |     | NULL    |       |
| stuSex      | varchar(2)          | NO   |     | NULL    |       |
| totalScore  | float(5,1) unsigned | NO   |     | NULL    |       |
| stuBirth    | date                | NO   |     | NULL    |       |
| stuSchool   | varchar(30)         | NO   |     | NULL    |       |
+-------------+---------------------+------+-----+---------+-------+
7 rows in set (0.00 sec)
```

5. 删除列

【格式】ALTER TABLE <表名>
　　　　DROP COLUMN <列名>

【说明】该语句可以使用多个 DROP COLUMN 子句，用于删除多个列，相互之间用 "," 隔开。删除列的同时，该列的所有值也一并删除。

【例 4-12】在表 stu 中，删除 partyMember 列和 totalScore 列。

```
mysql> ALTER TABLE stu
    -> DROP COLUMN partyMember,
    -> DROP COLUMN totalScore;
Query OK, 0 rows affected (0.20 sec)
Records: 0  Duplicates: 0  Warnings: 0
mysql> SHOW COLUMNS FROM stu;
+-----------+-------------+------+-----+---------+-------+
| Field     | Type        | Null | Key | Default | Extra |
+-----------+-------------+------+-----+---------+-------+
| stuID     | varchar(11) | NO   |     | NULL    |       |
| stuName   | varchar(30) | NO   |     | NULL    |       |
| stuSex    | varchar(2)  | NO   |     | NULL    |       |
| stuBirth  | date        | NO   |     | NULL    |       |
| stuSchool | varchar(30) | NO   |     | NULL    |       |
+-----------+-------------+------+-----+---------+-------+
5 rows in set (0.00 sec)
```

6. 重命名表

【格式】ALTER TABLE <表名>
        RENAME TO <新表名>

【说明】对表进行重命名，还可以使用语句 RENAME TABLE <原表名> TO <新表名>。

【例 4-13】将数据库 student 中的表 stu 重命名为 xsxx。

```
mysql> ALTER TABLE stu
    -> RENAME TO xsxx;
Query OK, 0 rows affected (0.03 sec)
mysql> SHOW TABLES;
```

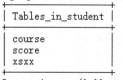

```
3 rows in set (0.00 sec)
```

7. 修改表的存储引擎

【格式】ALTER TABLE <表名>
        ENGINE ×××

【说明】ENGINE ×××中×××是当前数据库所支持的存储引擎，如 MyISAM、InnoDB 等；当前数据库所支持的存储引擎可以使用 SQL 语句 SHOW ENGINES 查看。

【例 4-14】修改数据库 student 中的 course、score、stu 表的存储引擎为 MyISAM。

```
mysql> ALTER TABLE course
    -> ENGINE MyISAM;
Query OK, 0 rows affected (0.16 sec)
Records: 0  Duplicates: 0  Warnings: 0
```

stu、score 表的操作与此类似，不再赘述。

【说明】为了防止错误修改表信息，执行修改命令之前可以先将表结构备份。

4.2.3　查看表

1. 查看当前数据库中的所有表

【格式】SHOW TABLES

【功能】查看表。

【说明】该命令用于查看当前数据库下的表信息，查看指定数据库下的所有表可以使用语句 SHOW TABLES IN <数据库名>。

2. 查看表的结构

【格式】SHOW COLUMNS FROM <表名>

【功能】查看指定表的结构信息。

【说明】该命令用于查看当前数据库下指定表的结构信息。

【例 4-15】查看数据库 students 中的所有表，并查看各表的结构。

```
mysql> USE student;
Database changed
mysql> SHOW TABLES;
```

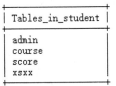

```
| Tables_in_student |

  admin
  course
  score
  xsxx
```
4 rows in set (0.00 sec)

mysql > SHOW COLUMNS FROM xsxx;

Field	Type	Null	Key	Default	Extra
stuID	varchar(11)	NO		NULL	
stuName	varchar(30)	NO		NULL	
stuSex	varchar(2)	NO		NULL	
stuBirth	date	NO		NULL	
stuSchool	varchar(30)	NO		NULL	

5 rows in set (0.01 sec)

用同样的方法查看 admin、score、course 的表结构信息。

mysql> SHOW COLUMNS FROM admin;

Field	Type	Null	Key	Default	Extra
admin_ID	varchar(30)	NO		NULL	
admin_pwd	varchar(30)	NO		NULL	
Email	varchar(40)	NO		NULL	

3 rows in set (0.00 sec)

mysql> SHOW COLUMNS FROM score;

Field	Type	Null	Key	Default	Extra
stuID	varchar(11)	NO		NULL	
courseID	varchar(10)	NO		NULL	
score	float	NO		NULL	

3 rows in set (0.00 sec)

mysql> SHOW COLUMNS FROM course;

Field	Type	Null	Key	Default	Extra
courseID	varchar(10)	NO		NULL	
courseName	varchar(30)	NO		NULL	
courseTime	int(3)	NO		NULL	

3 rows in set (0.00 sec)

4.2.4　复制表结构

新建表时，有时会基于某个已有的表结构来创建一张新表，可以使用以下语句实现表结构的复制。

【格式】CREATE TABLE <新表名>{LIKE <原表名>|AS SELECT…}

【功能】复制表。

【说明】

① LIKE：仅复制表的结构，不包括表的内容。

② AS：复制表结构的同时复制表的内容，但不包括定义的索引及完整性约束。

【例 4-16】在数据库 student 中将 xsxx 表的结构信息复制到新表 stu 中。

mysql> CREATE TABLE stu LIKE xsxx;
Query OK, 0 rows affected (0.11 sec)

```
mysql> SHOW COLUMNS FROM stu;
+-----------+-------------+------+-----+---------+-------+
| Field     | Type        | Null | Key | Default | Extra |
+-----------+-------------+------+-----+---------+-------+
| stuID     | varchar(11) | NO   |     | NULL    |       |
| stuName   | varchar(30) | NO   |     | NULL    |       |
| stuSex    | varchar(2)  | NO   |     | NULL    |       |
| stuBirth  | date        | NO   |     | NULL    |       |
| stuSchool | varchar(30) | NO   |     | NULL    |       |
+-----------+-------------+------+-----+---------+-------+
5 rows in set (0.00 sec)
```

4.2.5 删除表

在数据库中的数据表不再需要时，应该及时地删除数据表，释放存储空间。在 MySQL 中，可以使用 DROP TABLE 语句删除数据表：

【格式】DROP TABLE <表名 1> [,<表名 2>,…,<表名 n>]

【功能】删除表。

【说明】

① DROP TABLE 语句可以同时删除多张表。

② 表被删除时，表的结构和内容均被删除，使用时需谨慎。

③ 表被删除时，定义在该表的用户权限不会自动删除。

④ 进行表的删除操作时，应先知道数据表所在的数据库名。因为不同数据库下可以有相同的数据表名存在。

【例 4-17】删除数据库 sudent 中的表 xsxx。

```
mysql >USE student;
mysql> DROP TABLE xsxx;
Query OK, 0 rows affected (0.06 sec)
mysql> SHOW TABLES;
+------------------+
| Tables_in_student |
+------------------+
| admin            |
| course           |
| score            |
| stu              |
+------------------+
4 rows in set (0.00 sec)
```

【说明】如果一个数据表被其他数据表引用，则无法删除该表。需要先解除引用关系，才能使用该命令进行表的删除操作。

4.3 数据完整性约束

数据库的完整性约束是数据库服务器中最重要的功能之一，可保证应用过程中数据的一致性和正确性，帮助数据库管理员更好地管理数据库。一旦定义了完整性约束，当数据库的内容发生更新和变化时，MySQL 数据库会检测其是否满足相应的完整性约束，从而确保数据的一致性和正确性，防止操作不当对数据造成破坏。

关系模型有 3 种数据完整性约束：实体完整性、参照完整性、用户自定义完整性，下面逐一介绍过 3 种完整性约束的含义。

1. 实体完整性

实体完整性是指表中的所有行都有唯一的标识，具有唯一标识的列成为主关键字。例如，学生信息表中，学号将被设置为 PRIMARY KEY (主键)，且不允许为空，也不允许重复。因为没有学号的学生是不存在的，任意两个学生的学号也不允许重复。MySQL 中，实体完整性约束通过主键约束和候选键约束来实现。每张表都应该有一个主键，一张表中的主键通常被链接为另一张表中的外键。

（1）主键约束

主键是确定表中每一行数据的唯一标识符，可以是表中的某一列或者多列的组合，其中多列组合的主键成为复合主键。主键需要满足以下要求：

① 总是具有值，不能为空。

② 具有唯一值，不能重复，即表中不可能存在两行数据具有相同的主键值。

③ 复合主键不能包含不必要的多余列。即复合主键中某一列删除后，剩余的列不能构成主键。

主键的定义方法，可以在 CREATE TABLE 和 ALTER TABLE 中对指定列使用子句 PRIMARY KEY，或者添加一条 PRIMARY KEY(<列名>)。定义主键约束的同时，系统自动产生唯一索引。3 种创建方式如下：

【格式 1】CREATE TABLE <表名> (<列名 1> <类型 1> PRIMARY KEY [, ...]<列名 n> <类型 n>)

【功能】新建表的同时定义主键约束。

【说明】指定列后面使用 PRIMARY KEY 子句来创建主键约束，这是单一列主键约束的常用方法。

【格式 2】CREATE TABLE <表名> (<列名 1> <类型 1> [, ...]<列名 n> <类型 n>)
　　　　　　[CONSTRAINT <约束名>] PRIMARY KEY(<列名>)

【功能】新建表的同时定义主键约束。

【说明】在所有列定义的后面使用 PRIMARY KEY(<列名>)子句创建主键约束。但若主键是多列构成的复合索引，只能采用该方式创建。

【格式 3】ALTER TABLE <表名> ADD PRIMARY KEY(<列名>)

【功能】对已经存在的表，增加主键约束。

【说明】PRIMARY KEY(<列名>)也可以是由多列构成的复合索引。

上述 SQL 语句详细描述请参考第 6.3.1 节索引的创建部分。

【例 4-18】分别为 stu 表、course 表、score 表添加主键 stuID、courseID、(stuID,courseID)。

① 为表 stu 添加主键：

```
mysql> USE student;
Database changed
mysql> ALTER TABLE stu ADD PRIMARY KEY(stuID);
Query OK, 0 rows affected (0.19 sec)
Records: 0  Duplicates: 0  Warnings: 0
mysql> SHOW COLUMNS FROM stu;
```

```
+------------+-------------+------+-----+---------+-------+
| Field      | Type        | Null | Key | Default | Extra |
+------------+-------------+------+-----+---------+-------+
| stuID      | varchar(11) | NO   | PRI | NULL    |       |
| stuName    | varchar(30) | NO   |     | NULL    |       |
| stuSex     | varchar(2)  | NO   |     | NULL    |       |
| stuBirth   | date        | NO   |     | NULL    |       |
| stuSchool  | varchar(30) | NO   |     | NULL    |       |
+------------+-------------+------+-----+---------+-------+
5 rows in set (0.00 sec)
```

若在新建表 stu 时定义主键 stuID，则命令如下：

```
mysql> CREATE TABLE stu
    -> (
    -> stuID VARCHAR(11) NOT NULL PRIMARY KEY,
    -> stuName VARCHAR(30) NOT NULL,
    -> stuSex VARCHAR(2) NOT NULL,
    -> stuBirth DATE NOT NULL,
    -> stuSchool VARCHAR(30) NOT NULL
    -> );
```

② 为表 course 添加主键：

```
mysql> ALTER TABLE course ADD PRIMARY KEY(courseID);
Query OK, 0 rows affected (0.20 sec)
Records: 0  Duplicates: 0  Warnings: 0
mysql> SHOW COLUMNS FROM course;
+------------+-------------+------+-----+---------+-------+
| Field      | Type        | Null | Key | Default | Extra |
+------------+-------------+------+-----+---------+-------+
| courseID   | varchar(10) | NO   | PRI | NULL    |       |
| courseName | varchar(30) | NO   |     | NULL    |       |
| courseTime | int(3)      | NO   |     | NULL    |       |
+------------+-------------+------+-----+---------+-------+
3 rows in set (0.00 sec)
```

③ 为表 score 添加主键：

```
mysql> ALTER TABLE score ADD PRIMARY KEY(stuID,courseID);
Query OK, 0 rows affected (0.17 sec)
Records: 0  Duplicates: 0  Warnings: 0
mysql> SHOW COLUMNS FROM score;
+----------+-------------+------+-----+---------+-------+
| Field    | Type        | Null | Key | Default | Extra |
+----------+-------------+------+-----+---------+-------+
| stuID    | varchar(11) | NO   | PRI | NULL    |       |
| courseID | varchar(10) | NO   | PRI | NULL    |       |
| score    | float       | NO   |     | NULL    |       |
+----------+-------------+------+-----+---------+-------+
3 rows in set (0.00 sec)
```

一个学生可以选修多门课程，一门课程可以被不同的学生选修，因此 stuID 列值和 courseID 列值在 score 表中均不满足唯一性，而一个学生选择一门课程的成绩是唯一的，因此组合列（stuID，courseID）可以设置为主键。若在定义表结构的同时创建主键约束，则 SQL 语句如下：

```
mysql> CREATE TABLE score
    -> (
    -> stuID VARCHAR(11) NOT NULL,
    -> courseID VARCHAR(10) NOT NULL,
    -> score FLOAT NOT NULL,
    -> PRIMARY KEY(stuID,courseID)
    -> );
```

【说明】

① 当修改表时设置某个列的主键约束时，要确保设置成主键约束的列的值不能够重复，并且非空。否则，无法为该列设置主键约束。

② 当一个表中不需要主键约束时，可以将其删除。使用命令 ALTER TABLE <表名> DROP PRIMATY KEY。一个表中主键约束有且只能有一个，故进行主键约束删除操作时，不需要指定主键名。

（2）候选键约束

候选键可以是表中的某一列，也可以是多列的组合，候选键同样具有唯一值，不允许为空，也不允许重复。一个表只能有一个主键，但是可以定义多个候选键。候选键可以在 CREATE TABLE 和 ALTER TABLE 中对指定列使用子句 UNIQUE。定义候选键约束，系统将自动将其设置为唯一性索引。

【格式 1】CREATE TABLE <表名>（<列名 1> <类型 1> UNIQUE [, …]
　　　　　<列名 n> <类型 n> UNIQUE）

【功能】新建表的同时定义候选键约束。

【说明】指定列后面使用 UNIQUE 子句创建候选键约束，定义单列候选键约束，或为多个列分别创建候选键约束。

【格式 2】CREATE TABLE <表名>（<列名 1> <类型 1> [, …]<列名 n> <类型 n>）
　　　　　[CONSTRAINT <约束名 1>] UNIQUE (<列名 1[,列名 2, …]>)
　　　　　[CONSTRAINT <约束名 2>] UNIQUE (<列名 1[,列名 2, …]>) …

【功能】新建表的同时定义候选键约束。

【说明】在所有列定义的后面使用 UNIQUE(<列名>)子句创建候选键约束。CONSTRAINT <约束名>可以省略。该方法既可以对某个单列定义候选键约束，也可以为多个列分别定义候选键约束，还可以定义复合的候选键约束。

【格式 3】ALTER TABLE <表名>
　　　　　ADD UNIQUE <索引名>(<列名 [,列名 2, …]>)

【功能】修改表的同时定义候选键约束。

【说明】修改表的同时某个单列定义候选键约束，或定义复合的候选键约束。

请参考第 6.3.1 节索引的创建部分。

【例 4-19】定义 course 表中列 courseName 为候选键，约束名为 uq_courseName。

```
mysql> ALTER TABLE course
    -> ADD UNIQUE uq_courseName(courseName);
Query OK, 0 rows affected (0.08 sec)
Records: 0  Duplicates: 0  Warnings: 0
mysql> SHOW COLUMNS FROM course;
```

Field	Type	Null	Key	Default	Extra
courseID	varchar(10)	NO	PRI	NULL	
courseName	varchar(30)	NO	UNI	NULL	
courseTime	int(3)	NO		NULL	

```
3 rows in set (0.02 sec)
```

【说明】候选键约束创建以后，系统会默认将其归为索引，删除候选键约束的方法就是删除索引，SQL 语句为 DROP INDEX <约束名> ON <表名>。详情参考 6.3.3 节。

【例 4-20】删除 course 表中的候选键约束 uq_courseName。

```
mysql> DROP INDEX uq_courseName ON course;
```

```
Query OK, 0 rows affected (0.08 sec)
Records: 0  Duplicates: 0  Warnings: 0
mysql> SHOW COLUMNS FROM course;
```

Field	Type	Null	Key	Default	Extra
courseID	varchar(10)	NO	PRI	NULL	
courseName	varchar(30)	NO		NULL	
courseTime	int(3)	NO		NULL	

```
3 rows in set (0.00 sec)
```

可以看出，删除候选键索引后，仅剩下主键约束。

【说明】删除候选键约束之前，需要知道约束名。可以通过 SHOW INDEX FROM <表名>来查看。

2. 参照完整性

参照完整性是表间主键、外键的关系，即相关联的两个表间的约束。当某个表发生插入、更新、删除记录时，通过设置参照完整性，根据相互关联的另一表中的数据，检查并保证数据操作的一致性。关系数据库中通常都包含多个存在相互联系的关系，关系与关系之间的联系是通过公共属性来实现的。所谓公共属性，它是一个关系 A 的主关键字，同时又是另一关系 B 的外部关键字。例如，stu（stuID，stuName，stuSex，stuBirth，stuSchool）和 score（stuID，courseID，score）之间建立关联，stu 表为主表，score 为从表，stuID 是 stu 表的主键，同时也是 score 的外键。如果实施了参照完整性，score 中 stuID 的取值需要参照 stu 表中的值。当 stu 表不存在相关记录时，不允许将记录添加到 score 中；当 score 中存在相关记录，不允许对主表 stu 表的相应主键值做更新；当 score 中存在与某学号匹配的记录信息，则 stu 表中不允许发生该学号对应记录的删除操作。

MySQL 从 3.23.43b 开始 InnoDB 支持外键约束特性，以保证数据完整性。参照完整性是执行 CREATE TABLE 或 ALTER TABLE 命令，通过外键声明实现的。外键声明有两种方式：

① 在表的某列属性后面加上 REFERENCES 子句。

② 在表的所有列属性定义后面加上 FOREIGN KEY(<列名…>) REFERENCES 子句。

REFERENCE 子句格式如下：

【格式】
```
[CONSTRAINT <名称>] FOREIGN KEY (列名,...)
    REFERENCES <表名>[<列名>,...]
    [ON DELETE{ CASCADE|SET NULL| NO ACTION|RESTRICT }]
    [ON UPDATE{CASCADE|SET NULL| NO ACTION|RESTRICT }]
```

【功能】定义参照完整性。

【说明】

① CONSTRAINT <名称>：可选项。指定约束名称，若缺省，则会生成一个默认名。可以通过 SQL 语句 SHOW CREATE TABLE <表名>查看。

② <表名>：指被参照表或主表，即外键所在的表。

③ <列名>：指定被参照的列名。

④ ON DELETE|ON UPDATE：指定参照动作。

⑤ { CASCADE|SET NULL| NO ACTION|RESTRICT }：指定参照约束策略。RESTRICT 是指限制策略；CASCADE 是指级联策略，自动删除子表中被引用键值与主表中相对应的外键值相同的记录；SET NULL 子表中外键对应行将被设置为 NULL 值。

注意：MyISAM 不支持参照完整性设置，需更改数据库默认存储引擎为 InnoDB。

【例 4-21】对数据库 student 下的数据表 stu 和 score 表，建立它们之间的参照约束，要求 score 表中的所有学生记录在 stu 中都有相关记录。表 stu 作为主表，已经创建好主键 stuID；现在为 score 从表设置外键，并定义参照约束，对删除和更新操作采用限制策略。

数据库 student 下的 stu 和 score 表存储引擎为 MyISAM，首先更改存储引擎为 InnoDB。

```
mysql> ALTER TABLE stu
    -> ENGINE InnoDB;
Query OK, 17 rows affected (0.20 sec)
Records: 17  Duplicates: 0  Warnings: 0
mysql> ALTER TABLE score
    -> ENGINE InnoDB;
Query OK, 23 rows affected (0.17 sec)
Records: 23  Duplicates: 0  Warnings: 0
mysql> ALTER TABLE score
    -> ADD FOREIGN KEY(stuID)
    -> REFERENCES stu(stuID)
    -> ON DELETE RESTRICT
    -> ON UPDATE RESTRICT;
Query OK, 23 rows affected (0.08 sec)
Records: 23  Duplicates: 0  Warnings: 0
```

【例 4-22】向 score 表插入记录（'20170111001','D0400340',90）。

```
mysql> INSERT INTO score VALUES('20170111001','D0400340',90);
ERROR 1452 (23000): Cannot add or update a child row: a foreign key constraint
fails ('student'.'score', CONSTRAINT 'score_ibfk_1' FOREIGN KEY ('stuID')
REFERENCES 'stu' ('stuID'))
```

执行后，出现上述错误提示。这是因为 score（从表）与 stu（主表）之间建立了参照完整性约束。当从表 score 发生插入操作时，主表中没有 stuID='20170111001'的相关记录，因此限制插入。

【例 4-23】删除 stu 表中的记录（'20160411033', '王雪瑞', '女',1997-05-17, '外国语学院'）

```
mysql > DELETE FROM stu WHERE stuID='20160411033';
ERROR 1452 (23000): Cannot delete or update a parent row: a foreign key
constraint fails ('student'.'score', CONSTRAINT 'score_ibfk_1' FOREIGN KEY
('stuID') REFERENCES 'stu' ('stuID'))
```

执行该语句，将会出现上述错误提示。由于从表 score 中存在 stuID='20160411033'的相关记录，从 stu 表中删除该学号记录的操作将会被限制。如果将删除策略改为 CASCADE，那么 stu 表中执行删除操作，从表 score 中相关记录都会被删除。

3. 用户自定义完整性

任何关系型数据库管理系统都具有实体完整性和参照完整性约束。用户自定义完整性是针对某一具体应用所涉及的数据必须满足的约束条件。MySQL 包括 3 种用户自定义约束，即非空约束、默认值约束、CHECK 约束和触发器，下面介绍非空约束、默认值约束和 CHECK 约束，触发器将在第 9 章做详细介绍。

（1）非空约束

非空约束即约束表的列值不能为空，通过关键字 NOT NULL 来实现。在 SQL 语句中，使用创建表结构 CREATE TABLE 语句或者修改表 ALTER TABLE 语句来定义。

【格式 1】CREATE TABLE <表名>
　　　　　　（<列名 1> <类型 1> NOT NULL [, …]<列名 n> <类型 n>）

【功能】在创建表的同时定义非空约束。

【说明】在创建表时可以为 1 个到多个字段同时设置非空约束。

【例 4-24】新建表 xscj(stuID VARCHAR(11), couseID VARCHAR(10),score FLOAT)，定义 stuID 为非空约束。

```
mysql> CREATE TABLE xscj
    -> (
    -> stuID VARCHAR(11) NOT NULL,
    -> courseID VARCHAR(10),
    -> score FLOAT
    -> );
Query OK, 0 rows affected (0.05 sec)
```

【格式 2】ALTER TABLE <表名>
　　　　　　MODIFY <列名> <类型> NOT NULL

【功能】在修改表的同时增加非空约束。

【说明】如果在创建表时忘记为字段设置非空约束，可以通过修改表进行非空约束的添加。

【例 4-25】为表 xscj 中的 courseID 字段添加非空约束。

```
mysql> ALTER TABLE xscj
    -> MODIFY courseID VARCHAR(10) NOT NULL;
Query OK, 0 rows affected (0.15 sec)
Records: 0 Duplicates: 0 Warnings: 0
```

【说明】在 MySQL 中非空约束是不能删除的，但是可以将其设置为 NOT，即取消了非空约束。

【例 4-26】取消表 xscj 中的 courseID 字段的非空约束。

```
mysql> ALTER TABLE xscj
    -> MODIFY courseID VARCHAR(10) NULL;
Query OK, 0 rows affected (0.09 sec)
Records: 0 Duplicates: 0 Warnings: 0
mysql> SHOW COLUMNS FROM xscj;
```

Field	Type	Null	Key	Default	Extra
stuID	varchar(11)	NO		NULL	
courseID	varchar(10)	YES		NULL	
score	float	YES		NULL	

```
3 rows in set (0.00 sec)
```

由上述结果可以看出，字段 courseID 的列值允许为空，即取消了非空约束。

（2）默认值约束

默认值约束用于限定数据表中列输入值时，自动为该列添加一个值。使用 DEFAULT 子句来实现。实际操作中，定义了默认值约束后，可以不再为该列定义非空约束。在 SQL 语句中，可以在新建表的时候设置默认值约束，也可以在修改表的时候添加。

【格式 1】CREATE TABLE <表名>
　　　　　　（<列名 1> <类型 1> DEFAULT <默认值>[, …]<列名 n> <类型 n>）

【功能】在创建表的同时添加默认值约束。

【说明】DEFAULT 关键字后为该字段的默认值。如果默认值为字符型，需要单引号或双引号括起来。

【格式 2】ALTER TABLE <表名>
　　　　　　ALTER <列名> SET DEFAULT <默认值>

【功能】在修改表的同时增加默认值。

【例 4-27】为表 xscj 的 score 字段添加默认值 0。

```
mysql> ALTER TABLE xscj
    -> ALTER score SET DEFAULT 0;
Query OK, 0 rows affected (0.06 sec)
Records: 0  Duplicates: 0  Warnings: 0
mysql> SHOW COLUMNS FROM xscj;
+----------+-------------+------+-----+---------+-------+
| Field    | Type        | Null | Key | Default | Extra |
+----------+-------------+------+-----+---------+-------+
| stuID    | varchar(11) | NO   |     | NULL    |       |
| courseID | varchar(10) | YES  |     | NULL    |       |
| score    | float       | YES  |     | 0       |       |
+----------+-------------+------+-----+---------+-------+
3 rows in set (0.00 sec)
```

当一个表中不需要默认值约束时，可以将默认值删除，使用 ALTER TABLE <表名> ALTER <列名> DROP DEFAULT 命令可以删除默认值约束。下面举实例说明如何删除默认值约束。

【例 4-28】删除表 xscj 的 score 字段的默认值约束。

```
mysql> ALTER TABLE xscj
    -> ALTER score DROP DEFAULT;
Query OK, 0 rows affected (0.08 sec)
Records: 0  Duplicates: 0  Warnings: 0
mysql> SHOW COLUMNS FROM xscj;
+----------+-------------+------+-----+---------+-------+
| Field    | Type        | Null | Key | Default | Extra |
+----------+-------------+------+-----+---------+-------+
| stuID    | varchar(11) | NO   |     | NULL    |       |
| courseID | varchar(10) | YES  |     | NULL    |       |
| score    | float       | YES  |     | NULL    |       |
+----------+-------------+------+-----+---------+-------+
3 rows in set (0.00 sec)
```

由上述结果可以看出，score 字段的默认值 0 已经被取消。

（3）CHECK 约束

CHECK 约束通过 CREATE TABLE 或者 ALTER TABLE 语句，在语句后使用 CHECK <表达式> 实现。在添加记录或是更新记录时，判定数据是否满足 CHECK 后的表达式，如果该条件为假，则不允许进行记录的添加或数据的更新操作。

【格式 1】CREATE TABLE <表名>（<列名 1> <类型 1> [, ...]<列名 n> <类型 n> CHECK <表达式>）

【功能】在创建表的同时定义 CHECK 约束。

【例 4-29】新建表 xsxx(stuID VARCHAR(11) NOT NULL, stuSex VARCHAR(2) NOT NULL)，定义 stuSex 要么为"男"，要么为"女"。

```
mysql> CREATE TABLE xsxx
    -> (
    -> stuID VARCHAR(11) NOT NULL,
    -> stuSex VARCHAR(2) NOT NULL CHECK(stuSex IN("男","女"))
    -> );
Query OK, 0 rows affected (0.08 sec)
```

【格式 2】ALTER TABLE <表名> ADD CONSTRAINT <约束名> CHECK <表达式>）

【功能】修改表的时候增加 CHECK 约束。

【例 4-30】为 course 表中的 courseTime 定义约束条件，要求 0<courseTime<200。

```
mysql> USE student;
Database changed
mysql> ALTER TABLE course
    -> ADD CONSTRAINT ks
    -> CHECK(courseTime>0 AND courseTime<200);
Query OK, 0 rows affected (0.05 sec)
Records: 0  Duplicates: 0  Warnings: 0
下面插入记录('G2224320','C 语言程序设计',210):
INSERT INTO course VALUES('G2224320','C 语言程序设计',210);
Query OK, 1 row affected (0.00 sec)
```

该记录的 stuSex 列违反了 CHECK 约束，但仍可以正常插入，并未报错。这是因为 MySQL 中所有的存储引擎均对 CHECK 子句进行分析但是忽略 CHECK 子句。因此，在 MySQL 中定义的 CHECK 约束，进行数据更新时，不满足约束条件并不会报错。

习　　题

一、选择题

1. 创建数据库对象的命令是(　　　)。

    A．CREATE　　　　B．SHOW　　　　　C．DROP　　　　　　D．ALTER

2. 查看数据库的命令是（　　　）。

    A．SHOW DATABASES　　　　　　　B．SHOW TABLES

    C．USE DATABASES　　　　　　　　D．SELECT DATABASES

3. 指定 test 数据库为当前数据库，以下选项正确的是（　　　）。

    A．USE　　　　　　　　　　　　　B．USE test

    C．CREATE DATABASE test　　　　　D．SHOW DATABASE test

4. 关于 NULL 与空字符串的说法，正确的是（　　　）。

    A．NULL 表示无值　　　　　　　　B．NULL 等价于空串

    C．NULL 等价于' '　　　　　　　　D．空字符串没有字符长度

5. 关于数据类型 CHAR 与 VARCHAR，下面说法不正确的是（　　　）。

    A．CHAR 是固定长度的字符类型，VARCHAR 是可变长度的字符类型

    B．CHAR 固定长度，所以处理速度比 VARCHAR 快，但会占用更多存储空间

    C．CHAR 和 VARCHAR 的最大长度都是 255

    D．使用 CHAR 字符类型时，将自动删除末尾的空格

6. 关于主键约束，以下说法错误的是（　　　）。

    A．一个表只能有一个主键

    B．主键值不允许为空，也不允许重复

    C．定义主键约束将自动创建一个唯一性索引

    D．唯一性索引就是主键

7. 为数据表 stu 增加字段 stuContact CHAR(11)，以下语句正确的是（　　　）。

    A．CREATE TABLE stu ADD stuContact CHAR(11)

    B．ALTER stu ADD stuContact CHAR(11)

  C．ALTER TABLE stu ADD stuContact CHAR(11)

  D．CHANGE TABLE stu ADD COLUMN stuContact CHAR(11)

8．下列（　　）命令不能修改 stu 中 stuContact 的字段类型为 VARCHAR(11)。

  A．ALTER TABLE stu CHANGE COLUMN stuContact VARCHAR(11);

  B．ALTER TABLE stu MODIFY COLUMN stuContact VARCHAR(11);

  C．ALTER TABLE stu ALTER stuContact VARCHAR(11);

  D．ALTER TABLE stu CHANGE stuContact VARCHAR(11);

9．ALTER TABLE stu ALTER COLUMN partyMember SET DEFAULT 1;下列说法不正确的是
（　　）。

  A．数据表名为 stu

  B．partyMember 为列名

  C．指定 partyMember 的默认值为 1

  D．执行该语句会新增加一个列 partyMember

10．下列命令不能添加主键的是（　　）。

  A．CREATE TABLE   B．ALTER TABLE

  C．CREATE INDEX   D．ALTER TABLE…ADD PRIMARY KEY

11．日期型数据 2017 年 11 月 20 日，默认显示格式为（　　）。

  A．2017/11/20   B．11–20–2017   C．2017–11–20   D．20–11–2017

12．数据完整性，不包括（　　）。

  A．用户自定义完整性   B．实体完整性

  C．参照完整性   D．更新完整性

13．下列数据类型中，与字符集设置无关的是（　　）。

  A．CHAR   B．VARCHAR   C．TEXT   D．INT

14．针对以下语句，叙述正确的是（　　）。

```
mysql > CREATE TABLE is
->(
-> stuID VARCHAR(11) PRIMARY KEY,
-> stuName VARCHAR(30) NOT NULL,
-> stuSex VARCHAR(2) NOT NULL,
-> stuBirth DATE,
-> stuSchool VARCHAR(30));
```

  A．stuID 取值不允许为空，不允许重复

  B．stuID 取值允许为空，不允许重复

  C．stuName 不允许为空，不允许重复

  D．stuName 允许为空，不允许重复

15．对于完整性约束，不正确的是（　　）。

  A．stu 表中性别只能取"男"或"女"，应该建立用户自定义完整性约束

  B．实体完整性约束包括主键约束和候选键约束

  C．使用 DROP TABLE 删除表时，约束仍然存在

  D．当两个表通过公共属性发生关联对，可以设置参照完整性约束，确保数据操作的一致性

二、填空题

1. 创建数据库的命令是_____，为了防止创建的数据库与已有数据库同名，可以使用关键字_____。

2. 新建表 xs，该表与现有的 stu 表的表结构相同，可以使用命令_____。

3. 数据完整性约束一般包括_____、参照完整性约束和用户自定义完整性约束。

4. 关系中主键的取值必须唯一且非空，这条规则是_____完整性规则。

5. ALTER TABLE 不能修改数据表的_____和_____。

6. 删除数据表使用的 SQL 语句是_____。

7. 删除表 stu 中的 stuBirth 列的 SQL 语句是_____。

8. 删除表 stu 中 stuSex 的默认值的 SQL 命令是 ALTER TABLE stu _____。

9. 定义学生表时，规定学生的年龄在 15~25 岁之间，这是_____约束。

10. 使用 SQL 语句为 stu 表增加一个字段名为 Email、类型为"字符"、宽度为 20 的字段：ALTER TABLE stu_____Email CHAR(20)。

三、判断题

1. 使用 ALTER TABLE 语句删除完整性约束的同时，会自动删除表。 （   ）

2. 空值等同于数值 0。 （   ）

3. CHAR 和 VARCHAR 都是字符类型，使用时没有区别。 （   ）

4. TRUNCATE TABLE 与 DROP TABLE 一样，都是删除表的命令。 （   ）

5. 使用 CREATE DATABASE 后，该数据库自动成为当前数据库。 （   ）

6. 一个表只能有一个主键，但可以有多个候选键约束。 （   ）

7. 字符集设置不当，可能造成数据内容出现乱码，或中文字符无法输入。 （   ）

8. 添加主键的关键字为 PRIMARY KEY。 （   ）

9. 参照完整性约束是相关联的两个表间的约束。 （   ）

10. MySQL 不允许两个数据库同名，使用 IF NOT EXIST 可以避免创建数据库时出现该错误。 （   ）

第 5 章 \ 数 据 操 纵

本章导读

成功创建数据库和表结构后，需要向表插入数据，必要时需要对记录进行修改和删除，这些称为数据操纵。本章详细讲解对表进行更新操作，包括插入、修改和删除记录，为接下来的章节准备数据，便于后续章节的学习。

学习目标

- 表数据的插入，即 INSERT 语句的使用。
- 表数据的删除，即 DELETE 语句的使用。
- 表数据的修改，即 UPDATE 语句的使用。

5.1 插 入 数 据

1. 使用 INSERT 命令

在创建了数据库及表结构以后，可以进行表内容的添加。为某表添加记录时，首先应使用命令 USE <数据库名>选择表所在的数据库，使其成为当前数据库。MySQL 中，插入数据可以使用 INSERT 命令。该命令有 3 种使用方式：

（1）INSERT…VALUES

在 MySQL 中，通常使用 INSERT…VALUES 命令实现记录的添加，用于不指定列直接向数据表中添加数据或者向指定列中添加数据。该语句可以向表中插入一条记录，也可以插入多条记录。具体 SQL 语句如下：

【格式】INSERT INTO <表名> [<列名 1>[,…<列名 n>]] VALUES(值 1[,…值 n])

【功能】插入记录。

【说明】

① <表名>：指定被操纵的表。

② <列名>：指定需要插入数据的列。添加记录时，若对表中所有列插入值，该语句可以简化为 INSERT INTO <表名> VALUES(…)的形式，即不指定列名，VALUES 子句中严格按照表结构定义的列的顺序依次赋值。若只对部分列进行赋值，必须明确指定这些列的名称，并在 VALUES 子句中严格按照给定的列的顺序进行赋值。其余未指定的列的值，按以下原则赋值：

- 具有 AUTO_INCREMENT 属性的列，系统生成序号值来唯一标识列。
- 具有默认值的列，其值为默认值。
- 没有默认值的列，若允许为空，则为 NULL；若不允许为空，将会导致一个错误。
- 类型为 TIMESTAMP 的列，系统自动赋值。

③ VALUES：指明插入记录的列值，值的顺序需要与列的顺序严格对应，并与表结构中定义的列的数据类型相匹配。列值可以是常量、变量或表达式，也可以是 NULL，还可以赋值为 DAFAULT，前提是该列预先定义了默认值。

【例 5-1】使用 INSERT...VALUES 语句向数据库 student 中的 stu 表中插入记录('20160111001', '张小雯', '女', '1997-08-17', '飞行技术学院')。

```
mysql> INSERT INTO stu (stuID,stuName,stuSex,stuBirth,stuSchool)
    -> VALUES ('20160111001', '张小雯', '女', '1997-08-17', '飞行技术学院');
Query OK, 1 row affected (0.02 sec)
```

【说明】① 此处插入数据的顺序是按照数据表中字段的顺序添加的，可以不用在表名后面指定字段名，等价于 INSERT INTO stu VALUES ('20160111001', '张小雯', '女', '1997-08-17', '飞行技术学院')。若不想按顺序添加数据，则需要在表名后指定添加的顺序。

② 数据表 stu 的各字段均定义了非空约束，非空约束的列是不允许为空的。若对部分列插入值，则其余列自动赋予默认值；若没有定义默认值，则会出现错误提示。

【例 5-2】使用 INSERT...VALUES 语句向数据库 student 中的 stu 表中依次插入如下记录('20160211011', '李红梅', '女', '1997-07-19', '交通运输学院')、('20160310022', '张志斌', '男', '1998-07-10', '航空工程学院')。

```
mysql> INSERT INTO stu
    -> VALUES ('20160211011', '李红梅', '女', '1997-07-19', '交通运输学院'),
    -> ('20160310022', '张志斌', '男', '1998-07-10', '航空工程学院');
Query OK, 2 rows affected (0.00 sec)
Records: 2  Duplicates: 0  Warnings: 0
```

（2）INSERT...SET

INSERT...SET 语句可以指定插入行中每列的值，也可以指定部分列的值。

【格式】`INSERT INTO <表名> SET <列名 1=值 1[,…,<列名 n=值 n>]`

【功能】插入记录。

【说明】

① <表名>：指定被操纵的表。

② <列名 1=值 1>：指定插入记录的各列赋值。列值必须与列的数据类型相匹配，可以是数字型、字符串型、日期型等，还可以赋值为 DEFAULT，表示为该列赋予预定义的默认值。

③ SET 后面可以不按表中字段的顺序添加数据，可以避免记不住字段的顺序出现添加错误的情况。

【例 5-3】使用 INSERT...SET 语句，向数据库 student 中的 stu 表中插入记录（'20160411033','王雪瑞','女',1997-05-17,'外国语学院')，并查看 stu 表的记录信息。

```
mysql> INSERT INTO stu
    ->SET stuID='20160411033',stuName='王雪瑞',stuSex='女',stuBirth=
'1997-05-17',stuSchool='外国语学院';
Query OK, 1 row affected (0.01 sec)
mysql> SELECT * FROM stu;
```

stuID	stuName	stuSex	stuBirth	stuSchool
20160111001	张小雯	女	1997-08-17	飞行技术学院
20160211011	李红梅	女	1997-07-19	交通运输学院
20160310022	张志斌	男	1998-07-10	航空工程学院
20160411033	王雪瑞	女	1997-05-17	外国语学院

```
4 rows in set (0.00 sec)
```

【说明】

① SELECT * FROM stu 为 SQL 查询语句，用于显示 stu 数据表中的所有记录信息。查询语句详情可参考第 7 章。

② INSERT…SET 为部分列赋值时，其余列的值取默认值。如果没有默认值，会出现错误提示。

（3）INSERT…SELECT

【格式】INSERT INTO <表名> [<列名 1>[,…<列名 n>]] SELECT …

【功能】向表中插入其他表的数据。

【说明】

① <表名>：指定被操纵的表。

② <列名>：指定需要插入数据的列。

③ SELECT：查询语句，用来将其他表的查询结果填充到数据表中。查询结果中的每一列对应于待插入的每一列。SELECT 语句中的列名可以与表中的列名相同，也可以不相同，但是列的数据类型、个数必须匹配。该语句仅关心列的位置，按顺序依次填充。

【例 5-4】创建表 xsxx(xh varchar(11) ,xb varchar(2))，使用 INSERT…SELECT 语句，将 stu 表中所有记录的 stuID、stuSex 字段添加到 xsxx 表中。

```
mysql> USE student;
Database changed
mysql> CREATE TABLE xsxx(xh VARCHAR(11),xb VARCHAR(2));
Query OK, 0 rows affected (0.01 sec)
mysql> INSERT INTO xsxx SELECT stuID,stuSex FROM stu;
Query OK, 4 rows affected (0.00 sec)
Records: 4  Duplicates: 0  Warnings: 0
mysql> SELECT * FROM xsxx;
```

```
4 rows in set (0.00 sec)
```

2. 使用 REPLACE 命令

使用 INSERT 语句进行记录的添加时，如果待插入表定义了主键或者候选键，而插入的数据主键与已有的数据主键值重复，INSERT 命令将拒绝插入此行。这种情况下，可以使用 REPLACE 命令替换主键重复的原数据。REPLACE 命令有 3 种方式：REPLACE…VALUES、REPLACE…SET、REPLACE…SELECT。SQL 语句格式分别如下：

【格式 1】REPLACE INTO <表名> [<列名 1>[,…<列名 n>]] VALUES(值 1[,…值 n])

【说明】

① <表名>：指定被操纵的表。

② <列名>：指定需要插入数据的列。

③ VALUES：指明插入记录的列值，值的顺序需要与列的顺序严格对应，并与表结构中定义的列的数据类型相匹配。

【格式 2】REPLACE INTO <表名> SET <列名 1=值 1[,…,<列名 n=值 n>]

【格式 3】REPLACE INTO <表名> [<列名 1>[,…<列名 n>]] SELECT …

语句中各关键字含义与 INSERT 的 3 种方式类似，此处不赘述。下面举例说明 REPLACE 语句的用法。

【例 5-5】向数据库 student 中的 stu 表中插入记录（20160111001,'王小强', '男',1997-08-17, '飞行技术学院'）。

```
mysql> INSERT INTO stu
    -> VALUES('20160111001','王小强','男','1997-08-17','飞行技术学院');
ERROR 1062 (23000): Duplicate entry '20160111001' for key 'PRIMARY'
```

如果使用 INSERT 语句，会产生上面给出的错误信息。这是因为 stu 表（stuID 为主键）存在记录（'20160111001','张小雯','男',1997-08-17,'飞行技术学院'），与待插入的记录的 stuID 重复，因此 INSERT 语句无法成功执行，可以采用 REPLACE 语句替换原有记录。

```
mysql> REPLACE INTO stu
    -> VALUES('20160111001','王小强','男','1997-08-17','飞行技术学院');
Query OK, 2 rows affected (0.00 sec)
mysql> SELECT * FROM stu;
```

stuID	stuName	stuSex	stuBirth	stuSchool
20160111001	王小强	男	1997-08-17	飞行技术学院
20160211011	李红梅	女	1997-07-19	交通运输学院
20160310022	张志斌	男	1998-07-10	航空工程学院
20160411033	王雪瑞	女	1997-05-17	外国语学院

```
4 rows in set (0.00 sec)
```

5.2 删 除 数 据

1. 使用 DELETE 命令

当输入的记录有误时，往往需要删除该记录。在 MySQL 中，可以使用 DELETE 或 TRUNCATE 语句实现表中一行或多行数据的删除。

【格式】DELETE FROM <表名> [WHERE 子句] [ORDER BY 子句] [LIMIT 子句]

【功能】删除一行或多行记录。

【说明】

① <表名>：指定待删除数据的表名。

② [WHERE 子句]：可选项。表示删除满足条件的数据行，若省略该语句，表示删除所有记录。

③ [ORDER BY 子句]：可选项。表示按照该子句确定的顺序进行删除操作，此子句只在与 LIMIT 一起时才起作用。

④ [LIMIT 子句]：可选项，用来限制可以被删除的行的数目。

【例 5-6】删除 xsxx 表中性别为"男"的所有记录。

```
mysql> DELETE FROM xsxx WHERE xb='男';
Query OK, 1 row affected (0.05 sec)
mysql> SELECT * FROM xsxx;
```

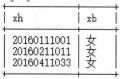

xh	xb
20160111001	女
20160211011	女
20160411033	女

```
3 rows in set (0.00 sec)
```

执行删除操作以后，表记录中只剩性别为"女"的记录。

【例 5-7】删除 xsxx 表中学号从大到小排序后的前 2 条记录。

```
mysql> DELETE FROM xsxx ORDER BY xh DESC LIMIT 2;
Query OK, 2 rows affected (0.00 sec)
mysql> select * from xsxx;
+------------+------+
| xh         | xb   |
+------------+------+
| 20160111001 | 女  |
+------------+------+
1 row in set (0.00 sec)
```

由执行后的结果可以看出，已经将学号为 20160211011 和 20160411033 的记录删除。

2. 使用 TRUNCATE 命令

不带 WHERE 子句的 DELETE FROM 语句可以删除表中所有数据，仅保留表结构信息。这种情况下，可以使用 TRUNCATE 语句。TRUNCATE 语句执行速度更快，它是先删除该表，再重新创建一个与原表结构相同的新表，而不是逐条删除记录，所占用的系统和事务日志资源更少。

【格式】TRUNCATE TABLE <表名>

【功能】删除表中所有数据。

【说明】该语句使用时，等价于 DELETE FROM <表名>，将会删除表中所有数据，数据一旦删除，无法恢复，操作时需谨慎。

【例 5-8】删除 xsxx 表中的所有记录。

```
mysql> TRUNCATE TABLE xsxx;
Query OK, 0 rows affected (0.05 sec)
mysql> SELECT * FROM xsxx;
Empty set (0.00 sec)
```

此处，TRUNCATE TABLE xsxx 等价于 DELETE FROM xsxx，使用后 xsxx 中的记录被清空。

删除表中的全部数据是很简单的操作，同时也是一个危险的操作。数据一旦被删除，将无法恢复。因此，在删除操作之前一定要对现有数据进行备份，谨慎操作。

5.3 修 改 数 据

1. 使用 UPDATE 命令修改一个表

在 MySQL 中，可以使用 UPDATE 语句实现表数据的更新。

【格式】UPDATE <表名> SET 列名 1=值 1[,列名 2=值 2…]
　　　　[WHERE 子句][ORDER BY 子句][LIMIT 子句]

【功能】更新一个表的一条或多条记录。

【说明】

① <表名>：指定被更新的表名称。

② SET 列名 1=值 1：指定需要更新的列，以及更新后的列值。注意：对多个列做更新时，赋值表达式之间用逗号隔开。

③ [WHERE 子句]：可选项。指定限定条件，满足该条件的记录的相关列做更新。若省略该

子句，将会更新所有行。

④ [ORDER BY 子句]：可选项。代表的是修改数据的顺序。

⑤ [LIMIT 子句]：可选项，用于限制可以被更新的行的数目。

【例 5-9】使用 UPDATE 语句将 score 表中，课程号为 D1000160 的成绩增加 5 分。

```
mysql> UPDATE score SET score=score+5 WHERE courseID='D1000160';
Query OK, 2 rows affected (0.05 sec)
Rows matched: 2  Changed: 2  Warnings: 0
```

【例 5-10】使用 UPDATE 语句将 stu 表中，学号为 20160111001 的学生性别修改为"女"，出生日期修改为 1998-08-17。

```
mysql> UPDATE stu SET stuSex='女',stuBirth='1998-08-17' WHERE
stuID='20160111001';
Query OK, 1 row affected (0.03 sec)
Rows matched: 1  Changed: 1  Warnings: 0
```

stuID	stuName	stuSex	stuBirth	stuSchool
20160111001	王小强	女	1998-08-17	飞行技术学院
20160211011	李红梅	女	1997-07-19	交通运输学院
20160310022	张志斌	男	1998-07-10	航空工程学院
20160411033	王雪瑞	女	1997-05-17	外国语学院
20160511011	何家驹	男	1997-09-14	计算机学院
20160611023	张殷梅	女	1998-03-14	运输管理学院
20160722018	朱宏志	男	1998-06-13	安全工程学院
20160711027	唐影	女	1997-10-05	空中乘务学院
20160111002	何金品	男	1998-06-12	飞行技术学院
20160411002	张雪	女	1998-04-12	外国语学院
20160511002	朱严方	男	1997-04-24	计算机学院
20160511017	张毅	男	1998-02-12	飞行技术学院
20160111007	张皇金	男	1998-07-09	交通运输学院
20160211007	王金	男	1998-06-25	航空工程学院
20160310017	程云汉	男	1997-04-23	飞行技术学院
20160111009	张星	女	1998-07-09	航空工程学院
20160311024	何科威	男	1997-04-24	

```
17 rows in set (0.00 sec)
```

【例 5-11】使用 UPDATE 语句将 stu 表中前 3 个学生的学院修改为"飞行技术学院"。

```
mysql> UPDATE stu SET stuSchool='飞行技术学院' LIMIT 3;
Query OK, 2 rows affected (0.06 sec)
Rows matched: 3  Changed: 2  Warnings: 0
mysql> SELECT * FROM stu;
```

stuID	stuName	stuSex	stuBirth	stuSchool
20160111001	王小强	女	1998-08-17	飞行技术学院
20160211011	李红梅	女	1997-07-19	飞行技术学院
20160310022	张志斌	男	1998-07-10	飞行技术学院
20160411033	王雪瑞	女	1997-05-17	外国语学院
20160511011	何家驹	男	1997-09-14	计算机学院
20160611023	张殷梅	女	1998-03-14	运输管理学院
20160722018	朱宏志	男	1998-06-13	安全工程学院
20160711027	唐影	女	1997-10-05	空中乘务学院
20160111002	何金品	男	1998-06-12	飞行技术学院
20160411002	张雪	女	1998-04-12	外国语学院
20160511002	朱严方	男	1997-04-24	计算机学院
20160511017	张毅	男	1998-02-12	飞行技术学院
20160111007	张皇金	男	1998-07-09	飞行技术学院
20160211007	王金	男	1998-06-25	交通运输学院
20160310017	程云汉	男	1997-04-23	航空工程学院
20160111009	张星	女	1998-07-09	飞行技术学院
20160311024	何科威	男	1997-04-24	航空工程学院

由结果可以看出，前 3 条记录的 stuSchool 字段值被修改为"飞行技术学院"。

【例 5-12】使用 UPDATE 语句将 score 表中课程代码 E2201040 中两个得分最高的成绩减 2。

```
mysql> UPDATE score SET score=score-2 where courseID='E2201040' ORDER BY score
DESC LIMIT 2;
Query OK, 2 rows affected (0.19 sec)
Rows matched: 2  Changed: 2  Warnings: 0
mysql> SELECT * FROM score;
```

stuID	courseID	score
20160511011	G2225420	74.8
20160511011	H2221520	84.7
20160111002	D1000160	81.2
20160411002	E2201040	78.8
20160310022	E2201040	73.9
20160310022	E2200640	81.9
20160111001	D1000160	91.4
20160211011	D0400340	78.7
20160310022	E2200440	83.9
20160411033	E2200640	73.2
20160511011	E2200740	81.4
20160611023	E2201040	68.4
20160722018	E2201140	74.9
20160711027	E2201240	94.6
20160411033	G2225420	78.5
20160211011	H2221520	76.9
20160111001	D0400340	83.4
20160111001	E2201040	85.5
20160111001	G2225420	93.5
20160511002	G2225420	71.8
20160511017	H2221520	87.9
20160111007	E2201140	79.4
20160211007	D0400340	84.1

```
23 rows in set (0.00 sec)
```

由结果可以看出，课程代码 E2201040 对应的两个最高的得分 87.5、80.8 分别更新为 85.5 和 78.8。

2. 使用 UPDATE 修改多个表

【格式】UPDATE <表 1,表 2,…> SET 列名 1=值 1[,列名 2=值 2…] [WHERE 子句]

【功能】更新多个表的一条或多条记录。

【说明】

① <表 1,表 2,…>：指定被更新的表名称。UPDATE 语句会同时修改表 1、表 2、……中满足限定条件的每个表。

② SET 列名 1=值 1：指定需要更新的列及列值。

③ [WHERE 子句]：可选项。对满足条件的记录的相关列做更新。

④ 对于多个表的修改，不能使用 ORDER BY 和 LIMIT 子句。

【例 5-13】使用 UPDATE 语句将 stuID 为 20160111001 的学生所在学院修改为"计算机学院"，并将该学生的所有成绩-5 分。

```
mysql> UPDATE stu,score SET stu.stuSchool='计算机学院',
score.score=score.score-5
    -> WHERE stu.stuID=score.stuID AND stu.stuID='20160111001';
Query OK, 5 rows affected (0.13 sec)
Rows matched: 5  Changed: 5  Warnings: 0
mysql> SELECT * FROM stu;
```

```
| stuID      | stuName | stuSex | stuBirth   | stuSchool  |
| 20160111001 | 王小强   | 女     | 1998-08-17 | 计算机学院   |
| 20160211011 | 李红梅   | 女     | 1997-07-19 | 飞行技术学院 |
| 20160310022 | 张志斌   | 男     | 1998-07-10 | 飞行技术学院 |
| 20160411033 | 王雪瑞   | 女     | 1997-05-17 | 外国语学院   |
| 20160511011 | 何家驹   | 男     | 1997-09-14 | 计算机学院   |
| 20160611023 | 张殷梅   | 男     | 1998-03-14 | 运输管理学院 |
| 20160722018 | 朱宏影   | 女     | 1998-06-13 | 安全工程学院 |
| 20160711027 | 唐金品   | 男     | 1997-10-05 | 空中乘务学院 |
| 20160111002 | 何金雪   | 男     | 1998-06-12 | 飞行技术学院 |
| 20160411002 | 张严方   | 女     | 1998-04-12 | 外国语学院   |
| 20160511002 | 朱毅皇   | 男     | 1997-04-24 | 计算机学院   |
| 20160511017 | 张王金   | 男     | 1998-02-12 | 计算机学院   |
| 20160211007 | 王云汉   | 男     | 1998-07-09 | 飞行技术学院 |
| 20160310017 | 程皇威   | 男     | 1998-06-25 | 交通运输学院 |
| 20160111009 | 张星    | 男     | 1997-04-23 | 航空工程学院 |
| 20160311024 | 何科威   | 女     | 1998-07-09 | 飞行技术学院 |
|             |         | 男     | 1997-04-24 | 航空工程学院 |
17 rows in set (0.00 sec)
mysql> SELECT * FROM score;
| stuID      | courseID | score |
| 20160511011 | G2225420 | 74.8  |
| 20160511011 | H2221520 | 84.7  |
| 20160111002 | D1000160 | 81.2  |
| 20160411002 | E2201040 | 78.8  |
| 20160310022 | E2201040 | 73.9  |
| 20160310022 | E2200640 | 81.9  |
| 20160111001 | D1000160 | 86.4  |
| 20160211011 | D0400340 | 78.7  |
| 20160310022 | E2200440 | 83.9  |
| 20160411033 | E2200640 | 73.2  |
| 20160511011 | E2200740 | 81.4  |
| 20160611023 | E2201040 | 68.4  |
| 20160722018 | E2201140 | 74.9  |
| 20160711027 | E2201240 | 94.6  |
| 20160411033 | G2225420 | 78.5  |
| 20160211011 | H2221520 | 76.9  |
| 20160111001 | D0400340 | 78.4  |
| 20160111001 | E2201040 | 80.5  |
| 20160111001 | G2225420 | 88.5  |
| 20160511002 | G2225420 | 71.8  |
| 20160511017 | H2221520 | 87.9  |
| 20160111007 | E2201140 | 79.4  |
| 20160211007 | D0400340 | 84.1  |
23 rows in set (0.00 sec)
```

由结果可以看出，stu 表中 stuID='20160111001'的学生对应的 stuSchool 字段值被更新为"计算机学院"；score 表中 stuID='20160111001'的学生对应的所有 score 字段值均在原来的基础上减掉 5 分。

习　　题

一、选择题

1．不能进行记录添加的命令是（　　）。

    A．INSERT…VALUES   B．INSERT…SELECT

    C．INSERT…SET   D．INSERT…WHERE

2．删除数据表的命令是（　　）。

    A．DROP TABLE   B．DELETE TABLE

　　C．TRUNCATE TABLE　　　　　　D．DELETE FROM TABLE

3．实现数据更新的 SQL 命令是（　　　　）。

　　A．CREATE　　　　　　　　　　　B．SHOW

　　C．REPLACE WITH　　　　　　　　D．UPDATE

4．关于 TRUNCATE 和 DELETE，下列说法错误的是（　　　　）。

　　A．TRUNCATE TABLE 等价于 DELETE FROM

　　B．不带 WHERE 子句的 DELETE 命令是删除所有记录，但保留结构信息

　　C．TRUNCATE 语句的执行速度更快

　　D．DELETE 语句所占用的系统和事务日志资源更少

5．设有学生表 student，包括 name、sex、age 三个字段，sex 的默认值为"男"，执行 SQL 语句 INSERT INTO student(name,age) VALUES("Lily",25)，下面说法不正确的是（　　　　）。

　　A．执行后，插入一条记录("Lily",NULL,25)

　　B．执行后，插入一条新记录，name、sex、age 的值分别为"Lily"、"男"、25

　　C．执行后，插入一条新记录，name、sex、age 的值分别为"Lily"、""、25

　　D．语句有误，不执行。

6．设有学生表 student，包括 name、sex、age 三个字段，sex 的默认值为"男"，插入一条新记录("Matthew","男",20)，以下不正确的是（　　　　）。

　　A．INSERT INTO student(name,age) VALUES("Matthew",20)

　　B．INSERT INTO student VALUES("Matthew",DEFAULT,20)

　　C．INSERT INTO student VALUES("Matthew",20)

　　D．INSERT INTO student SET name="Matthew",age=20

7．删除学生表 student，正确的 SQL 语句是（　　　　）。

　　A．DROP TABLE student　　　　　　B．DELETE TABLE student

　　C．ALTER TABLE student DROP student　　D．TRUNCATE TABLE student

8．清空学生表 student 中的记录信息，但保留表的结构信息，正确的 SQL 语句为（　　　　）。

　　A．DELETE student　　　　　　　　B．TRUNCATE TABLE student

　　C．DROP TABLE student　　　　　　D．SELECT TABLE student

9．SQL 语句 UPDATE student SET age=age+1 WHERE sex="女"（　　　　）。

　　A．对数据库 student 做更新操作　　　B．表中所有记录的 age 字段值增加 1

　　C．表中女生记录的年龄增加 1 岁　　　D．表中女生记录的年龄为 1

10．对于学生表 student，执行命令 REPLACE INTO student SET name="Amy",age=30（　　　　）。

　　A．将表中所有记录均修改为("Amy","男",30)

　　B．若表中存在 name 为 Amy 的记录，则将该记录其他字段进行更新

　　C．插入一条新记录("Amy","男",30)

　　D．插入一条新记录("Amy",null,30)

11．学生表 student 中，将年龄小于 30 岁的记录删除，下面的 SQL 语句正确的是（　　　　）。

　　A．DELETE FROM student FOR age<30

　　B．DELETE TABLE student WHERE age<30

  C．TRUNCATE TABLE student WHERE age<30

  D．DELETE FROM student WHERE age<30

12．对表 score(stuID VARCHAR(4),courseID VARCHAR(4),score FLOAT)，修改学号为 003、课程编号为 0005 的分数为 90，下面 SQL 命令中正确的是（ ）。

  A．UPDATE score SET score=90 WHERE stuID="003"

  B．UPDATE TABLE score SET score=90 WHERE stuID="003"

  C．UPDATE score SET score=90 WHERE stuID="003" AND scoreID="0005"

  D．UPDATE score SET score="90" WHERE stuID="003" AND scoreID="0005"

13．INSERT INTO xsxx(xh,xb) SELECT stuID,stuSex FROM stu WHERE stuSex="男"（ ）。

  A．将 SELECT 查询结果插入到 xsxx 表中

  B．将 stu 表中男生记录插入到 xsxx 表中

  C．插入一条 stu 表中的男生记录到 xsxx 表中

  D．命令有误，无法执行

14．使用 SQL 的 UPDATE 命令，如果省略 WHERE 条件，是对数据库（ ）。

  A．首记录更新   B．当前记录更新

  C．指定字段类型更新   D．全部记录更新

15．对于 INSERT…VALUES 语句中对列插入数据清单，说法不正确的是（ ）。

  A．数据的顺序要与列的顺序一致

  B．当列允许为空时，可以赋值为 NULL

  C．不能赋值为 DEFAULT

  D．若该列指定了默认值，那么列可以缺省

二、填空题

1．SQL 包括了数据定义、_____、数据控制和数据查询。

2．将学生表 STUDENT 中的学生年龄（字段名为 AGE）增加 2 岁，应该使用的 SQL 命令是 UPDATE STUDENT_____。

3．删除学生表 STUDENT 中的年龄（字段名为 AGE）小于 20 岁的记录，应该使用的 SQL 命令是 DELETE FROM STUDENT _____。

4．插入记录应使用_____子句。

5．删除学生表 STUDENT 中的所有记录的 SQL 语句是_____。

6．为 stu(stuID,stuName,stuSex,stuBirth,stuSchool)插入一条新记录('20170111001', '张小丽', '女', '1997-08-17', '航空工程学院')的 SQL 语句是_____。

7．使用_____子句，从表 xsxx 中选择部分记录插入到表 stu 中。

8．如果待插入表定义了主键或者候选键，而插入的数据主键与已有的数据主键值重复，这种情况下，可以使用_____命令替换主键重复的原数据。

9．对 score 表中所有记录的 score 字段值减少 5，SQL 命令为_____。

10．向表 stu 插入一条完整记录，其中 stuBirth 是 DATE 类型，值为 1996-09-17，正确的赋值表达式为_____。

三、判断题

1. DELETE 与 TRUNCATE 语句都可以清空表记录，它们没有区别。 （ ）

2. 删除 stu 表中的所有记录，可以使用 DELETE FROM stu 语句。 （ ）

3. REPLACE INTO stu SET…等价于 INSERT INTO stu SET…语句。 （ ）

4. TRUNCATE TABLE 与 DROP TABLE 一样，都是删除表的命令。 （ ）

5. SQL 的 INSERT INTO 语句一次只能添加一条记录。 （ ）

6. UPDATE 语句的功能是定义数据。 （ ）

7. 使用 INSERT INTO 语句插入记录时，必须指明表的各列名。 （ ）

8. 使用 INSERT…SELECT 语句向表中插入来自其他表的数据时，SELECT 语句中的列名必须与表中的列名相同。 （ ）

9. SQL 中的 DELETE 语句可以删除多条记录。 （ ）

10. UPDATE 语句不使用 WHERE 子句时，代表对表中所有记录做更新。 （ ）

第6章 索 引

本章导读

在 MySQL 中，创建和使用索引是为了更加高效地访问表中的记录，实现数据的快速检索。通常，索引是某个表中一列或若干列值的集合和指向表中物理标识这些值的数据页的逻辑指针清单。正确地使用索引可以使 SQL 语句运行得更快，减少查询读取的数据量，同时索引还可以强制表中的记录具有唯一性，从而确保表数据的完整性。但错误地创建和使用索引可能会带来灾难性的后果。本章主要讲解了作为一种重要的数据库对象的创建、查看和删除。

学习目标

- 索引的基本知识：概念和作用。
- 索引的分类及存储方式。
- 索引的创建、查看和删除。

6.1 索 引 简 介

6.1.1 索引的概念

在 MySQL 中，通常有两种方式访问表中的数据。

1. 顺序访问

顺序访问即按照表中数据存储的物理顺序进行全表扫描，遍历所有行。未引入索引的表，是一个无序表。要想查找某个特定行，需要从首记录开始，逐行查看，判断是否与给定值匹配。当存在成千上万条记录时，尤其是查询结果仅有少量记录时，这个方法会非常耗时且效率低下。

2. 索引访问

索引是根据表中的一列或多列按照一定的顺序建立的列值与记录行之间的对应关系表。在列上创建索引后，可以根据该列的索引搜索到对应行的位置，从而实现快速查询。索引保存在索引文件中，包括按序排列的索引关键字的值，以及指向原数据行的指针。如果使用索引，那么数据引擎不需要对整个表进行扫描，就可以找到表中符合条件的数据。

6.1.2 索引的利弊

1. 索引的好处

① 快速读取数据。
② 保证数据记录的一致性。

③ 实现表与表之间的参照完整性。

④ 查询语句中使用 GROUP BY 或 ORDER BY 子句时，利用索引可以减少排序和分组的时间。

⑤ 在表与表之间连接查询时，如果创建了索引列，可以提高表与表之间的连接速度。

2．索引的弊端

索引是以索引文件的形式存在的，文件会占用磁盘空间。如果创建了大量索引，索引文件会变得非常庞大，尤其是有些索引的创建并不科学。例如，stu 表中的 stuSex 列，取值只有"男"和"女"，按 stuSex 列创建索引，并不能明显提高查询速度。

更新表中索引字段的值时，索引也会被更新。表中的索引越多，更新时间就会越长，这样会降低添加、删除、修改数据的效率。

小的数据表使用索引并不能提高任何检索性能，小表不建议为其创建索引。

3．索引关键字的选择

根据需要创建索引，选择合适的索引关键字，一般应遵循以下原则：

① 对经常需要搜索的列创建索引，可以加快搜索速度。

② 针对语句中 WHERE 子句经常出现的列创建索引，加快条件判断的速度。

③ 对表连接的列上创建索引，可以加快表连接的速度。

④ 对作为主键的列上创建索引，有助于组织表中数据的排列结构。

⑤ 使用 ORDER BY 指定排序字段为 ASC，那么按该字段创建索引并指定索引顺序为 ASC，能有效地提高查询速度。

总之，索引的创建不能盲目进行，按需要创建合适的索引，才能提高 MySQL 的处理性能；过多的不必要的索引，反而会降低数据查询效率。

6.2　索引的分类

1．按存储方式分类

索引的类型与存储引擎有关，不同存储引擎支持的索引类型不一定相同。最常见的索引有 BTREE 索引和 HASH 索引，大部分索引都是采用 BTREE 的数据结构进行存储的，InnoDB、BDB、MyISAM 都支持 BTREE 索引。

（1）BTREE 索引

BTREE 索引即 B 树索引，BTREE 索引是一种典型的树结构。顶部的结点叫作根。只有父结点没有子结点的结点成为叶子结点，它的每个值指向表中的一行，叶子页之间是相互连接的，一个叶子页有一个指向下一个叶子页的指针。其余结点称为分支结点，其中的值指向其他分支结点或叶子结点。每个结点中的值都是有序排列的。

基于这样的数据结构，表中的每一行都会在索引中有个对应值。进行查询时，可以根据索引值定位到数据所在的行。

（2）HASH 索引

HASH 索引即散列索引或哈希索引。MySQL 中，MEMORY 和 HEAP 存储引擎支持这类索引。HASH 索引不需要建立树结构，它将整个索引值通过散列算法变换成散列值，保存在一个列表中，这个列表指向相关页和行。当需要查询得到某特定行记录时，HASH 索引的访问速度非常快。但散列运算比较耗时，建立 HASH 索引比建立 BTREE 索引耗费的时间相对更多。

2．按用途分类

（1）普通索引

普通索引这是最基本的索引类型，没有唯一性的限制，使用 INDEX 或 KEY 来创建。

（2）唯一性索引

唯一性索引要求索引列的取值不能重复，创建时使用 UNIQUE 关键字。

（3）主键索引

主键索引是一种唯一性索引，要求索引列的取值既不能重复也不能为空。一般在 CREATE TABLE 创建表的时候指定，也可以在 ALTER TABLE 修改表的时候添加，使用 PRIMARY KEY 关键字。一个表只能有一个主键。

（4）全文索引

全文索引只能在 VARCHAR 或 TEXT 类型的列上创建，且只能在 MyISAM 表中创建。可以通过 CREATE TABLE 新建表的时候创建，也可以使用 ALTER TABLE 和 CREATE INDEX 来创建。

（5）空间索引

空间索引主要用于地理空间数据类型 GEOMETRY。

由于索引是作用在数据列上的，因此，索引既可以由单列组成，也可以由多列组成。单列组成的索引称为单列索引，多列组成的索引称为组合索引。一个表可以有多个单列索引，但这些索引并不是组合索引。

6.3　创建、查看和删除索引

6.3.1　创建索引

1．CREATE INDEX 语句

使用 CREATE INDEX 语句可以在一个已有的表上创建索引，一个表可以创建多个索引。

【格式】CREATE [UNIQUE|FULLTEXT|SPATIAL] INDEX <索引名>
　　　ON <表名> (<列名>[(长度)][ASC|DESC]) [USING <索引类型>];

【功能】为表创建索引。

【说明】

① [UNIQUE|FULLTEXT|SPATIAL]：可选项。指明创建索引的类型，UNIQUE 表示创建唯一性索引；FULLTEXT 表示创建全文索引；SPATIAL 表示空间索引。

② <索引名>：索引的名称，同一个表中索引名不允许同名。

③ <表名>：指明创建索引的表。

④ <列名>[长度][ASC|DESC]：<列名>表示创建索引的列名。[长度]为可选项，表示使用指定列的部分字符创建索引，有助于减少索引文件的大小，节约存储空间。有些情况下，只能对列的前缀进行索引。索引列的长度有一个最大上限 255 字节（MyISAM 和 InnoDB 支持最大长度为 1 000 字节），当超过这个上限时，只能进行前缀索引。BLOB 和 TEXT 类型的列只能使用前缀索引。[ASC|DESC]是可选项，表示索引的排序，ASC 指索引按升序排列，DESC 指索引按降序排列，缺省时代表升序。

⑤ [USING <索引类型>]：可选项。指存储引擎支持的索引类型名称，MySQL 支持的索引类型有 BTREE、HASH。默认索引类型为 BTREE。

注意：CREATE INDEX 语句不能创建主键。

【例 6-1】为数据库 student 中的 stu 表按出生日期创建普通索引 index_birth，索引类型为 BTREE，降序。

```
mysql> CREATE INDEX index_birth ON student.stu(stuBirth DESC) USING BTREE;
Query OK, 17 rows affected (0.16 sec)
Records: 17  Duplicates: 0  Warnings: 0
```

这里使用了 USING BTREE 指定索引类型为 BTREE。也可以输入 SQL 语句：CREATE INDEX index_birth ON student.stu(stuBirth DESC)。

【例 6-2】为数据库 student 中的 score 表按(stuID,score)创建复合索引 index_idscore，采用默认索引类型。

```
mysql> CREATE INDEX index_idscore ON student.score(stuID,score);
Query OK, 23 rows affected (0.11 sec)
Records: 23  Duplicates: 0  Warnings: 0
```

2. ALTER TABLE 语句

针对已有的表创建索引，除了 CREATE INDEX 方式以外，还可以使用 ALTER TABLE 语句，在修改表的同时，创建索引。可以创建普通索引、主键、唯一性索引、外键。有 4 种创建方式，SQL 语句分别如下：

【格式 1】ALTER TABLE <表名>
　　　　 ADD INDEX <索引名>(<列名>[长度][ASC|DESC]);
【功能】此语句在修改表结构的同时，为表添加普通索引。

【格式 2】ALTER TABLE <表名>
　　　　 ADD PRIMARY KEY (<列名>[长度][ASC|DESC]);
【功能】此语句在修改表结构的同时，为表添加主键。

【格式 3】ALTER TABLE <表名>
　　　　 ADD UNIQUE [INDEX|KEY] <索引名>(<列名>[长度][ASC|DESC]);
【功能】此语句在修改表结构的同时，为表添加唯一性索引。

【格式 4】ALTER TABLE <表名>
　　　　 ADD FOREIGN KEY <索引名>(<列名>[长度][ASC|DESC]);
【功能】此语句在修改表结构的同时，为表添加外键。

以上语句在创建索引时，不影响 ADD COLUMN、ALTER COLUMN 等子句在语句中的使用。

【例 6-3】使用 ALTER TABLE 语句，创建例 6-1 中要求的索引。

```
mysql> ALTER TABLE stu
    -> ADD INDEX index_birth(stuBirth DESC);
```

MySQL 默认创建的索引的类型为 BTREE，也可以在末尾加上 USING BTREE 子句，指定索引类型。

【例 6-4】使用 ALTER TABLE 语句，创建例 6-2 中要求的索引。

```
mysql> ALTER TABLE score
    -> ADD INDEX index_idscore (stuID,score);
```

【例 6-5】为数据库 student 下的数据表 admin 添加主键 admin-ID。

```
mysql> ALTER TABLE admin
    -> ADD PRIMARY KEY(admin_ID);
Query OK, 5 rows affected (0.13 sec)
Records: 5  Duplicates: 0  Warnings: 0
```

3. CREATE TABLE 语句

在 CREATE TABLE 语句中通过增加某些子句,可以实现创建表的同时创建索引。为表添加主键、普通索引、唯一性索引、外键的 SQL 语句分别如下:

【格式 1】CREATE TABLE <表名> (<列名 1> <类型 1> [, …]<列名 n> <类型 n>)
　　　　[CONSTRAINT] PRIMARY KEY[索引类型](<列名>[长度][ASC|DESC])

【功能】创建表的同时添加主键。

【说明】

① [索引类型]: 指 BTREE、HASH,默认类型为 BTREE。

② <列名>[长度][ASC|DESC]): <列名>表示创建索引的列名。[长度]为可选项,表示使用指定列的部分字符创建索引。[ASC|DESC]是可选项,表示索引的排序,ASC 指索引按升序排列,DESC 指降序排列,缺省时代表升序。

③ 添加主键的方法还可以在索引列后面使用 PRIMARY KEY 子句;但若主键是多列构成的复合索引,只能采用 PRIMARY KEY(<列名 1>,…,<列名 n>)的方式创建。

【格式 2】CREATE TABLE <表名> (<列名 1> <类型 1> [, …]<列名 n> <类型 n>)
　　　　INDEX|KEY <索引名>[索引类型] (<列名>[长度][ASC|DESC])

【功能】创建表的同时添加普通索引。

【说明】

① <索引名>: 索引的名称,同一个表中索引名不允许同名。

② [索引类型]: 指 BTREE、HASH,默认类型为 BTREE。

③ 该语句不能创建主键。

【格式 3】CREATE TABLE <表名> (<列名 1> <类型 1> [, …]<列名 n> <类型 n>)
　　　　[CONSTRAINT] UNIQUE [INDEX|KEY]
　　　　<索引名>[索引类型] (<列名>[长度][ASC|DESC])

【功能】创建表的同时添加唯一性索引。

【格式 4】CREATE TABLE <表名> (<列名 1> <类型 1> [, …]<列名 n> <类型 n>)
　　　　[CONSTRAINT] FOREIGN KEY <索引名>[索引类型] (<列名>[长度][ASC|DESC]);

【功能】为表添加外键。

以上语句在创建索引时,不影响 NOT NULL、NULL、DEFAULT 等子句在 CREATE TABLE 语句中的使用。

【例 6-6】在 student 数据库下新建表 teacher,包括任课教师编号、任课教师姓名、所在学院名称。要求在创建该表的同时,将教师编号设置为主键,并为教师姓名的前 3 个字符创建索引。

```
mysql> CREATE TABLE teacher
    -> (
    -> teaID INT NOT NULL PRIMARY KEY,
    -> teaName VARCHAR(30) NOT NULL,
    -> teaSchool VARCHAR(50) NOT NULL,
    -> INDEX index_name(teaName(3))
    -> );
```

```
Query OK, 0 rows affected (0.13 sec)
```

使用 CREATE TABLE 定义主键时，既可以在指定列的后面使用 PRIMARY KEY 子句，也可以在所有列定义后面使用 PRIMARY KEY(<列名>)的形式添加主键。若主键是由多列组合而成的复合索引，则只能采用后者进行创建。在该例中，如下语句也可以实现相关索引的创建。

```
mysql >CREATE TABLE teacher
    -> (
    ->teaID INT NOT NULL,
    ->teaName VARCHAR(30) NOT NULL,
    ->teaSchool VARCHAR(50) NOT NULL,
    ->INDEX index_name(teaName(3)),
    -> PRIMARY KEY(teaID)
    ->);
```

6.3.2　查看索引

索引创建完成后，可以利用 SQL 命令查看已经存在的索引。在 MySQL 中，使用 SHOW INDEX 查看索引的语句如下：

【格式】SHOW INDEX FROM <表名> [FROM <数据库名>];

【功能】查看索引。

【说明】

① <表名>：待查看的索引所在的表。

② [FROM <数据库名>]：可选项，指明表所在的数据库。

【例 6-7】查看 student 数据库下 stu、teacher 数据表创建的所有索引。

```
mysql> SHOW INDEX FROM stu FROM student;
```

Table	Non_unique	Key_name	Seq_in_index	Column_name	Collation	Cardinality	Sub_part	Packed	Null	Index_type	Comment	Index_comment
stu	0	PRIMARY	1	stuID	A	17	NULL	NULL		BTREE		
stu	1	index_birth	1	stuBirth	A	NULL	NULL	NULL		BTREE		

2 rows in set (0.00 sec)

```
mysql> SHOW INDEX FROM teacher FROM student;
```

Table	Non_unique	Key_name	Seq_in_index	Column_name	Collation	Cardinality	Sub_part	Packed	Null	Index_type	Comment	Index_comment
teacher	0	PRIMARY	1	teaID	A	0	NULL	NULL		BTREE		
teacher	1	index_name	1	teaName	A	NULL	3	NULL		BTREE		

2 rows in set (0.00 sec)

查看的结果是一张表，包括 Table、Non_unique、key_name、Seq_in_index、Column_name、Collation、Cardinality、Sub_part、Packed、Null、Index_type、Index_comment 字段。各字段的含义解释如下：

- Table：表名。
- Non_unique：表示索引是否是唯一索引，若是唯一索引，显示为 0；若不是唯一索引，显示为 1。
- Key_name：索引名称。
- Seg_in_index：索引中的列序列号。
- Column_name：列名称。
- Collation：索引关键字排序情况，'A'表示升序。
- Cardinality：显示索引中唯一值的数目的估计值。
- Sub_part：显示前缀索引字符数，若整列被索引，则显示为 NULL。
- Packed：索引列是否被压缩，若未被压缩，显示为 NULL。

- Null：显示索引关键字的值是否包含 NULL。
- Index_type：显示索引类型，如 BTREE、FULLTEXT、HASH、RTREE。
- Index_comment：显示评论。

6.3.3 删除索引

当一个索引不需要的时候，建议进行删除，因为过多的索引会影响查询速度。删除索引可以采用 DROP INDEX 或 ALTER TABLE 语句，语法结构如下：

1. DROP INDEX 语句

【格式】`DROP INDEX <索引名> ON <表名>;`

【功能】删除索引。

【说明】

① <索引名>：需要删除的索引名称。

② <表名>：索引所在的表。

【例 6-8】删除 teacher 表中索引 index_name。

```
mysql> DROP INDEX index_name on teacher;
Query OK, 0 rows affected (0.11 sec)
Records: 0  Duplicates: 0  Warnings: 0
```

teacher 表中有两个索引：一个是主键；一个是普通索引 index_name。DROP INDEX 语句不能删除主键，若要删除主键，需要使用 ALTER TABLE 命令。

2. ALTER TABLE 语句

【格式】`ALTER TABLE <表名>`
`        DROP PRIMARY KEY`
`        |DROP [INDEX|KEY] <索引名>`
`        |DROP FOREIGN KEY <索引名>`

【功能】删除索引。

【说明】

① DROP PRIMARY KEY：删除主键，一个表中只有一个主键，因此，可以不用指明索引名。

② DROP [INDEX|KEY] <索引名>：删除索引，该子句可以删除各种类型的索引。

③ DROP FOREIGN KEY <索引名>：删除外键。

【例 6-9】删除 teacher 表中的主键。

```
mysql> ALTER TABLE teacher
    -> DROP PRIMARY KEY;
Query OK, 0 rows affected (0.06 sec)
Records: 0  Duplicates: 0  Warnings: 0
```

习　　题

一、选择题

1. MySQL 中，不能创建索引的语句是（　　）。

    A. CREATE INDEX   B. ALTER TABLE

    C. SHOW INDEX   D. CREATE TABLE

2. 下面关于索引的描述，错误的是（　　　）。

　　A．所有索引都保存在一个索引文件中

　　B．索引可以创建在单列，也可以创建在多列

　　C．索引可以提高查询效率

　　D．索引可以提高数据读/写速率

3. 下面说法中，正确的是（　　　）。

　　A．一个表只能有一个唯一性索引

　　B．CREATE INDEX 能创建所有类型的索引

　　C．一个表只能有一个主键

　　D．索引都是按 BTREE 结构存储的

4. MySQL 中，不能删除索引的是（　　　）。

　　A．DROP INDEX　　B．ALTER TABLE　　　C．CREATE TABLE　　D．DROP TABLE

5. 关于语句 CREATE INDEX idx on xs(xh);的说法，错误的是（　　　）。

　　A．idx 是要创建的索引名　　　　　　　　B．xs 是要创建索引的表名

　　C．该语句创建一个唯一性索引　　　　　　D．索引按 xh 升序排列

6. MySQL 中唯一索引的关键字是（　　　）。

　　A．FULLTEXT INDEX　　　　　　　　　　B．ONLY INDEX

　　C．UNIQUE　　　　　　　　　　　　　　D．INDEX

7. 索引可以提高哪一个操作的效率（　　　）。

　　A．INSERT　　　　　B．UPDATE　　　　　C．DELETE　　　　　　D．SELECT

8. 对于表 workInfo（id,name,type,address,wage,contents,extra），请为 name 字段创建长度为 10
的索引 index_name，以下语句正确的是（　　　）。

　　A．CREATE INDEX index_name ON workInfo(name) ;

　　B．CREATE INDEX index_name ON workInfo(name(10)) ;

　　C．ALTER TABLE workInfo ADD INDEX index_name(name);

　　D．CREATE TABLE workInfo ADD INDEX index_name(name(10));

9. 下面关于 UNIQUE 索引和 PRIMARY KEY 说法，错误的是（　　　）。

　　A．UNIQUE 只能定义在表的单个列上

　　B．在空值列上允许定义 UNIQUE，但不能定义 PRIMARY KEY

　　C．一个表上可以定义多个 UNIQUE，只能定义一个 PRIMARY KEY

　　D．PRIMARY KEY 是一个特殊的 UNIQUE

10. 使用 CREATE INDEX 创建索引时，默认的索引类型是（　　　）。

　　A．HASH　　　　　B．BTREE　　　　　　C．FULLTEXT　　　　　D．SPATIAL

11. CREATE UNIQUE INDEX aaa ON 学生表(学号)将在学生表上创建名为 aaa 的（　　　）。

　　A．唯一索引　　　B．聚集索引　　　　　C．复合索引　　　　　　D．唯一聚集索引

12. 执行语句 CREATE INDEX index_tele ON dept(telephone(6) DESC)，那么（　　　）。

　　A．根据 telephone 属性前 6 个字符创建 HASH 索引

　　B．根据 telephone 属性前 6 个字符创建 BTREE 索引

C. 根据 dept 表的前 6 条记录创建 HASH 索引

D. 根据 dept 表的前 6 条记录创建 BTREE 索引

13. Index_1 是 stu 表中的普通索引，以下删除该索引的语句正确的是（　　　）。

A. DROP Index_1

B. DROP INDEX Index_1 FROM stu

C. DROP INDEX Index_1

D. ALTER TABLE stu DROP INDEX Index_1

14. 删除表 stu 中的主键，以下语句正确的是（　　　）。

A. DROP INDEX ON stu

B. DROP INDEX FROM stu

C. ALTER TABLE stu DROP PRIMATY KEY

D. ALTER TABLE stu DROP INDEX

15. SQL 中创建索引属于（　　　）功能。

A. 数据定义　　　　B. 数据操纵　　　　C. 数据查询　　　　D. 数据控制

二、填空题

1. 查看表 stu 中所创建的所有索引的 SQL 语句是_____。

2. 使用索引可以提高_____速度。

3. 在一个表中最多只能有一个关键字为_____的约束，关键字为 FOREIGN KEY 的约束可以出现_____次。

4. 使用 CREATE INDEX 创建索引时，其默认的排序方式是_____。

5. 使用 CREATE INDEX 语句创建索引时，默认创建的索引类型为_____索引。

6. 删除表 stu 的主键，使用的命令是_____。

7. 唯一性索引使用子句_____来创建，一个表可以有_____个唯一性索引。

8. 访问表中数据的两种方式是顺序访问和_____访问。

9. 索引的类型与存储引擎有关，常见的两种索引类型为_____和_____。

10. CREATE INDEX index_idscore ON student.score(stuID,score)，该语句是指为数据库_____中的表_____创建了一个索引名为_____的普通索引。

三、判断题

1. 使用索引可以提供查询效率。　　　　　　　　　　　　　　　　　　　　（　　　）

2. 索引创建得越多越好。　　　　　　　　　　　　　　　　　　　　　　　（　　　）

3. 对于取值较少的列，不适合创建索引。　　　　　　　　　　　　　　　　（　　　）

4. UNIQUE 表示创建唯一性索引；FULLTEXT 表示创建全文索引；SPATIAL 表示空间索引。　　　　　　　　　　　　　　　　　　　　　　　　　　　　　　　　（　　　）

5. CREATE INDEX 可以创建所有类型的索引。　　　　　　　　　　　　　　（　　　）

6. 索引的类型与存储引擎有关，不同存储引擎支持的索引类型不一定相同。（　　　）

7. 删除主键使用 DROP INDEX 语句。　　　　　　　　　　　　　　　　　　（　　　）

8. 一个表只能有一个主键，但可以创建多个唯一性索引。　　　　　　　　　（　　　）

9. 主键使用 PRIMARY KEY 子句来创建。　　　　　　　　　　　　　　　　（　　　）

10. 每创建一个索引都会生成一个索引文件来存储该索引的相关信息。　　　（　　　）

第7章 数据查询

本章导读

数据查询是数据库的核心操作，其主要作用是从数据库的一个或多个表中对数据按指定条件和顺序进行查询输出，以达到有效地筛选数据、统计数据，按用户需要的方式显示数据的目的。在 MySQL 中，查询操作是使用 SELECT 语句实现的，该语句具有使用灵活、功能强大等特点，其数学理论基础除了集合代数的并、差等运算，还定义了一组专门的关系运算（即选择、投影和连接）。本章主要介绍使用 SELECT 语句对数据库进行各种查询的方法。

学习目标

- 掌握 SELECT 语句的语法要素和基本格式。
- 重点掌握使用 SELECT 语句对数据进行各种查询的方法。

7.1 SELECT 语句

SELECT 语句是 SQL 的核心，用于检索、统计或输出数据。其执行过程是根据用户指定的条件，从数据库中选取匹配的特定行和列，其结果通常是一张临时表。它的基本格式由 SELECT…FROM…WHERE 模块组成，且多个查询可嵌套执行。

【格式】SELECT <列名 1,列名 2,…>
　　　　　FROM <表名>
　　　　　[WHERE <条件>]
　　　　　[GROUP BY <分组依据>]
　　　　　[HAVING <条件>]
　　　　　[UNION …]
　　　　　[ORDER BY <排序依据>]
　　　　　[LIMIT <行数>]

【功能】实现数据库中的数据查询。

【说明】

① <列名 1,列名 2,…>：指明需要查询的列。

② FROM<表名>：指明查询的数据涉及哪些表，可以是单个表，也可以是多个表。

③ WHERE <条件>：指明查询的条件，即选择哪些元组的条件。

④ GROUP BY<分组依据>：将查询结果按指定依据进行分组，值相同的为一组。

⑤ HAVING<条件>：必须跟在 GROUP BY 子句后面，不能单独使用，用以指明各分组应满足的条件。

⑥ UNION：将多个 SELECT 查询结果组合到一起，作为一个查询结果返回。

⑦ ORDER BY <排序依据>：将查询结果按指定依据进行排序。

⑧ LIMIT<行数>：指明查询数据的位置及行数。

对于 SELECT 语句，从 FROM 开始的所有子句均为可选项，故其最简单的语句格式是：SELECT 表达式。其中，<表达式>可以是 MySQL 支持的任何运算表达式，如执行如下语句：SELECT 72-3*7，其执行结果为 51。

【例 7-1】利用 SELECT 语句完成：① 计算 $\sqrt{27+3\times 3}$；② 返回当前日期及时间。

```
① mysql> SELECT SQRT(27+3*3);
+--------------+
| SQRT(27+3*3) |
+--------------+
|            6 |
+--------------+
1 row in set (0.08 sec)
② mysql> SELECT NOW();
+---------------------+
| NOW()               |
+---------------------+
| 2017-09-22 14:00:49 |
+---------------------+
1 row in set (0.08 sec)
```

在进行数据查询时，SELECT 语句中的各子句千变万化，以完成各种不同的查询要求。本章以下各节主要介绍几种常见的查询方法。

7.2 列选择子句

列选择子句对应投影运算，即查询结果可以包含原表中所有列，也可以是部分列，还可以调换列的顺序或更改显示的列名等。

1. 选择指定的列

（1）按顺序选择指定表的部分列

使用 SELECT 语句可以从一张或多张表中选取一个或多个列作为结果表中的数据列。若是结果表中包含多个列，各列间以逗号"，"分隔，且各列的顺序以 SELECT 语句中的出现顺序为准。

【例 7-2】打开数据库 student，查询其下数据表 stu 中各位同学的学号、姓名与所属院系。

```
mysql> USE student;
Database changed
mysql> SELECT stuid,stuname,stuschool FROM stu;
```

```
17 rows in set (0.00 sec)
```

【说明】本例首先选择 student 数据库为当前数据库；第二条查询语句查询并返回表 stu 中指定的三列数据。

【例 7-3】查询表 course 中各课程的课程名与课程号。

```
mysql> SELECT coursename,courseid FROM course;
+--------------+-----------+
| coursename   | courseid  |
+--------------+-----------+
| 高等数学      | D1000160  |
| 大学物理      | D0400340  |
| 数据结构与算法 | E2200440  |
| 计算机组成原理 | E2200740  |
| 操作系统      | E2201040  |
| 计算机网络    | E2201140  |
| 数据库原理    | E2201240  |
| Java程序设计  | E2200640  |
| 汇编语言      | G2225420  |
| 数字逻辑设计  | H2221520  |
+--------------+-----------+
10 rows in set (0.01 sec)
```

【说明】

① 查询并返回 course 表中指定的两列数据，且列的顺序相比原表有所更改。

② 列名在不产生歧义的情况下可以采用直接列名的方式，如本例中课程名可直接写为 coursename；若查询涉及多张表且有相同列名时，则应使用完全限定列名方式，即"表名.列名"方式，如课程名应写为 course.coursename。

（2）选择指定表的全部列

在 SELECT 语句中，利用通配符星号"*"即可查询表的全部列，而无须一一列出所有列名，且各列顺序与原表一致。

【例 7-4】查询 student 数据库的 course 表中各课程的全部信息。

```
SELECT * FROM student.course;
+-----------+----------------+------------+
| courseID  | courseName     | courseTime |
+-----------+----------------+------------+
| D1000160  | 高等数学        |         96 |
| D0400340  | 大学物理        |         64 |
| E2200440  | 数据结构与算法   |         64 |
| E2200740  | 计算机组成原理   |         64 |
| E2201040  | 操作系统        |         64 |
| E2201140  | 计算机网络      |         64 |
| E2201240  | 数据库原理      |         64 |
| E2200640  | Java程序设计    |         64 |
| G2225420  | 汇编语言        |         48 |
| H2221520  | 数字逻辑设计    |         48 |
+-----------+----------------+------------+
10 rows in set (0.07 sec)
```

【说明】若需要查询的表不是当前数据库中的表，则在表名前应指定该表所在数据库，如本例中的 student.course，指明 course 表属于 student 数据库。

2．定义列别名

在系统输出的查询结果中，若用户希望列名为自定义名称而非表中原有列名时，可以使用 AS 子句来实现，其语法格式如下：

【格式】<列名> AS <别名>

其中，别名即数据库对象正式的或规范的名称以外的名称，也就是用户希望在查询结果中出现的自定义列名。

因为 SELECT 语句在执行 WHERE 子句时，可能还没有确定列值，所以不允许在 WHERE 子句中使用列别名。故以下语句是错误的，执行后会弹出错误提示信息，表示找不到该列。

```
mysql> SELECT stuid AS sid FROM stu WHERE sid='20160111001';
ERROR 1054 (42S22): Unknown column 'sid' in 'where clause'
```

【例 7-5】查询各课程的 coursename（显示列标题为"课程名"）与 coursetime（显示列标题为"学时数"）。

```
mysql> SELECT coursename AS 课程名,coursetime AS 学时数 FROM course;
```

课程名	学时数
高等数学	96
大学物理	64
数据结构与算法	64
计算机组成原理	64
操作系统	64
计算机网络	64
数据库原理	64
Java程序设计	64
汇编语言	48
数字逻辑设计	48

10 rows in set (0.00 sec)

【例 7-6】查询每位学生的学号（显示列标题为 student id）与其姓名。

```
mysql> SELECT stuid AS 'student id',stuname FROM stu;
```

student id	stuname
20160111001	王小强
20160211011	李红梅
20160310022	张志斌
20160411033	王雪瑞
20160511011	何家驹
20160611023	张殷梅
20160722018	朱宏志
20160711027	唐影
20160111002	何金品
20160411002	张雪
20160511002	朱严方
20160511017	张毅
20160111007	张皇
20160211007	王金
20160310017	程云汉
20160111009	张星
20160311024	何科威

17 rows in set (0.00 sec)

【说明】当自定义的列标题中含有空格时，应使用引号将该标题名称括起来，如本例中的 'student id'。

3. 计算列值

使用 SELECT 语句查询数据时，还可以对原有列数据进行计算，并返回计算结果，即除了可查询原有列数据，也可对原有列数据进行表达式计算。

【例 7-7】查询各位同学的学号、姓名和出生年份。

```
mysql> SELECT stuid,stuname,YEAR(stubirth) AS year FROM stu;
```

```
| stuid        | stuname | year |
| 20160111001  | 王小强  | 1997 |
| 20160211011  | 李红梅  | 1997 |
| 20160310022  | 张志斌  | 1998 |
| 20160411033  | 王雪瑞  | 1997 |
| 20160511011  | 何家驹  | 1997 |
| 20160611023  | 张殷梅  | 1998 |
| 20160722018  | 朱宏志  | 1998 |
| 20160711027  | 唐影    | 1997 |
| 20160111002  | 何金品  | 1998 |
| 20160411002  | 张雪    | 1998 |
| 20160511002  | 朱严方  | 1997 |
| 20160511017  | 张毅    | 1998 |
| 20160111007  | 张皇金  | 1998 |
| 20160211007  | 王云汉  | 1998 |
| 20160310017  | 程星    | 1997 |
| 20160111009  | 张星    | 1998 |
| 20160311024  | 何科威  | 1997 |
```
17 rows in set (0.02 sec)

【说明】本例中 stuid 和 stuname 是原表中的列，而出生年份是根据原有列 stubirth 通过函数 YEAR( )计算出来的，并重新设置列名为 year。

【例 7-8】查询各位同学的学号、成绩，并计算成绩的 50%以列名 score_new 显示。

```
mysql> SELECT stuid,score,score*0.5 AS score_new FROM score;
```

```
| stuid        | score | score_new          |
| 20160511011  | 74.8  | 37.400001525878906 |
| 20160511011  | 84.7  | 42.349998474121094 |
| 20160111002  | 76.2  | 38.099998474121094 |
| 20160411002  | 80.8  | 40.400001525878906 |
| 20160310022  | 73.9  | 36.95000076293945  |
| 20160310022  | 81.9  | 40.95000076293945  |
| 20160111001  | 86.4  | 43.20000076293945  |
| 20160211011  | 78.7  | 39.349998474121094 |
| 20160310022  | 83.9  | 41.95000076293945  |
| 20160411033  | 73.2  | 36.599998474121094 |
| 20160511011  | 81.4  | 40.70000076293945  |
| 20160611023  | 68.4  | 34.20000076293945  |
| 20160722018  | 74.9  | 37.45000076293945  |
| 20160711027  | 94.6  | 47.29999923706055  |
| 20160411033  | 78.5  | 39.25              |
| 20160211011  | 76.9  | 38.45000076293945  |
| 20160111001  | 83.4  | 41.70000076293945  |
| 20160111001  | 87.5  | 43.75              |
| 20160111001  | 93.5  | 46.75              |
| 20160511002  | 71.8  | 35.900001525878906 |
| 20160511017  | 87.9  | 43.95000076293945  |
| 20160111007  | 79.4  | 39.70000076293945  |
| 20160211007  | 84.1  | 42.04999923706055  |
| 20160310017  | 73.7  | 36.849998474121094 |
| 20160111009  | 69.4  | 34.70000076293945  |
| 20160311024  | 75.9  | 37.95000076293945  |
```
26 rows in set (0.04 sec)

4. 替换查询结果中的数据

在查询数据时，若用户希望输出的结果是根据原始列数据进行分析判断后的结果，而不是原始数据本身，则可以使用 CASE 表达式来进行替换。

【格式】CASE
    WHEN 条件 1 THEN 表达式 1
    WHEN 条件 2 THEN 表达式 2
    …
    ELSE 表达式 n
    END [AS <列别名>]

【例 7-9】假设所有男生住 A 栋，女生住 B 栋，利用 SELECT 语句根据每位同学的性别信息查询各位同学所住宿舍楼。

```
mysql> SELECT stuid,stuname,
    ->    CASE
    ->       WHEN stusex='男' THEN 'A栋'
    ->       ELSE 'B栋'
    ->    END AS 宿舍
    -> FROM stu;
+-------------+----------+--------+
| stuid       | stuname  | 宿舍   |
+-------------+----------+--------+
| 20160111001 | 王小强   | A栋    |
| 20160211011 | 李红梅   | B栋    |
| 20160310022 | 张志斌   | A栋    |
| 20160411033 | 王雪瑞   | B栋    |
| 20160511011 | 何家驹   | A栋    |
| 20160611023 | 张殷梅   | B栋    |
| 20160722018 | 朱宏志   | A栋    |
| 20160711027 | 唐影     | B栋    |
| 20160111002 | 何金品   | A栋    |
| 20160411002 | 张雪     | B栋    |
| 20160511002 | 朱严方   | A栋    |
| 20160511017 | 张毅     | A栋    |
| 20160111007 | 张皇     | A栋    |
| 20160211007 | 王金     | A栋    |
| 20160310017 | 程云汉   | A栋    |
| 20160111009 | 张星     | B栋    |
| 20160311024 | 何科威   | A栋    |
+-------------+----------+--------+
17 rows in set (0.05 sec)
```

【说明】本例中 stuid 和 stuname 是原表中的数据,而宿舍楼信息则是根据原表中 stusex 列进行判断,利用 CASE 表达式生成的。

5. 消除查询结果中的重复行

当用户只查询了表中的部分列时,就可能会有重复行出现,如只查询 stu 表中的 stusex 和 stuschool 列时,原表中第 1 行与第 9 行数据完全相同。若在查询结果中希望这样的行只出现一次,可以使用 DISTINCT 或 DISTINCTROW 关键字来消除重复行。

【例 7-10】查询各位同学的性别、出生年份及所属院系,且相同行只保留一次。

```
mysql> SELECT DISTINCT stusex,YEAR(stubirth),stuschool
    -> FROM stu;
+--------+----------------+------------+
| stusex | YEAR(stubirth) | stuschool  |
+--------+----------------+------------+
| 男     |           1997 | 飞行技术学院 |
| 女     |           1997 | 交通运输学院 |
| 男     |           1998 | 航空工程学院 |
| 女     |           1997 | 外国语学院 |
| 男     |           1997 | 计算机学院 |
| 女     |           1998 | 运输管理学院 |
| 男     |           1998 | 安全工程学院 |
| 女     |           1997 | 空中乘务学院 |
| 男     |           1998 | 飞行技术学院 |
| 女     |           1998 | 外国语学院 |
| 男     |           1998 | 计算机学院 |
| 男     |           1998 | 交通运输学院 |
| 男     |           1997 | 航空工程学院 |
| 女     |           1998 | 飞行技术学院 |
+--------+----------------+------------+
14 rows in set (0.00 sec)
```

【说明】原表共 17 位同学,但因为查询结果不包含 stuid 和 stuname 两列,故存在相同的性别、年份、所属学院组合,而利用 DISTINCT 关键字消除重复行后就只剩下 14 行数据。

6. 聚合函数

为了查询统计数据，SELECT 子句的表达式还可以是聚合函数。聚合函数是 MySQL 中的内置函数，用于对表中的一组数据进行统计计算，然后返回一个计算结果值。常用的聚合函数如表 7-1 所示。需要注意的是，只有 COUNT 函数不会忽略空值，其余函数均忽略空值。

表 7-1　常用的聚合函数

函　　数	说　　明	函　　数	说　　明
COUNT()	返回计数值	VARIANCE()	返回方差
MAX()	返回最大值	GROUP_CONCAT()	返回由属于一组的列值连接而成的结果
MIN()	返回最小值		
SUM()	返回加法和	BIT_AND()	逻辑与
AVG()	返回平均值	BIT_OR()	逻辑或
STD/STDDEV()	返回标准差	BIT_XOR()	逻辑异或

聚合函数通常与 GROUP BY 子句一起使用，此时该函数对每个分组返回一个行作为结果。若不含 GROUP BY 子句，则只返回一行作为结果。（GROUP BY 子句的应用详见 7.5 节。）

【例 7-11】利用 stu 表查询：① 学生总数；② 男生及女生人数。

①
```
mysql> SELECT COUNT(*) AS 总数 FROM stu;
+------+
| 总数 |
+------+
|   17 |
+------+
1 row in set (0.03 sec)
```

②
```
mysql> SELECT stusex,COUNT(*) AS 人数 FROM stu GROUP BY stusex;
+--------+------+
| stusex | 人数 |
+--------+------+
| 女     |    6 |
| 男     |   11 |
+--------+------+
2 rows in set (0.00 sec)
```

【说明】

① 第一条查询中，因为没有进行分组，故返回一行数据作为结果，即统计表中所有行的计数结果为 17；而第二条查询中，因为按性别进行分组，故 COUNT( )函数统计的是各分组的计数值，即性别为"女"的分组计数结果 6，性别为"男"的分组计数结果 11。

② COUNT()函数用于统计各分组中满足条件的且非 NULL 值的行数，若找不到匹配的行则返回 0。但是，若使用 COUNT(*)，将计算包含 NULL 值行在内的总行数。

【例 7-12】①利用 score 表查询所有成绩中的最高分和最低分；②利用 stu 表查询出生日期最早的和出生日期最晚的学生。

①
```
mysql> SELECT MAX(score),MIN(score) FROM score;
+------------------+------------------+
| MAX(score)       | MIN(score)       |
+------------------+------------------+
| 94.5999984741211 | 68.4000015258789 |
+------------------+------------------+
1 row in set (0.08 sec)
```

② SELECT MIN(stubirth),MAX(stubirth) FROM stu;

```
+---------------+---------------+
| MIN(stubirth) | MAX(stubirth) |
+---------------+---------------+
| 1997-04-23    | 1998-07-10    |
+---------------+---------------+
1 row in set (0.00 sec)
```

【说明】MAX()和 MIN()函数的参数一般是数字、字符和日期时间类型的数据。若所查询的列只有空值或查询出的中间结果为空，则这些函数的返回值也为空。

【例 7-13】查询所有成绩的总分和平均分。

```
mysql> SELECT SUM(score),AVG(score) FROM score;
+-----------------+-------------------+
| SUM(score)      | AVG(score)        |
+-----------------+-------------------+
| 2075.8000106811523 | 79.83846194927509 |
+-----------------+-------------------+
1 row in set (0.00 sec)
```

【说明】SUM()和 AVG()函数的参数只能是数值类型的数据。

【例 7-14】利用 score 表查询所有成绩的方差及标准差。

```
mysql> SELECT VARIANCE(score),STDDEV(score) FROM score;
+-------------------+-------------------+
| VARIANCE(score)   | STDDEV(score)     |
+-------------------+-------------------+
| 44.68236309977378 | 6.684486749165846 |
+-------------------+-------------------+
1 row in set (0.00 sec)
```

【说明】

① 方差是各个数据与其算术平均值的离差平方和的平均值。

② 标准差是方差的算术平方根，即 $STDDEV(x)$ 等同于 $SQRT(VARIANCE(x))$。

【例 7-15】查询所有计算机学院学生的名字，并以一行字符串的方式显示出来。

```
mysql> SELECT GROUP_CONCAT(stuname) FROM stu
    -> WHERE stuschool='计算机学院';
```

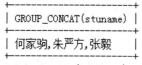

```
+----------------------+
| GROUP_CONCAT(stuname) |
+----------------------+
| 何家驹,朱严方,张毅     |
+----------------------+
1 row in set (0.05 sec)
```

【说明】利用 GROUP_CONCAT()函数查询所有计算机学院学生的名字，而这些名字以逗号分隔，一个连着一个，并共同组成一个长字符串返回。

【例 7-16】假设有一个表 t1，其中一列 A 包含 3 个整型数值 2、3、4，利用 SELECT 语句求这些值进行二进制"与运算"的结果。

```
mysql> SELECT BIT_AND(A) FROM t1;
+------------+
| BIT_AND(A) |
+------------+
|          0 |
+------------+
1 row in set (0.05 sec)
```

【说明】该语句完成的运算是列 A 包含的 3 个值 2、3、4 对应的二进制数（010、011、100）的"与"运算，其表达式可写为 010&011&100，故其结果为 000，即返回值为 0。

7.3　FROM 子句与多表连接

利用 SELECT 语句进行数据查询时，查询对象的指定是由 FROM 子句完成的。

【格式】FROM 〈表名〉

【说明】

① <表名>指明了查询数据涉及的数据表，可以是张单表，也可以是多张表的联合。

② 与列类似，表也可使用 AS 关键字指定别名，以用于相关子查询或连接查询。当同一张表在一条 SELECT 语句中被多次使用时，必须使用表别名来加以区分。

③ 若在 FROM 子句中为某表指定了表别名，则该 SELECT 语句中其他子句应使用表别名代替原有表名。

1. 单表查询

当查询数据只涉及一张数据表且该表所属数据库已被打开时，可直接在 FROM 子句中给出表名；但若该表不属于当前数据库，则应在表名前指明所属数据库，并以 "." 号分隔，如 student 数据库中的 stu 表可写为 student.stu。本章前述所有例题均为单表数据查询。

2. 多表连接

当查询数据涉及多张数据表时，必须在 FROM 子句中指定多个表名，进行多表连接。所谓连接，就是将不同数据表的多个列组合到一起，并以一张临时表的形式返回。例如，查询某位同学的名字、他所选修的课程名及该课程考试成绩就需要三张表进行连接：stu 表（提供学生姓名 stuname）、course 表（提供课程名称 coursename）和 score 表（提供课程成绩 score，并指明学生与课程之间的联系）。

【格式】FROM <表名 1>
　　　　[INNER|CROSS|NATURAL|LEFT [OUTER]|RITHT [OUTER]] JOIN
　　　　<表名 2> [ON 连接条件]

从其基本格式可以看出，多表连接的方式主要有以下几种：

（1）交叉连接

在 FROM 子句中，以关键字 CROSS JOIN 指定的是交叉连接。两张表的交叉连接返回两张表中所有数据行的笛卡儿积，其结果是第一张数据表中的数据行乘以第二张数据表中的数据行，即第一张表的每行依次与第二张表的每行拼接后形成结果数据表，故结果表的行数等于两表行数之积，列数等于两表列数之和。

【例 7-17】交叉连接 stu 表和 course 表。

```
mysql> SELECT stuid,stuname,courseid,coursename
    -> FROM stu CROSS JOIN course;
+-------------+----------+----------+----------------+
| stuid       | stuname  | courseid | coursename     |
+-------------+----------+----------+----------------+
| 20160111001 | 王小强   | D1000160 | 高等数学       |
| 20160111001 | 王小强   | D0400340 | 大学物理       |
...
| 20160311024 | 何科威   | G2225420 | 汇编语言       |
| 20160311024 | 何科威   | H2221520 | 数字逻辑设计   |
+-------------+----------+----------+----------------+
170 rows in set (0.11 sec)
```

【说明】两表的交叉连接返回的是每个学生与每门课程的所有组合情况，其中 stu 表包含 17 行学生数据，course 表包含 10 行课程数据，故结果为 17×10＝170 行数据。

（2）内连接

在 FROM 子句中，以关键字 INNER JOIN 指定的是内连接。因为内连接是系统默认的表连接方式，故关键字 INNER 可以省略。在没有限定任何连接条件时，INNER JOIN 与 CROSS JOIN 等同，两者可以互换；但是，若在其后通过 ON 子句设置了连接条件，则相当于在交叉连接的基础上，再利用条件表达式消除某些不满足条件的数据行后形成查询结果。

内连接又可分为等值连接、不等连接和自连接 3 种。

① 等值连接：是在 ON 子句的连接条件中使用"＝"运算符的连接方式，表明将两表中具有相等关系的数据行连接在一起。通常，在这样的连接条件中会包含一个主键和一个外键。

【例 7-18】查询每个学生的学号与姓名，以及选修课程的课程名与成绩。

```
mysql> SELECT stu.stuid,stuname,coursename,score
    -> FROM stu
    -> INNER JOIN score ON stu.stuid=score.stuid
    -> INNER JOIN course ON score.courseid=course.courseid;
```

stuid	stuname	coursename	score
20160511011	何家驹	汇编语言	74.8
20160511011	何家驹	数字逻辑设计	84.7
20160111002	何金品	高等数学	76.2
20160411002	张雪	操作系统	80.8
20160310022	张志斌	操作系统	73.9
20160310022	张志斌	Java程序设计	81.9
20160111001	王小强	高等数学	86.4
20160211011	李红梅	大学物理	78.7
20160310022	张志斌	数据结构与算法	83.9
20160411033	王雪瑞	Java程序设计	73.2
20160511011	何家驹	计算机组成原理	81.4
20160611023	张股梅	操作系统	68.4
20160722018	朱宏志	计算机网络	74.9
20160711027	唐影	数据库原理	94.6
20160411033	王雪瑞	汇编语言	78.5
20160211011	李红梅	数字逻辑设计	76.9
20160111001	王小强	大学物理	83.4
20160111001	王小强	操作系统	87.5
20160111001	王小强	汇编语言	93.5
20160511002	朱严方	汇编语言	71.8
20160511017	张毅	数字逻辑设计	87.9
20160111007	张皇	计算机网络	79.4
20160211007	王金	大学物理	84.1
20160310017	程云汉	Java程序设计	73.7
20160111009	张星	数据结构与算法	69.4
20160311024	何科威	数据库原理	75.9

26 rows in set (0.13 sec)

【说明】
- 本查询输出的列涉及三张表，分别是：stu 表的 stuid 与 stuname 列、course 表的 coursename 列、score 表的 score 列。利用相同的学号 stuid 等值连接 stu 表和 score 表，以表明哪些学生选修了哪些课程及课程成绩；利用相同的课程号 courseid 等值连接 score 表和 course 表，以表明这些课程的名字。
- 若在三张表中存在不符合条件的数据行（如 stu 表中含有未选修任何课程的同学），则该同学就不会出现在结果集中。

● 若进行连接的两表具有相同列名，且该相同列名正好就是连接条件，则 ON 子句也可替换为 USING 子句。因此，本例也可改写为如下形式：

```
mysql> SELECT stu.stuid,stuname,coursename,score
    -> FROM stu
    -> INNER JOIN score USING(stuid)
    -> INNER JOIN course USING(courseid);
```

② 不等连接：与等值连接相类似，只是在 ON 子句的连接条件中使用除了"＝"外的其他运算符，如>、<、>=、<=等。

③ 自连接：指一张表与其自身进行连接，主要用于同一列的数据进行比较，如查询"学生基本信息"中比"张志斌"年龄大的同学的基本情况。使用自连接时，必须为该表指定两个别名，且对所有被引用列均用表别名加以限定。

【例 7-19】查询学时与"大学物理"相同或更多的课程。

```
mysql> SELECT a.courseid,a.coursename
    -> FROM course AS a JOIN course AS b
    -> ON a.coursetime>=b.coursetime
    -> WHERE b.coursename='大学物理';
+----------+------------------+
| courseid | coursename       |
+----------+------------------+
| D1000160 | 高等数学         |
| D0400340 | 大学物理         |
| E2200440 | 数据结构与算法   |
| E2200740 | 计算机组成原理   |
| E2201040 | 操作系统         |
| E2201140 | 计算机网络       |
| E2201240 | 数据库原理       |
| E2200640 | Java程序设计     |
+----------+------------------+
8 rows in set (0.06 sec)
```

【说明】对 course 表指定了两个别名 a 与 b，使 course 表可以与自身进行连接，且连接条件是以学时为条件的不等连接，通过 a 表前两列为投影条件及 b 表课程名为筛选条件，查询出最终结果。

【例 7-20】查询与"王小强"同学同一个学院的所有学生的学号、姓名、性别与所属学院。

```
mysql> SELECT a.stuid,a.stuname,a.stusex,a.stuschool
    -> FROM stu AS a JOIN stu AS b
    -> ON a.stuschool=b.stuschool
    -> WHERE b.stuname='王小强';
+--------------+----------+--------+--------------+
| stuid        | stuname  | stusex | stuschool    |
+--------------+----------+--------+--------------+
| 20160111001  | 王小强   | 男     | 飞行技术学院 |
| 20160111002  | 何金品   | 男     | 飞行技术学院 |
| 20160111007  | 张皇     | 男     | 飞行技术学院 |
| 20160111009  | 张星     | 女     | 飞行技术学院 |
+--------------+----------+--------+--------------+
4 rows in set (0.00 sec)
```

（3）外连接

在 FROM 子句中，以关键字 OUTER JOIN 指定的是外连接。外连接一般只是两张表之间的连接，其中一张为基表，另一张为参考表，其查询结果是以基表为依据返回满足和不满足条件的记录。

根据两张表的连接顺序，外连接又可分为左外连接和右外连接两种。

① 左外连接：简称左连接，在 FROM 子句中使用关键字 LEFT OUTER JOIN 表示，其中关键字 OUTER 可以省略，即简写为 LEFT JOIN。此连接以关键字左侧表为基表，右侧表为参考表，其查询结果包括左侧表中的每一行及右侧表中满足条件的行，即除了两表均匹配的行外，也包括左侧表中存在，但右侧表中不存在的行。对于这些行，对应的右侧表列会被设置为 NULL 值，以表示没有在右侧表中找到与左侧表相符的记录。

【例 7-21】查询学生表中所有同学及其对应在成绩表中的成绩信息，结果包含课程号、成绩与姓名。

```
mysql> SELECT courseid,score,stuname
    -> FROM stu LEFT JOIN score
    -> ON stu.stuid=score.stuid;
+----------+-------+----------+
| courseid | score | stuname  |
+----------+-------+----------+
| D0400340 | 83.4  | 王小强   |
| D1000160 | 86.4  | 王小强   |
| E2201040 | 87.5  | 王小强   |
| G2225420 | 93.5  | 王小强   |
| D0400340 | 78.7  | 李红梅   |
| H2221520 | 76.9  | 李红梅   |
| E2200440 | 83.9  | 张志斌   |
| E2200640 | 81.9  | 张志斌   |
| E2201040 | 73.9  | 张志斌   |
| E2200640 | 73.2  | 王雪瑞   |
| G2225420 | 78.5  | 王雪瑞   |
| E2200740 | 81.4  | 何家驹   |
| G2225420 | 74.8  | 何家驹   |
| H2221520 | 84.7  | 何家驹   |
| E2201040 | 68.4  | 张股梅   |
| E2201140 | 74.9  | 朱宏志   |
| E2201240 | 94.6  | 唐影     |
| D1000160 | 76.2  | 何金品   |
| E2201040 | 80.8  | 张雪     |
| G2225420 | 71.8  | 朱严方   |
| H2221520 | 87.9  | 张毅     |
| E2201140 | 79.4  | 张皇     |
| D0400340 | 84.1  | 王金     |
| E2200640 | 73.7  | 程云汉   |
| E2200440 | 69.4  | 张星     |
| E2201240 | 75.9  | 何科威   |
+----------+-------+----------+
26 rows in set (0.02 sec)
```

【说明】以关键字 LEFT JOIN 左侧的 stu 表为基表连接右侧的参考表 score，其结果集中除了包含两表匹配（两表中具有相同学号）的数据行外，还应包含只出现在 stu 表但在 score 表中没有记录的数据行（即没有选修任何课程的同学）。本例中不存在这样的数据行。

② 右外连接：简称右连接，在 FROM 子句中使用关键字 RIGHT OUTER JOIN 表示，其中关键字 OUTER 可以省略，即简写为 RIGHT JOIN。与左外连接相反，此连接以关键字右侧表为基表，左侧表为参考表，其查询结果包括右侧表中的每一行及左侧表中满足条件的行。同样，对于存在于右侧表，但左侧表没有与之匹配的行，对应的左侧表列会被设置为 NULL 值。

【例 7-22】改写例 7-21，右外连接 score 表与 stu 表。

```
mysql> SELECT courseid,score,stuname
    -> FROM stu RIGHT JOIN score
    -> ON stu.stuid=score.stuid;
```

```
+----------+-------+----------+
| courseid | score | stuname  |
+----------+-------+----------+
| G2225420 | 74.8  | 何家驹   |
| H2221520 | 84.7  | 何家驹   |
| D1000160 | 76.2  | 何金品   |
| E2201040 | 80.8  | 张雪     |
| E2201040 | 73.9  | 张志斌   |
| E2200640 | 81.9  | 张志斌   |
| D1000160 | 86.4  | 王小强   |
| D0400340 | 78.7  | 李红梅   |
| E2200440 | 83.9  | 张志斌   |
| E2200640 | 73.2  | 王雪瑞   |
| E2200740 | 81.4  | 何家驹   |
| E2201040 | 68.4  | 张股梅   |
| E2201140 | 74.9  | 朱宏志   |
| E2201240 | 94.6  | 唐影     |
| G2225420 | 78.5  | 王雪瑞   |
| H2221520 | 76.9  | 李红梅   |
| D0400340 | 83.4  | 王小强   |
| E2201040 | 87.5  | 王小强   |
| G2225420 | 93.5  | 王小强   |
| G2225420 | 71.8  | 朱严方   |
| H2221520 | 87.9  | 张毅     |
| E2201140 | 79.4  | 张皇     |
| D0400340 | 84.1  | 王金     |
| E2200640 | 73.7  | 程云汉   |
| E2200440 | 69.4  | 张星     |
| E2201240 | 75.9  | 何科威   |
+----------+-------+----------+
26 rows in set (0.00 sec)
```

【说明】本例与例 7-21 只有关键字 RIGHT JOIN 与 LEFT JOIN 的区别，查询出的结果也类似（只是数据行顺序不一样，前者以 stu 表中的顺序为主；后者以 score 表中的顺序为主）。但本例中以 RIGHT JOIN 右侧的 score 表为基表连接左侧的参考表 stu，其结果集中除了包含两表匹配（两表中具有相同学号）的数据行外，还应包含只出现在 score 表但在 stu 表中没有记录的数据行。本例中不存在这样的数据行。

（4）自然连接

在 FROM 子句中，以关键字 NATURAL JOIN 指定的是自然连接。自然连接会自动通过两表的相同列名进行连接，故无须再另外指定连接条件。也就是说，两表的自然连接只有在作为连接条件的列具有相同的列名时才有效，否则返回的会是两表的笛卡儿积。

自然连接包括自然左外连接 NATURAL LEFT OUTER JOIN 和自然右外连接 NATURAL RIGHT OUTER JOIN，其中的关键字 OUTER 可以省略。

【例 7-23】利用 score 表和 stu 表查询所有学生各课程的成绩。

```
mysql> SELECT courseid,score,stuname
    -> FROM score NATURAL JOIN stu;
+----------+-------+----------+
| courseid | score | stuname  |
+----------+-------+----------+
| D0400340 | 83.4  | 王小强   |
| D1000160 | 86.4  | 王小强   |
| E2201040 | 87.5  | 王小强   |
| G2225420 | 93.5  | 王小强   |
| D0400340 | 78.7  | 李红梅   |
| H2221520 | 76.9  | 李红梅   |
| E2200440 | 83.9  | 张志斌   |
| E2200640 | 81.9  | 张志斌   |
| E2201040 | 73.9  | 张志斌   |
| E2200640 | 73.2  | 王雪瑞   |
| G2225420 | 78.5  | 王雪瑞   |
| E2200740 | 81.4  | 何家驹   |
```

```
| G2225420 | 74.8 | 何家驹  |
| H2221520 | 84.7 | 何家驹  |
| E2201040 | 68.4 | 张股梅  |
| E2201140 | 74.9 | 朱宏志  |
| E2201240 | 94.6 | 唐影   |
| D1000160 | 76.2 | 何金品  |
| E2201040 | 80.8 | 张雪   |
| G2225420 | 71.8 | 朱严方  |
| H2221520 | 87.9 | 张毅   |
| E2201140 | 79.4 | 张皇   |
| D0400340 | 84.1 | 王金   |
| E2200640 | 73.7 | 程云汉  |
| E2200440 | 69.4 | 张星   |
| E2201240 | 75.9 | 何科威  |
+----------+------+-------+
26 rows in set (0.02 sec)
```

【说明】

① 本例中以两表相同的列 stuid 为连接条件做等值连接,查询结果只包含两表匹配的数据行,因为两表所有数据行均可匹配,故结果与例 7-21 相同。

② 从本例可以看出,当作为连接条件的列只有一个且列名相同时,可以使用自然连接来代替内连接。同理,在这种情况下,也可以用自然左外连接来替换左外连接,或用自然右外连接来替换右外连接。

7.4 WHERE 子句

WHERE 子句对应选择运算,即通过 WHERE 子句设置的查询条件,可以对 FROM 子句的中间结果一行一行地进行判断,当判断结果为 TRUE 时,该行就被保留,否则就被过滤掉,最终形成满足条件的结果集。WHERE 子句一般紧跟在 FROM 子句之后。

【格式】WHERE <连接条件> <查询条件>

【说明】查询条件返回结果包括:TRUE 或 FALSE 或 UNKNOWN。

查询条件形式多样,主要包括比较运算、模式匹配、范围比较、空值比较和子查询。另外,通过 WHERE 子句中连接条件的设置也可以查询多表数据。

1. 比较运算

比较运算用于比较两个表达式值的大小。

【格式】<表达式 1> { = | < | <= | > | >= | <=> | <> | != } <表达式 2>

【说明】

① 各运算符含义如表 7-2 所示。

② 对于除 "<=>" 外的其他运算符,两表达式的值都不为 NULL 时,返回逻辑真 TRUE 或逻辑假 FALSE;当两表达式值至少有一个为 NULL 值时,返回 UNKNOWN。

③ 对于 "<=>" 运算符,若两表达式相等或都等于 NULL 时,结果为 TRUE;但若其中一个表达式为 NULL 或两个表达式有不相等的两个非空值时,结果为 FALSE,故不会出现结果为 UNKNOWN 的情况。

当查询条件是由多个条件共同组成时,可以通过逻辑运算符(与运算 AND、或运算 OR、异或运算 XOR、非运算 NOT)来进行连接。

表 7-2 常用比较运算符及含义

运 算 符	含 义	运 算 符	含 义
=	等于	>=	大于等于
<	小于	<=>	相等或均等于空
<=	小于等于	<>	不等于
>	大于	!=	不等于

【例 7-24】查询学号为 20160111011 的同学的各课程成绩。

```
mysql> SELECT * FROM score WHERE stuid='20160111001';
+-------------+----------+-------+
| stuID       | courseID | score |
+-------------+----------+-------+
| 20160111001 | D0400340 | 83.4  |
| 20160111001 | D1000160 | 86.4  |
| 20160111001 | E2201040 | 87.5  |
| 20160111001 | G2225420 | 93.5  |
+-------------+----------+-------+
4 rows in set (0.06 sec)
```

【例 7-25】查询成绩在 87 分以上的同学情况。

```
mysql> SELECT * FROM score WHERE score>87;
+-------------+----------+-------+
| stuID       | courseID | score |
+-------------+----------+-------+
| 20160711027 | E2201240 | 94.6  |
| 20160111001 | E2201040 | 87.5  |
| 20160111001 | G2225420 | 93.5  |
| 20160511017 | H2221520 | 87.9  |
+-------------+----------+-------+
4 rows in set (0.09 sec)
```

【例 7-26】查询选修了 E2200640 课程或成绩在 90 分以上的同学及成绩。

```
mysql> SELECT * FROM score
    -> WHERE courseid='E2200640' OR score>=90;
+-------------+----------+-------+
| stuID       | courseID | score |
+-------------+----------+-------+
| 20160310022 | E2200640 | 81.9  |
| 20160411033 | E2200640 | 73.2  |
| 20160711027 | E2201240 | 94.6  |
| 20160111001 | G2225420 | 93.5  |
| 20160310017 | E2200640 | 73.7  |
+-------------+----------+-------+
5 rows in set (0.00 sec)
```

【例 7-27】查询没有选修 G2225420 和 E2200640 课程的其他课程成绩信息。

```
mysql> SELECT * FROM score
    -> WHERE courseid<>'G2225420' AND courseid<>'E2200640';
+-------------+----------+-------+
| stuID       | courseID | score |
+-------------+----------+-------+
| 20160511011 | H2221520 | 84.7  |
| 20160111002 | D1000160 | 76.2  |
| 20160411002 | E2201040 | 80.8  |
| 20160310022 | E2201040 | 73.9  |
| 20160111001 | D1000160 | 86.4  |
| 20160211011 | D0400340 | 78.7  |
| 20160310022 | E2200440 | 83.9  |
| 20160511011 | E2200740 | 81.4  |
| 20160611023 | E2201040 | 68.4  |
| 20160722018 | E2201140 | 74.9  |
| 20160711027 | E2201240 | 94.6  |
```

```
| 20160211011 | H2221520 | 76.9 |
| 20160111001 | D0400340 | 83.4 |
| 20160111001 | E2201040 | 87.5 |
| 20160511017 | H2221520 | 87.9 |
| 20160111007 | E2201140 | 79.4 |
| 20160211007 | D0400340 | 84.1 |
| 20160111009 | E2200440 | 69.4 |
| 20160311024 | E2201240 | 75.9 |
+-------------+----------+------+
19 rows in set (0.00 sec)
```

2. 模式匹配

模式匹配主要使用两种运算符：LIKE 和 REGEXP。

（1）使用 LIKE 运算符的模式匹配

LIKE 运算符可以通过通配符的应用进行匹配运算，而不是严格判断数据值是否相等，即完成模糊查询，其运算对象可以是 CHAR、VARCHAR、TEXT 或 DATETIME 等类型的数据，返回的结果则是逻辑值 TRUE 或 FALSE。

【格式】<表达式 1> [NOT] LIKE <表达式 2>

【说明】

① 使用 LIKE 运算符进行匹配运算时可以使用两种通配符：百分号（%）和下画线（_），其含义如表 7-3 所示。

② 不应过度使用通配符，因为对含有通配符的数据进行查询会比其他查询更费时间。

表 7-3　MySQL 支持的两种通配符

通　配　符	含　义
百分号（%）	表示 0 个或任意多个字符，不能匹配空值 NULL
下画线（_）	表示 1 个字符

【例 7-28】查询课程名第二个字为"算"的课程情况。

```
mysql> SELECT * FROM course WHERE coursename LIKE '_算%';
+----------+------------+------------+
| courseID | courseName | courseTime |
+----------+------------+------------+
| E2200740 | 计算机组成原理 |         64 |
| E2201140 | 计算机网络  |         64 |
+----------+------------+------------+
2 rows in set (0.06 sec)
```

【说明】需查询的课程第二个字为"算"，则第一个字为任意字符故用"_"表示；而第二个字符"算"之后可以有任意长度字符串，也可以没有字符，故用"%"表示。

【例 7-29】查询课程名倒数第二个字为"设"字的课程情况。

```
mysql> SELECT * FROM course WHERE coursename LIKE '%设_';
+----------+------------+------------+
| courseID | courseName | courseTime |
+----------+------------+------------+
| E2200640 | Java程序设计 |         64 |
| H2221520 | 数字逻辑设计 |         48 |
+----------+------------+------------+
2 rows in set (0.05 sec)
```

【说明】若需查询匹配的字符串本身就含有"%"或"_"时，则应通过该字符前的转义字符进行说明。使用关键字 ESCAPE 可以进行转义字符的指定。

【例 7-30】利用 course 表查询课程名第二个字符为"_"的课程情况。

```
mysql> SELECT * FROM course
    -> WHERE coursename LIKE '_#_%' ESCAPE '#';
Empty set (0.00 sec)
```

【说明】需查询的课程第二个字为"_",则第一个字为任意字符故用"_"表示;而第二个字符"_"是原来的通配符,故用关键字 ESCAPE 指定以"#"为转义字符,即在"#"之后的"_"为需要匹配的字符而不作通配符用;最后以"%"表示任意长度字符串。但因为本例中没有课程的课程名含有"_",故未查出任何数据行。

（2）使用 REGEXP 运算符的模式匹配

MySQL 使用 REGEXP 运算符指定正则表达式。利用正则表达式可以建立一种文本匹配模式,以完成数据过滤。REGEXP 运算符也可用 RLIKE 表示。

【格式】<表达式 1> [NOT] [REGEXP|RLIKE] <表达式 2>

【说明】在建立正则表达式时可以应用更多的特殊符号,其含义如表 7-4 所示。

表 7-4 常用特殊符号

运 算 符	含 义	运 算 符	含 义
^	匹配文本开始部分	?	?前 0 个或 1 个匹配
$	匹配文本结尾部分	{n}	指定数目 n 的匹配
[[:<:]]	匹配一个单词的开始	{n, }	不少于指定数目 n 的匹配
[[:>:]]	匹配一个单词的结尾	{n,m}	匹配的数目在 n 与 m 之间(m<=255)
.	匹配任何一个字符	[a-z]	匹配括号里 a 到 z 之间的 1 个字符
*	*前 0 个或多个匹配	|	匹配"|"左侧或右侧出现的字符
+	+前 1 个或多个匹配		

LIKE 与 REGEXP 的区别在于:LIKE 用于匹配某列中的完整数据;REGEXP 可以用于匹配某列中数据的一部分。

【例 7-31】试比较以下两条 SELECT 语句。

①
```
mysql> SELECT * FROM stu WHERE stuschool REGEXP '空';
+------------+---------+--------+------------+------------------+
| stuID      | stuName | stuSex | stuBirth   | stuSchool        |
+------------+---------+--------+------------+------------------+
| 20160310022| 张志斌  | 男     | 1998-07-10 | 航空工程学院     |
| 20160711027| 唐影    | 女     | 1997-10-05 | 空中乘务学院     |
| 20160310017| 程云汉  | 男     | 1997-04-23 | 航空工程学院     |
| 20160311024| 何科威  | 男     | 1997-04-24 | 航空工程学院     |
+------------+---------+--------+------------+------------------+
4 rows in set (0.33 sec)
```
②
```
mysql> SELECT * FROM stu WHERE stuschool LIKE '空';
Empty set (0.02 sec)
```

【说明】第①条语句在与"院系"列每行数据匹配时,只要其中含有"空"字即匹配成功,故查出了院系名称中含有"空"字的 4 个学院。第②条语句却未查询出任何结果,因为在不使用任何通配符时,LIKE 会严格用单引号之间的字符去匹配"院系"列的每行数据,因为不存在某院系名称为"空",所以没有返回任何数据行。若要用 LIKE 运算符完成第一种查询,可改写为:

```
mysql> SELECT * FROM stu WHERE stuschool LIKE '%空%';
```

【例 7-32】查询选修了 D1000160 或 E2200640 课程的学生成绩。

```
mysql> SELECT * FROM score
    -> WHERE courseid REGEXP 'D1000160|E2200640';
```

stuID	courseID	score
20160111002	D1000160	76.2
20160310022	E2200640	81.9
20160111001	D1000160	86.4
20160411033	E2200640	73.2
20160310017	E2200640	73.7

5 rows in set (0.08 sec)

【说明】以"|"表示只要课程号满足该符号两侧中的任一值即匹配成功。

【例 7-33】查询选修了课程号含有 F 到 I 任一字母的课程的学生成绩。

```
mysql> SELECT * FROM score WHERE courseid REGEXP '[F-I]';
```

stuID	courseID	score
20160511011	G2225420	74.8
20160511011	H2221520	84.7
20160411033	G2225420	78.5
20160211011	H2221520	76.9
20160111001	G2225420	93.5
20160511002	G2225420	71.8
20160511017	H2221520	87.9

7 rows in set (0.00 sec)

【例 7-34】查询选修了课程号含有字符"["的课程学生成绩。

```
mysql> SELECT * FROM score WHERE courseid REGEXP '\\[';
Empty set (0.00 sec)
```

【说明】"["符号本身是正则表达式的一个特殊符号，所以若要查询的内容为这些特殊符号时，应使用转义字符"\\"。即使需要查询的就是字符"\"，也应写为"\\\"。另外，转义字符"\\"也可用来引用元字符（即具有特定意义的字符），例如："\\f"用于表示换页，"\\n"用于表示换行，"\\r"用于表示回车，"\\t"用于表示制表等。本例中因为没有课程号含有字符"["，故查询结果为空。

【例 7-35】查询课程号中含有连着的两个 0 的课程情况。

```
mysql> SELECT * FROM course WHERE courseid REGEXP '0{2}';
```

courseID	courseName	courseTime
D1000160	高等数学	96
D0400340	大学物理	64
E2200440	数据结构与算法	64
E2200740	计算机组成原理	64
E2200640	Java程序设计	64

5 rows in set (0.03 sec)

【例 7-36】试比较以下 4 条 SELECT 语句。

①
```
mysql> SELECT * FROM course WHERE courseid REGEXP '222.';
```

courseID	courseName	courseTime
G2225420	汇编语言	48
H2221520	数字逻辑设计	48

2 rows in set (0.00 sec)

②
```
mysql> SELECT * FROM course WHERE courseid REGEXP '222+';
```

courseID	courseName	courseTime
G2225420	汇编语言	48
H2221520	数字逻辑设计	48

2 rows in set (0.00 sec)

③ mysql> SELECT * FROM course WHERE courseid REGEXP '222?'

courseID	courseName	courseTime
E2200440	数据结构与算法	64
E2200740	计算机组成原理	64
E2201040	操作系统	64
E2201140	计算机网络	64
E2201240	数据库原理	64
E2200640	Java程序设计	64
G2225420	汇编语言	48
H2221520	数字逻辑设计	48

8 rows in set (0.00 sec)

④ mysql> SELECT * FROM course WHERE courseid REGEXP '222*';

courseID	courseName	courseTime
E2200440	数据结构与算法	64
E2200740	计算机组成原理	64
E2201040	操作系统	64
E2201140	计算机网络	64
E2201240	数据库原理	64
E2200640	Java程序设计	64
G2225420	汇编语言	48
H2221520	数字逻辑设计	48

8 rows in set (0.00 sec)

【说明】"222."表示含有一组"222"字符即为匹配；"222+"表示含有 1 组或多组"222"字符即为匹配；"222?"表示含有 0 组或一组"222"字符即为匹配；"222*"表示含有 0 组或多组"222"字符即为匹配。

【例 7-37】查询课程号中至少包含 1 个字母"D"或数字"5"或数字"7"的课程情况。

mysql> SELECT * FROM course WHERE courseid REGEXP '[D57]+';

courseID	courseName	courseTime
D1000160	高等数学	96
D0400340	大学物理	64
E2200740	计算机组成原理	64
G2225420	汇编语言	48
H2221520	数字逻辑设计	48

5 rows in set (0.00 sec)

【例 7-38】查询课程名以汉字"数"开头的课程情况。

mysql> SELECT * FROM course WHERE coursename REGEXP '^数';

courseID	courseName	courseTime
E2200440	数据结构与算法	64
E2201240	数据库原理	64
H2221520	数字逻辑设计	48

3 rows in set (0.00 sec)

【例 7-39】查询课程名以汉字"理"结尾的课程情况。

mysql> SELECT * FROM course WHERE coursename REGEXP '理$';

courseID	courseName	courseTime
D0400340	大学物理	64
E2200740	计算机组成原理	64
E2201240	数据库原理	64

3 rows in set (0.00 sec)

3. 范围比较

范围比较主要使用两个关键字：BETWEEN…AND 和 IN。

（1）使用 BETWEEN…AND 的范围比较

在查询中，若查询条件为某个范围，可以使用关键字 BETWEEN…AND。例如，1 到 10，可以写为 BETWEEN 1 AND 10。

【格式】<表达式 1> [NOT] BETWEEN <表达式 2> AND <表达式 3>

【说明】

① 表达式 2 的值必须小于或等于表达式 3 的值。

② 若没有使用关键字 NOT，则当表达式 1 的值在表达式 2 与表达式 3 之间（含表达式 2 与 3 的值）时，返回逻辑值 TRUE，否则返回逻辑值 FALSE；若使用了关键字 NOT，则返回相反结果。

【例 7-40】查询 1998 年 1 月 1 日——1998 年 12 月 31 日之间出生的学生的基本情况。

```
mysql> SELECT * FROM stu
    -> WHERE stubirth BETWEEN '1998-1-1' AND '1998-12-31';
```

stuID	stuName	stuSex	stuBirth	stuSchool
20160310022	张志斌	男	1998-07-10	航空工程学院
20160611023	张殷梅	女	1998-03-14	运输管理学院
20160722018	朱宏志	男	1998-06-13	安全工程学院
20160111002	何金品	男	1998-06-12	飞行技术学院
20160411002	张雪毅	男	1998-04-12	外国语学院
20160511017	张毅	女	1998-02-12	计算机学院
20160111007	张皇	男	1998-07-09	飞行技术学院
20160211007	王金星	男	1998-06-25	交通运输学院
20160211009	张星	女	1998-07-09	飞行技术学院

9 rows in set (0.00 sec)

【说明】

① 该例可改写为如下形式：

```
mysql> SELECT * FROM stu
    -> WHERE stubirth>= '1998-1-1'  AND stubirth<='1998-12-31';
```

② 另外，本例还可以用函数 YEAR( )来完成：

```
mysql> SELECT * FROM stu WHERE YEAR(stubirth)=1998;
```

（2）使用 IN 的范围比较

在查询中，若需要查询的值为某列表中的值，可以使用关键字 IN。当然，IN 关键字更多地应用于子查询。

【格式】<表达式 1> IN (<表达式 2> [,…<表达式 n>])

【说明】<表达式 2>…<表达式 n>为值列表，在其中列出所有可能的值，当待判定的值（表达式 1）与列表中的任一值（表达式 2…表达式 n）相匹配时，返回逻辑值 TRUE，否则返回逻辑值 FALSE。

【例 7-41】查询"大学物理""高等数学"和"操作系统"三门课程的基本情况。

```
mysql> SELECT * FROM course
    -> WHERE coursename IN ('大学物理','高等数学','操作系统');
```

courseID	courseName	courseTime
D1000160	高等数学	96
D0400340	大学物理	64
E2201040	操作系统	64

3 rows in set (0.01 sec)

【说明】

① 该查询可改写为如下形式：

```
mysql> SELECT * FROM course
    -> WHERE coursename='大学物理' OR coursename='高等数学'
```

```
    -> OR coursename='操作系统';
```

② 另外，本例也可用正则表达式完成：

```
mysql> SELECT * FROM course
    -> WHERE coursename REGEXP '大学物理|高等数学|操作系统';
```

4．空值比较

在查询中，当需要判定某表达式的值是否为 NULL 值时，不能直接用"＝"运算符，如"学号＝NULL"；而应使用关键字 IS NULL，如"学号 IS NULL"。

【格式】<表达式> IS [NOT] NULL

【说明】若没有使用关键字 NOT，则当表达式的值为 NULL 值时，返回逻辑值 TRUE，否则返回逻辑值 FALSE；若使用了关键字 NOT，则返回相反结果。

【例 7-42】利用 score 查询成绩为空值的学生及课程。

```
mysql> SELECT * FROM score WHERE score IS NULL;
Empty set (0.02 sec)
```

说明：查询条件不可写为 SCORE=NULL。本例中因为没有成绩为空的记录，所以未查出任何结果。

5．子查询

在 MySQL 中，允许查询嵌套，即以一个 SELECT 查询的结果作为另一个 SELECT 查询的查询条件。作为查询条件的 SELECT 查询被称为子查询。在执行含有子查询的 SELECT 语句时，系统会先执行内层的子查询，并产生一个中间结果，再依次执行外层查询，得到最终查询结果。除了可以在 SELECT 语句中使用子查询，在 INSERT、UPDATE 和 DELETE 语句中也可使用子查询。

根据查询结果的不同，MySQL 包括以下 4 种子查询：表子查询、行子查询、列子查询和标量子查询，如表 7-5 所示。

表 7-5　子查询

子查询	说　　明
表子查询	返回结果为一张表
行子查询	返回结果为含有一个或多个值的一行数据
列子查询	返回结果为一列数据，可以有一行或多行，但每行只有一个值
标量子查询	返回结果为一个值，可被看作特殊的行子查询或列子查询

（1）IN 子查询

IN 子查询用于判断某个给定值是否存在于子查询的结果集中。

【格式】<表达式> [NOT] IN <子查询>

【说明】

① 当待判定的值（表达式）与子查询结果集中任一值相匹配时，返回逻辑值 TRUE，否则返回逻辑值 FALSE；若使用了关键字 NOT，则返回相反结果。

② IN 子查询只能返回一列数据，对于更复杂的查询需求可以使用子查询的多层嵌套来完成。

【例 7-43】查询选修 G2225420 课程的同学的姓名。

```
mysql> SELECT stuname FROM stu
    -> WHERE stuid
    -> IN (SELECT stuid FROM score WHERE courseid='G2225420');
```

```
4 rows in set (0.03 sec)
```

【说明】

① 在本例中，先执行的是内层子查询，即 SELECT stuid FROM score WHERE courseid='G2225420'，在 score 表中查出选修了 G2225420 课程的同学并返回其学号集（20160511011、20160411033、20160111001、20160511002），且每个学号占一行，整个学号集为一列数据；再执行外层查询，以刚得到的学号列为 IN 查询条件，在 stu 表中查询与每个学号匹配的姓名，即 SELECT stuname FROM stu WHERE stuid IN (20160511011、20160411033、20160111001、20160511002)。

② 当然，本例也可利用两表连接来完成：

```
mysql> SELECT stuname FROM stu
    -> JOIN score ON stu.stuid=score.stuid
    -> WHERE courseid='G2225420';
```

【例 7-44】查询"飞行技术学院"同学们没有选修的课程的课程名。

```
mysql> SELECT coursename FROM course WHERE courseid NOT IN
    -> (SELECT courseid FROM score WHERE stuid IN
    -> (SELECT stuid FROM stu WHERE stuSchool='飞行技术学院'));
```

```
4 rows in set (0.01 sec)
```

【说明】本例使用多层查询嵌套，其查询过程与前例类似。先执行最内层子查询，即 SELECT stuid FROM stu WHERE stuSchool='飞行技术学院'，在 stu 表中查出"飞行技术学院"同学的学号数据列（20160111001，20160111002，20160111007，20160111009）；再执行中间一层子查询，以刚得到的学号列为 IN 查询条件，即 SELECT courseid FROM score WHERE stuid IN（已查出的学号数据列），在 score 表中查询与每个学号匹配的学生选修的课程号列（D1000160，D0400340，E2201040，G2225420，E2201140，E2200440）；最后执行最外层查询，以刚得到的课程号列为 NOT IN 查询条件，即 SELECT coursename FROM course WHERE courseid NOT IN（已查出的课程号列），在 course 表中查询不与这些课程号匹配的课程名称。

（2）比较子查询

比较子查询利用各种比较运算符，用于比较某个给定值与子查询的结果。

【格式】<表达式> { = | < | <= | > | >= | <=> | <> | != } {ALL|SOME|ANY} <子查询>

【说明】若子查询的结果只返回一行数据，则可以通过比较运算符直接比较，否则可以通过 ALL、SOME 或 ANY 对比较运算加以限定，其用法如表 7-6 所示。

表 7-6　ALL、SOME 或 ANY

关 键 字	说　明	举　例
ALL	限定表达式与子查询结果集中的每个值进行比较，且当都满足比较关系时，返回逻辑值 TRUE，否则返回逻辑值 FALSE	x>all(3,12,26)表示 x 需大于三个数中的每一个，即需要 x>26
SOME｜ANY	两者为同义词，限定表达式只要与子查询结果集中的任一值满足比较关系时，就会返回逻辑值 TRUE，否则返回逻辑值 FALSE	x>any(3,12,26)表示 x 需大于 3 个数中的任何一个，即只需要 x>3

【例 7-45】查询"王小强"同学的各课程成绩。

```
mysql> SELECT * FROM score WHERE stuid=
    -> (SELECT stuid FROM stu WHERE stuname='王小强');
+------------+----------+-------+
| stuID      | courseID | score |
+------------+----------+-------+
| 20160111001 | D0400340 | 83.4 |
| 20160111001 | D1000160 | 86.4 |
| 20160111001 | E2201040 | 87.5 |
| 20160111001 | G2225420 | 93.5 |
+------------+----------+-------+
4 rows in set (0.06 sec)
```

【说明】在本例中，先执行的是内层子查询，即 SELECT stuid FROM stu WHERE stuname='王小强'，在 stu 表中查询到"王小强"同学的学号 20160111001；再执行外层查询，以刚得到的学号查询条件，在 score 表中查询出该学号对应的所有课程成绩，即 SELECT * FROM score WHERE stuid='20160111001'。因为子查询只返回一个值，故直接用"="进行比较。

【例 7-46】查询课程成绩比所有 E2201140 号课程成绩都低的同学及课程。

```
mysql> SELECT * FROM score
    -> WHERE score< ALL
    -> (SELECT score FROM score WHERE courseid='E2201140');
+------------+----------+-------+
| stuID      | courseID | score |
+------------+----------+-------+
| 20160511011 | G2225420 | 74.8 |
| 20160310022 | E2201040 | 73.9 |
| 20160411033 | E2200640 | 73.2 |
| 20160611023 | E2201040 | 68.4 |
| 20160511002 | G2225420 | 71.8 |
| 20160310017 | E2200640 | 73.7 |
| 20160111009 | E2200440 | 69.4 |
+------------+----------+-------+
7 rows in set (0.00 sec)
```

【说明】

① 在本例中，先执行的是内层子查询，即 SELECT score FROM score WHERE courseid='E2201140'，在 score 表中查询到所有该课程的成绩（74.9，79.4）；再执行外层查询，以刚得到的成绩为查询条件，在 score 表中查询出小于所有已查出成绩的课程，即 SELECT * FROM score WHERE score<ALL(已查出的成绩列表)。因为子查询返回多行值，故根据题意用 ALL 关键字进行比较。

② 本例也可用函数 MIN()来完成，以小于最低值来表示小于所有值：

```
mysql> SELECT * FROM score WHERE score<
    -> (SELECT MIN(score) FROM score WHERE courseid='E2201140');
```

【例 7-47】查询课程成绩比任一 E2201140 号课程成绩都低的同学及课程。

```
mysql> SELECT * FROM score
```

```
    -> WHERE score< ANY
    -> (SELECT score FROM score WHERE courseid='E2201140');
```

stuID	courseID	score
20160511011	G2225420	74.8
20160111002	D1000160	76.2
20160310022	E2201040	73.9
20160211011	D0400340	78.7
20160411033	E2200640	73.2
20160611023	E2201040	68.4
20160722018	E2201140	74.9
20160411033	G2225420	78.5
20160211011	H2221520	76.9
20160511002	G2225420	71.8
20160310017	E2200640	73.7
20160111009	E2200440	69.4
20160311024	E2201240	75.9

```
13 rows in set (0.00 sec)
```

【说明】

① 在本例中，先执行的是内层子查询，即 SELECT score FROM score WHERE courseid='E2201140'，在 score 表中查询到所有该课程的成绩（74.9，79.4）；再执行外层查询，以刚得到的成绩为查询条件，在 score 表中查询出小于其中任何一个成绩（至少小于 79.4）的课程，即 SELECT * FROM score WHERE score<ANY(74.9，79.4)。因为子查询可能返回多行值，故根据题意用 ANY 关键字进行比较。

② 本例也可用函数 MAX() 来完成，以小于最大值来表示小于任一值：

```
mysql> SELECT * FROM score WHERE score<
    -> (SELECT MAX(score) FROM score
    ->     WHERE courseid='E2201140');
```

（3）EXISTS 子查询

EXISTS 子查询用于判断子查询的结果是否为空集，若其不为空则返回逻辑值 TRUE，否则返回逻辑值 FALSE；若使用了关键字 NOT，则返回相反结果。

【格式】[NOT] EXISTS <子查询>

【例 7-48】查询学号为 20160111001 的同学选修的课程名称。

```
mysql> SELECT coursename FROM course
    -> WHERE EXISTS (SELECT *
    ->     FROM score
    ->     WHERE score.courseid=course.courseid
    ->     AND stuid='20160111001');
```

```
4 rows in set (0.00 sec)
```

【说明】在本例中，因为内层查询会用到 course.courseid，而外层查询用到的就是 course 表，且该表的不同行对应不用的 courseid，即子查询的条件依赖于外层查询的某些值，这种子查询称为相关子查询。其执行过程如下：先查找外层查询即 course 表的第一行，并根据该行对应的课程号 D1000160 处理内层查询，若结果不为空，则 WHERE 子句的条件就为真，此时返回该行对应的课程名；否则，WHERE 子句的条件就为假，接着再查找 course 表的第 2 行并同样做上述判断，依此类推，直到查完 course 表的每一行。

（4）其他子查询

在 WHERE 子句中，还可将一行数据与行子查询的结果通过比较运算符进行比较。另外，除了在 WHERE 子句中，子查询还可以应用于 SELECT 语句的其他子句中，如 FROM 子句或列表达式等。

【例 7-49】查询与"王小强"同学性别相同且同属一个学院的学生学号与姓名。

```
mysql> SELECT stuid,stuname FROM stu
    -> WHERE (stusex,stuschool)=
    -> (SELECT stusex,stuschool FROM stu WHERE stuname='王小强');
```

stuid	stuname
20160111001	王小强
20160111002	何金品
20160111007	张星

3 rows in set (0.00 sec)

【说明】在本例中，先执行子查询，结果返回为"王小强"的性别和所在的学院组成的数据行（男，飞行技术学院），故这是一个行子查询；再根据外层查询的条件查询出最终结果。

【例 7-50】查询 1998 年出生的所有女同学的学号与姓名。

```
mysql> SELECT stuid,stuname FROM
    -> (SELECT stuid,stuname,stusex,stubirth FROM stu
    ->     WHERE YEAR(stubirth)=1998) AS st
    -> WHERE stusex='女';
```

stuid	stuname
20160611023	张股梅
20160411002	张雪
20160111009	张星

3 rows in set (0.02 sec)

【说明】

① 在本例中，先执行子查询，结果返回为一张中间表并临时命名为 st，故这是一个表子查询；再根据外层查询的性别条件从 st 表中查询出最终结果。

② 使用 FROM 子句中的表子查询时，必须为子查询出的中间表定义一个表别名，否则系统会报错。

【例 7-51】查询所有女同学的学号、姓名及是否与"张星"同学所属同一学院的判断结果。

```
mysql> SELECT stuid,stuname, stuschool=
    -> (SELECT stuschool FROM stu
    ->     WHERE stuname='张星') AS school
    -> FROM stu WHERE stusex='女';
```

stuid	stuname	school
20160211011	李红梅	0
20160411033	王雪瑞	0
20160611023	张股梅	0
20160711027	唐影	0
20160411002	张雪	0
20160111009	张星	1

6 rows in set (0.00 sec)

【说明】在本例中，先执行子查询，结果返回为"张星"所在的学院值（飞行技术学院），故这是一个标量子查询；再根据外层查询的性别条件查询出最终结果。其中，对所属学院的判断，若相同即为逻辑真，故返回 1；否则即为逻辑假，故返回 0。

6. 设置连接条件

通过在 WHERE 子句中设置连接条件也可以实现多张表中数据的查询，且当连接条件与筛选条件同时存在时，也需要通过 AND、OR 等运算符进行连接。

【例 7-52】查询所有女生各课程的成绩。

```
mysql> SELECT stu.stuid,stuname,stusex,courseid,score
    -> FROM stu,score
    -> WHERE stu.stuid=score.stuid AND stusex='女';
```

stuid	stuname	stusex	courseid	score
20160211011	李红梅	女	D0400340	78.7
20160211011	李红梅	女	H2221520	76.9
20160411033	王雪瑞	女	E2200640	73.2
20160411033	王雪瑞	女	G2225420	78.5
20160611023	张股梅	女	E2201040	68.4
20160711027	唐影	女	E2201240	94.6
20160411002	张雪	女	E2201040	80.8
20160111009	张星	女	E2200440	69.4

8 rows in set (0.02 sec)

【说明】在本例中，通过 WHERE 子句的第一个条件的指定，将 stu 表和 score 表中具有相同 stuid 的数据行拼接在一起，并通过第二个条件的筛选查询出最终数据集。

【例 7-53】查询每位同学的名字、所考课程名及成绩。

```
mysql> SELECT stuname,coursename,score
    -> FROM stu,score,course
    -> WHERE stu.stuid=score.stuid AND score.courseid=course.courseid;
```

stuname	coursename	score
何家驹	汇编语言	74.8
何家驹	数字逻辑设计	84.7
何金品	高等数学	76.2
张雪	操作系统	80.8
张志斌	操作系统	73.9
张志斌	Java程序设计	81.9
王小强	高等数学	86.4
李红梅	大学物理	78.7
张志斌	数据结构与算法	83.9
王雪瑞	Java程序设计	73.2
何家驹	计算机组成原理	81.4
张股梅	操作系统	68.4
朱宏志	计算机网络	74.9
唐影	数据库原理	94.6
王雪瑞	汇编语言	78.5
李红梅	数字逻辑设计	76.9
王小强	大学物理	83.4
王小强	操作系统	87.5
王小强	汇编语言	93.5
朱奕方	汇编语言	71.8
张毅	数字逻辑设计	87.9
张星	计算机网络	79.4
王金汉	大学物理	84.1
程云汉	Java程序设计	73.7
张星	数据结构与算法	69.4
何科威	数据库原理	75.9

26 rows in set (0.01 sec)

7.5 GROUP BY 子句

GROUP BY 子句在查询中主要用于根据列值的特征对行数据进行分组，从而可以对每个组而不是整个表的数据分别进行统计计算，例如，对 stu 表的 stuschool 列进行分组，则结果中相同院系的同学数据会集中在一起，形成一个分组并可对组内数据进行计算。

【格式】GROUP BY {<列名>|<表达式>|<位置>} [ASC|DESC]

【说明】

① <列名>指定用于分组的列，即分组依据。若含有多个列，应用"，"作为分隔符。需要注意的是，这里的列名必须是在 SELECT 语句的列选择列表中出现的列名。

② <表达式>指定用于分组的表达式。

③ <位置>指定用于分组的列在 SELECT 语句已选择列中的位置，故是一个正整数。

④ [ASC | DESC]指定分组的顺序，其中 ASC 代表升序（默认值，故可省略），DESC 代表降序。在使用时这两个关键字应紧跟对应的列名、表达式或位置。

⑤ GROUP BY 子句可以包含多个列作为分组依据，以完成分组的嵌套。

⑥ 作为分组依据的可以是原表中的列或有效表达式，但不能是聚合函数。

⑦ 若用作分组依据的列包含 NULL 值，则这些 NULL 值将作为一个单独的分组返回。

【例 7-54】分别统计男、女生的总人数。

```
mysql> SELECT stusex,count(*) AS 人数 FROM stu GROUP BY stusex;
```

stusex	人数
女	6
男	11

2 rows in set (0.00 sec)

【说明】以性别列为分组依据，将所有男生数据集中作为一个分组，所有女生数据集中作为另一个分组，通过聚合函数 COUNT()计算并返回每个分组的总数。

【例 7-55】按降序分别统计每门课程的平均成绩及参加了该课程考试的人数。

```
mysql> SELECT courseid,avg(score),count(*)
    ->FROM score GROUP BY 1 DESC;
```

courseid	avg(score)	count(*)
H2221520	83.16666666666667	3
G2225420	79.6500015258789	4
E2201240	85.25	2
E2201140	77.1500015258789	2
E2201040	77.6500015258789	4
E2200740	81.4000015258789	1
E2200640	76.26666514078777	3
E2200440	76.6500015258789	2
D1000160	81.29999923706055	2
D0400340	82.06666564941406	3

10 rows in set (0.02 sec)

【说明】以结果集的第 1 列，即课程号列为分组依据，每门课程作为一个分组，并通过聚合函数 AVG()和 COUNT()计算出每个分组的平均值及总数，结果以课程号的降序排列。

7.6　HAVING 子句

HAVING 子句在查询中主要用于筛选分组结果，即选择在结果集中保留哪些分组和去除哪些分组。从筛选功能上来说，HAVING 子句和 WHERE 子句有类似的地方，但也存在以下差异：

① WHERE 子句是跟在 FROM 子句后，用于筛选数据行；而 HAVING 子句必须跟在 GROUP BY

子句之后，用于筛选分组。

② WHERE 子句中不能使用聚合函数，但 HAVING 子句中可以使用聚合函数。

③ 若 SELECT 语句同时包含 WHERE 子句和 HAVING 子句,则先完成 WHERE 子句的行筛选再进行分组及分组的筛选，故不满足 WHERE 子句筛选条件的数据行不会出现在分组中，从而可能影响 HAVING 子句基于这些值的分组情况。

【格式】HAVING <筛选条件>

【例 7-56】查询参加考试人数在 3 人（含 3 人）以上的课程。

```
mysql> SELECT courseid,count(*) FROM score
    -> GROUP BY courseid HAVING COUNT(*)>=3;
```

courseid	count(*)
D0400340	3
E2200640	3
E2201040	4
G2225420	4
H2221520	3

5 rows in set (0.00 sec)

【说明】

① 以课程号列为分组依据，通过聚合函数 COUNT()计算出每个分组的总数，再通过 HAVING 子句的条件去除总数小于 3 的分组。

② 标准 SQL 要求 HAVING 子句中使用的必须是 GROUP BY 子句中的列或聚合函数中的列；MySQL 扩展了此功能，允许在 HAVING 子句中使用 SELECT 语句的列选择列表中的列。

【例 7-57】查询成绩在 75 分以上且参加考试人数在 3 人（含 3 人）以上的课程。

```
mysql> SELECT courseid,count(*) FROM score
    -> WHERE score>75
    -> GROUP BY courseid HAVING COUNT(*)>=3;
```

courseid	count(*)
D0400340	3
H2221520	3

2 rows in set (0.00 sec)

【说明】与上例相比，由于 WHERE 子句的筛选，使得参与分组的数据减少，故满足分组条件的结果也减少。

7.7　ORDER BY 子句

ORDER BY 子句在查询中主要用于对结果中的数据按照一定规则进行排序。

【格式】ORDER BY {<列名> | <表达式> | <位置>} [ASC | DESC]

【说明】

① <列名>指定用于排序的列，即排序依据。若有多个列作为排序依据则应用"," 作为分隔符，且按照从左到右的顺序分别为第一关键字，第二关键字……

② <表达式>指定用于排序的表达式。

③ <位置>指定用于排序的列在 SELECT 语句已选择列中的位置，故是一个正整数。

④ [ASC | DESC]指定排序的顺序，其中 ASC 代表升序（默认值，故可省略），DESC 代表降序。在使用时这两个关键字应紧跟对应的列名、表达式或位置。

⑤ 若用作排序依据的列包含 NULL 值，则 NULL 值被视为最小值。

⑥ ORDER BY 子句中也可以包含子查询。

【例 7-58】按出生日期升序查询所有女生的基本情况。

```
mysql> SELECT * FROM stu WHERE stusex='女'
    -> ORDER BY 4;
```

stuID	stuName	stuSex	stuBirth	stuSchool
20160411033	王雪瑞	女	1997-05-17	外国语学院
20160211011	李红梅	女	1997-07-19	交通运输学院
20160711027	唐影	女	1997-10-05	空中乘务学院
20160611023	张股梅	女	1998-03-14	运输管理学院
20160411002	张雪	女	1998-04-12	外国语学院
20160111009	张星	女	1998-07-09	飞行技术学院

6 rows in set (0.00 sec)

【例 7-59】按成绩由高到低查询所有 E2201040 课程的考试情况。

```
mysql> SELECT * FROM score WHERE courseid='E2201040'
    -> ORDER BY score DESC;
```

stuID	courseID	score
20160111001	E2201040	87.5
20160411002	E2201040	80.8
20160310022	E2201040	73.9
20160611023	E2201040	68.4

4 rows in set (0.00 sec)

【例 7-60】按学号升序查询所有成绩，若学号相同则按成绩降序排列。

```
mysql> SELECT * FROM score
    -> ORDER BY stuid,score DESC;
```

stuID	courseID	score
20160111001	G2225420	93.5
20160111001	E2201040	87.5
20160111001	D1000160	86.4
20160111001	D0400340	83.4
20160111002	D1000160	76.2
20160111007	E2201140	79.4
20160111009	E2200440	69.4
20160211007	D0400340	84.1
20160211011	D0400340	78.7
20160211011	H2221520	76.9
20160310017	E2200640	73.7
20160310022	E2200440	83.9
20160310022	E2200640	81.9
20160310022	E2201040	73.9
20160311024	E2201240	75.9
20160411002	E2201040	80.8
20160411033	G2225420	78.5
20160411033	E2200640	73.2
20160511002	G2225420	71.8
20160511011	H2221520	84.7
20160511011	E2200740	81.4
20160511011	G2225420	74.8
20160511017	H2221520	87.9
20160611023	E2201040	68.4
20160711027	E2201240	94.6
20160722018	E2201140	74.9

26 rows in set (0.03 sec)

【例 7-61】按所有考试课程平均成绩高低查询飞行技术学院同学的学号与姓名。

```
mysql> SELECT stuid,stuname FROM stu
    -> WHERE stuschool='飞行技术学院'
    -> ORDER BY
```

```
    ->    (SELECT AVG(score) FROM score
    ->      GROUP BY stuid HAVING stu.stuid=score.stuid);
+------------+----------+
| stuid      | stuname  |
+------------+----------+
| 20160111009| 张星     |
| 20160111002| 何金品   |
| 20160111007| 张星     |
| 20160111001| 王小强   |
+------------+----------+
4 rows in set (0.00 sec)
```

【说明】通过子查询，以学生的平均成绩为排序依据完成最终查询。

7.8 LIMIT 子句

当查询结果包含的数据行较多时会引起用户浏览与操作的不便，此时可使用 LIMIT 子句限定查询结果返回的行数。

【格式】`LIMIT {[标志位置,]<行数> | <行数> OFFSET <标志位置>}`

【说明】

① [标志位置]指定返回数据第一行在结果集中的偏移量，该数字必须是非负整数，默认为 0。

② <行数>：指定返回数据的总行数，也必须是非负整数。若该数字大于结果集总行数，则返回实际数据行数。

③ <行数> OFFSET <标志位置>：在结果集中，从<标志位置>的下一行开始选取指定<行数>的数据。

【例 7-62】查询 stu 表中前 4 位学生的情况。

```
mysql> SELECT stuid,stuname,stusex FROM stu LIMIT 4;
+------------+----------+--------+
| stuid      | stuname  | stusex |
+------------+----------+--------+
| 20160111001| 王小强   | 男     |
| 20160211011| 李红梅   | 女     |
| 20160310022| 张志斌   | 男     |
| 20160411033| 王雪瑞   | 女     |
+------------+----------+--------+
4 rows in set (0.00 sec)
```

【例 7-63】查询 stu 表中从第 6 位同学开始的 4 位学生的情况。

```
mysql> SELECT stuid,stuname,stusex FROM stu LIMIT 5,4;
+------------+----------+--------+
| stuid      | stuname  | stusex |
+------------+----------+--------+
| 20160611023| 张股梅   | 女     |
| 20160722018| 朱宏志   | 男     |
| 20160711027| 唐影     | 女     |
| 20160111002| 何金品   | 男     |
+------------+----------+--------+
4 rows in set (0.00 sec)
```

【说明】通过 LIMIT 子句中偏移量及行数的指定，查询结果只包含 4 行数据，且从原表的第 6 行开始（因为第 1 行的偏移量为 0）。该语句还可改写为如下格式，结果完全一样。

```
mysql> SELECT stuid,stuname,stusex FROM stu LIMIT 4 OFFSET 5;
```

7.9 UNION 语句

如果在单个查询中，需要从不同的数据表中返回结构相似的数据并共同构成一个查询结果集，可以使用 UNION 语句完成联合查询。所谓联合查询是指将来自多个 SELECT 查询的结果组合成一个结果集，作为单个查询的结果集返回的方式，也称为"并"。

【格式】SELECT … UNION [ALL | DISTINCT] SELECT …
　　　　[UNION [ALL | DISTINCT] SELECT …]

【说明】

① SELECT …：常规查询语句。

② UNION：联合查询关键字，表示合并前后两个 SELECT 查询的结果。

③ ALL：表示允许结果集中有重复数据行出现。

④ DISTINCT：表示消除结果集中的重复数据行，该关键字为默认值。

⑤ UNION 语句应至少包括两条或以上 SELECT 语句。

⑥ 一条 UNION 语句中的所有 SELECT 语句必须包含相同的列、表达式或聚合函数。对应位置的列、数据类型必须兼容（相同或可以隐含转换）。

⑦ 最终结果集的列名为第一条 SELECT 语句指定的列名。

⑧ UNION 语句只能使用一个 ORDER BY 或 LIMIT 子句，且必须放在整个语句的最后，表示排序与行数限定均是针对整个结果而言的。

【例 7-64】查询所有姓"王"的同学和所有"飞行技术学院"的同学的学号、姓名和所属院系。

```
mysql> SELECT stuid,stuname,stuschool FROM stu
    -> WHERE stuname LIKE '王%'
    -> UNION
    -> SELECT stuid,stuname,stuschool FROM stu
    -> WHERE stuschool='飞行技术学院';
```

stuid	stuname	stuschool
20160111001	王小强	飞行技术学院
20160411033	王雪瑞	外国语学院
20160211007	王金	交通运输学院
20160111002	何金品	飞行技术学院
20160111007	张星	飞行技术学院
20160111009	张星	飞行技术学院

```
6 rows in set (0.02 sec)
```

【说明】第一条 SELECT 语句查询出所有姓"王"的学生，第二条 SELECT 语句查询出所有"飞行技术学院"的学生，因为默认为 DISTINCT，所以既姓"王"又是"飞行技术学院"的"王小强"同学只显示了一次，无重复数据。

习　题

一、选择题

1. 利用 SELECT 语句进行查询时，使用 WHERE 子句可以指定（　　　）。

　　A．查询目标　　　B．查询顺序　　　　C．查询列数　　　　D．查询条件

2. 在 SELECT 语句中，若希望查询结果不包括重复行，则应使用关键字（　　　）。

　　A．ALL　　　　　B．DISTINCT　　　　C．DELETE　　　　D．DROP

3. 下列函数中，不是 SELECT 语句中可以应用的聚合函数的是（　　　）。

　　A．TOTAL()　　　B．COUNT()　　　　C．AVG()　　　　D．SUM()

4. 下列关于 SELECT 语句的描述中，错误的是（　　　）。

    A．可以对数据行进行排序　　　　　　　B．可以重新指定列的顺序

    C．不能实现 SELECT 语句嵌套　　　　　D．可以在 WHERE 子句中指定连接条件

5. 查询表 score 中的第 10 到 20 条记录，应使用语句（　　　）。

    A．SELECT * FROM score LIMIT 9,10　　　B．SELECT * FROM score LIMIT 9,11

    C．SELECT * FROM score LIMIT 10,10　　D．SELECT * FROM score LIMIT 10,11

6. 有关语句 SELECT * FROM stu WHERE stuid in ('20160111001', '20160111007')，下列描述正确的是（　　　）。

    A．该语句的查询结果包含 stu 表的所有行

    B．该语句的查询结果包含 stu 表的所有列

    C．该语句查询的是满足条件的，带 "*" 的数据

    D．该语句的 WHERE 子句可改写为如下形式：WHERE stuid='20160111001' AND stuid='20160111007'

7. 在 SELECT 语句中若需要统计"学生表"中女生的人数应使用函数（　　　）。

    A．COUNT()　　　　　B．SUM()　　　　　　C．AVG()　　　　　　D．MAX()

8. 查询名字中有"金"字的同学的情况，应使用语句（　　　）。

    A．SELECT * FROM stu WHERE stuname='_金_'

    B．SELECT * FROM stu WHERE stuname='%金%'

    C．SELECT * FROM stu WHERE stuname like '_金_'

    D．SELECT * FROM stu WHERE stuname like '%金%'

9. 以下关于 WHERE 子句与 HAVING 子句的描述中，错误的是（　　　）。

    A．WHERE 子句不能使用聚合函数　　　B．HAVING 子句可以使用聚合函数

    C．WHERE 子句在分组前筛选数据　　　D．HAVING 子句在分组前筛选数据

10. 以下关于正则表达式的描述中，正确的是（　　　）。

    A．在查询语句中使用 LIKE 指定正则表达式

    B．符号"."可以匹配任意多个字符

    C．符号"^"匹配以指定字符或字符串开头的文本

    D．符号"$"匹配以指定字符或字符串开头的文本

11. 正则表达式"REGEXP 'x+y'"表示的含义是（　　　）。

    A．查询 x 与 y 的和　　　　　　　　　B．查询字母 y 前出现的记录 x

    C．查询同时包含字母 x 和 y 的记录　　D．查询含有字符串"x+y"的记录

12. 若需查询 NAME 列不为空值的数据，应设置查询条件为（　　　）。

    A．WHERE NAME !=NULL　　　　　　　B．WHERE NAME NOT NULL

    C．WHERE NAME IS NOT NULL　　　　　D．WHILE NAME IS NOT NULL

13. 在 SELECT 语句中，聚合函数不能使用于（　　　）子句。

    A．WHERE　　　　B．HAVING　　　　　C．列选择　　　　　D．以上均可以

14. 若要完成分组查询，应使用子句（　　　）。

    A．GROUP WITH　　B．GROUP AS　　　　C．GROUP TO　　　　D．GROUP BY

15. 一般在使用 SELECT 语句查询数据时，排列最靠后的子句是（　　）。

　　A．LIMIT　　　　　B．HAVING　　　　　C．WHERE　　　　　D．FROM

16. 在 MySQL 中，通常使用（　　）语句进行数据的检索、输出操作。

　　A．OUTPUT　　　　B．CHECK　　　　　C．SELECT　　　　　D．QUERY

17. 在 SELECT 语句中，将显示的列名 sa 更改为 sc 应使用（　　）。

　　A．sa AS sc　　　　B．sc WITH sa　　　　C．sa WITH sc　　　　D．sc AS sa

18. 关于语句 SELECT * FROM stu.st WHERE sid='003'，以下选项的描述中错误的是（　　）。

　　A．该语句用以查询表 st 中的某些行　　　B．stu 为数据库名

　　C．该语句用以查询表 st 中的某些列　　　D．WHERE 子句指明数据行筛选条件

19. 若某查询语句的 FROM 子句为 FROM score RIGHT JOIN stu ON stu.stuid= score.stuid，则以下选项中错误的是（　　）。

　　A．完成的是右外连接　　　　　　　　B．结果集中包含 score 表的所有行

　　C．结果集中包含 stu 表的所有行　　　D．表 stu 为参考表

20. 在 SELECT 语句中，（　　）是必不可少的部分。

　　A．FROM 子句　　B．WHERE 子句　　　C．HAVING 子句　　　D．SELECT 关键字

二、填空题

1. 在 SELECT 语句中用于数据分组的是_____子句。

2. 在 SELECT 语句中用于数据排序的是_____子句。

3. 某 SELECT 语句查询条件为 WHERE AGE<=10 AND AGE>=5，该条件还可改写为 WHERE AGE_____5 AND 10。

4. 在 SELECT 语句中，与 ANY 是同义词的是_____。

5. 在表 score 中包含学生的成绩列 sc，则用以查询 s0001 号同学的总成绩的语句可写为 SELECT _____FROM score WHERE stuid='s0001'.

6. 完成联合查询时应使用关键字_____。

7. 在 SELECT 语句中，用以指定正则表达式的关键字是_____或 RLIKE。

8. 若要对"学生"表以"年龄"列降序进行查询"学号"与"姓名"，则应使用语句 SELECT 学号，姓名 FROM 学生_____。

9. 设有数据表"学生（学号，姓名，性别，年龄，院系）"，若要查询所有女生或所有年龄小于等于 20 岁的同学的基本情况，应使用语句 SELECT * FROM 学生 WHERE_____。

10. 语句 SELECT (3*2+6)/4 的执行结果为_____。

三、判断题

1. 在查询语句中，子查询即查询结果为原数据表的子集。　　　　　　　　（　　　）

2. HAVING 子句是用于筛选数据分组的。　　　　　　　　　　　　　　　（　　　）

3. HAVING 子句必须紧跟在 ORDER BY 子句之后。　　　　　　　　　　（　　　）

4. 在查询语句中，连接运算主要使用关键字 UNION 完成。　　　　　　　（　　　）

5. 使用 SELECT 语句，查询结果可以包含部分列，也可以包含全部列，且各列的列名也可以更改，但各列的顺序不能调整。　　　　　　　　　　　　　　　　　　（　　　）

6. LIMIT 3 OFFSET 4 表示从第 5 行开始取 3 行数据。 （　　　）

7. 在比较运算符子查询中，关键字 SOME 与 ANY 是同义词。 （　　　）

8. 语句 SELECT * FROM course WHERE name LIKE '基础'，可以用于查询 course 表中 name 列所有包含"基础"两字的数据。 （　　　）

9. 若表 a 和表 b 各有 10 行数据，则执行 SELECT * FROM a CROSS JOIN b 后，会返回 20 行数据。 （　　　）

10. 在 SELECT 语句的列选择子句中定义的列别名不能出现在 WHERE 子句中。 （　　　）

第8章 \ 视 图

本章导读

　　作为一种重要的数据库对象，视图并不是数据库中真实存储的数据集，而只是一种特殊的表。它使用 SQL 语句，以用户需要的表的形式，从一张或多张原始表中为用户提取数据。所以，视图与真实表类似，展现了一系列带有名称的列和行；但也与真实表有很大区别，是基于真实表的一种虚拟表。本章主要介绍视图的概念、优势以及视图的相关应用。

学习目标

- 理解视图的概念，了解视图的作用。
- 理解视图与真实表的区别，了解视图的优势。
- 掌握视图的各种操作。

8.1 视 图 概 述

　　视图是一种虚拟表，其内容由查询来定义。应用查询语句，一个视图中的数据可以来源于一张或多张已存在的数据表，这些表也被称为基表。在数据库中，只存储了视图的定义，其对应的数据并不会被再次重复存储，即视图数据是视图被使用时才由基表抽取生成的，并不另外占用存储空间。用户通过视图查看到的数据仍是存放在基表中的数据，而用户对视图数据的操作，也是根据视图的定义对相关基表数据的操作。

　　视图可以嵌套，即可以从其他视图中查询数据来创建新视图。但是，视图不能索引，也不能有关联的触发器、默认值或有效性规则。

　　视图可以类似数据表一样被创建，也可以像数据表一样被查看、修改或删除，但与数据表相比，视图具有如下优势：

　　1. 数据更集中

　　用户感兴趣的数据通常不仅仅来自一张数据表，而可能与多张数据表有关，例如，一个学生关注自己的成绩，就涉及学生基本信息表 stu、课程表 course 和成绩表 score 三张表。利用视图可以将其中分散的数据集中起来，如学生基本信息表中的 stuname、课程表中的 coursename 和成绩表中的 score，形成一个逻辑整体，以方便用户查询与处理。

　　2. 数据操作更简便

　　用户利用视图进行数据操作，因此，不需要了解实际数据库中各数据表的结构与复杂关系。另外，有时查询操作可能很复杂，可以通过创建多个视图获取数据，再将视图联合起来，以简化操作。

3. 基表数据安全性更高

因为视图只是虚拟存在，若对用户只授予使用视图的权限，而不是使用表的权限，就可以更好地保护基表数据的安全。

4. 数据共享性更强

每个用户需要的数据可能都不同，但不必都单独存储这些数据，只需要定义不同的视图，就可以共享数据库中的数据，这样也不会产生数据冗余。

8.2　视图的创建

视图的创建可以使用 CREATE VIEW 语句来完成，其内容是通过 SELECT 查询来定义的。

【格式】CREATE [OR REPLACE] VIEW <视图名> [(列名列表)] AS <SELECT 语句>

【说明】

① [OR REPLACE]：若已有同名视图，则使用该子句可以替换已有视图。

② <视图名>：指定创建的视图的名称，该名称不能与其他数据表同名。

③ [列名列表]：指定视图各列列名，用逗号 "," 分隔。与表类似，不允许有重复列名，且列名的数目与 SELECT 语句查询出列的数目相等。若无须为视图定义新列名，该项可以省略。

④ <SELECT 语句>：指定定义视图内容的查询语句，该查询可以从基表或其他视图获取数据。

⑤ 用户创建视图需要保证拥有相应权限，如创建视图的权限，操作涉及的表或其他视图的权限，若含有 OR REPLACE 还需删除视图的权限。

⑥ 视图定义中，不能引用临时表，不能创建临时视图，也不能引用不存在的基表或其他视图（可以利用 CHECK TABLE 语句对此进行检查）。

⑦ 在视图定义的 SELECT 语句中，FROM 子句不能包含子查询，不能引用系统或用户变量，不能引用预处理语句参数。

⑧ 视图定义中，允许使用 ORDER BY 子句进行排序。但若该视图被引用时，定义了新的排序依据，则原视图定义中的 ORDER BY 将被忽略。

【例 8-1】创建视图 stud 查询所有学生的学号、姓名及所属院系。

```
mysql> CREATE VIEW stud AS
    -> SELECT stuid,stuname,stuschool
    -> FROM stu;
Query OK, 0 rows affected (0.05 sec)
```

【说明】创建视图 stud 后，视图中包含的数据不会显示出来，但可以通过 SELECT 语句查询其中的数据。其结果如下：

```
mysql> SELECT * FROM stud;
```

stuid	stuname	stuschool
20160111001	王小强	飞行技术学院
20160211011	李红梅	交通运输学院
20160310022	张志斌	航空工程学院
20160411033	王雪瑞	外国语学院
20160511011	何家驹	计算机学院
20160611023	张殿梅	运输管理学院
20160722018	朱宏志	安全工程学院
20160711027	唐影	空中乘务学院

```
| 20160711027 | 唐影   | 空中乘务学院   |
| 20160111002 | 何金品 | 飞行技术学院   |
| 20160411002 | 张雪   | 外国语学院     |
| 20160511002 | 朱严方 | 计算机学院     |
| 20160511017 | 张毅   | 计算机学院     |
| 20160111007 | 张皇   | 飞行技术学院   |
| 20160211007 | 王金汉 | 交通运输学院   |
| 20160310017 | 程云汉 | 航空工程学院   |
| 20160111009 | 张星   | 飞行技术学院   |
| 20160311024 | 何科威 | 航空工程学院   |
```
17 rows in set (0.03 sec)

【例 8-2】创建视图 stu_view 查询 1998 年及以后出生的学生情况，若同名视图已存在，则允许用新视图替换。

```
mysql> CREATE OR REPLACE VIEW stu_view
    -> AS
    -> SELECT * FROM stu
    -> WHERE stubirth>='1998-01-01'
    -> WITH CHECK OPTION;
Query OK, 0 rows affected (0.07 sec)
```

【说明】

① WITH CHECK OPTION 子句的作用是：在对数据进行更新时，会检查是否符合视图定义中 WHERE 子句的条件。

② 利用 SELECT 语句查询该视图，结果如下：

stuID	stuName	stuSex	stuBirth	stuSchool
20160310022	张志斌	男	1998-07-10	航空工程学院
20160611023	张股梅	女	1998-03-14	运输管理学院
20160722018	朱宏志	男	1998-06-13	安全工程学院
20160111002	何金品	男	1998-06-12	飞行技术学院
20160411002	张雪	女	1998-04-12	外国语学院
20160511017	张毅	男	1998-02-12	计算机学院
20160111007	张皇	男	1998-07-09	飞行技术学院
20160211007	王金	男	1998-06-25	交通运输学院
20160111009	张星	女	1998-07-09	飞行技术学院

9 rows in set (0.01 sec)

【例 8-3】创建视图 stu_view 查询 1997 年及以后出生的学生情况，若同名视图已存在则不允许创建。

```
mysql> CREATE VIEW stu_view
    -> AS
    -> SELECT * FROM stu
    -> WHERE stubirth>='1997-01-01'
    -> WITH CHECK OPTION;
ERROR 1050 (42S01): Table 'stu_view' already exists
```

【说明】因为例 8-2 中已创建了名为 stu_view 的视图，故本例中再次创建时弹出错误提示，表明因该视图已存在故未完成本次视图创建。

【例 8-4】创建视图 course_sc 按平均成绩查询各课程情况。

```
mysql> CREATE VIEW course_sc
    -> AS
    -> SELECT courseid,avg(score) AS avg_sc FROM score
    -> GROUP BY courseid;
Query OK, 0 rows affected (0.09 sec)
```

【说明】利用 SELECT 语句查询该视图，结果如下：

```
| courseid | avg_sc            |
| D0400340 | 82.06666564941406 |
| D1000160 | 81.29999923706055 |
| E2200440 | 76.6500015258789  |
| E2200640 | 76.26666514078777 |
| E2200740 | 81.4000015258789  |
| E2201040 | 77.6500015258789  |
| E2201140 | 77.1500015258789  |
| E2201240 | 85.25             |
| G2225420 | 79.6500015258789  |
| H2221520 | 83.16666666666667 |
```

【例 8-5】创建或替换视图 stu_sc 查询成绩最高的 10 名学生的成绩，该视图包含 stu 表的 stuid
和 stuname 列，以及 score 表的 courseid 和 score 列，并以成绩降序排序。

```
mysql> CREATE OR REPLACE VIEW stu_sc
    -> AS
    -> SELECT stu.stuid,stuname,courseid,score
    -> FROM score JOIN stu ON stu.stuid=score.stuid
    -> ORDER BY score DESC
    -> LIMIT 10;
10 rows in set (0.10 sec)
```

【说明】利用 SELECT 语句查询该视图，结果如下：

```
| stuid       | stuname | courseid | score |
| 20160711027 | 唐影    | E2201240 | 94.6  |
| 20160111001 | 王小强  | G2225420 | 93.5  |
| 20160511017 | 张毅    | H2221520 | 87.9  |
| 20160111001 | 王小强  | E2201040 | 87.5  |
| 20160111001 | 王小强  | D1000160 | 86.4  |
| 20160511011 | 何家驹  | H2221520 | 84.7  |
| 20160211007 | 王金    | D0400340 | 84.1  |
| 20160310022 | 张志斌  | E2200440 | 83.9  |
| 20160111001 | 王小强  | D0400340 | 83.4  |
| 20160310022 | 张志斌  | E2200640 | 81.9  |
10 rows in set (0.10 sec)
```

8.3 视图结构的查看与修改

8.3.1 查看视图结构

若用户需要查看已有视图的结构，可以使用 SHOW CREATE VIEW 语句来完成。

【格式】SHOW CREATE VIEW <视图名>

【说明】<视图名>：指定创建的视图的名称。

【例 8-6】查看视图 stu_sc 的结构。

```
mysql> SHOW CREATE VIEW stu_sc;
+-------+------------+---------------------+---------------------+
|View   |Create View |character_set_client |collation_connection |
+-------+------------+---------------------+---------------------+
|stu_sc|CREATE ALGORITHM=UNDEFINED    |gbk |gbk_chinese_ci    |
       DEFINER='root'@'localhost' SQL
       SECURITY DEFINER VIEW
       'stu_sc' AS select 'stu'.'stuID' AS 'stuid',
       'stu'.'stuName' AS 'stuname',
```

```
              'score'.'courseID' AS 'courseid',
              'score'. 'score' AS 'score'
              from ('score' join 'stu' on
               (('stu'.'stuID'='score'.'stuID')))
              order by 'score'.'score' desc limit 10
+------+-----------+--------------------+--------------------+
1 row in set (0.00 sec)
```

8.3.2 修改视图结构

若用户需要修改已有视图的结构，可以使用 ALTER VIEW 语句来完成。

【格式】ALTER VIEW <视图名> AS <SELECT 语句>

【说明】ALTER VIEW 语句的用法与 CREATE VIEW 语句相似，只是在使用前要保证拥有对视图的创建与删除的权限，以及相关 SELECT 语句的权限。

【例 8-7】修改视图 stu_view 的结构，删除所属学院列。

```
mysql> ALTER VIEW stu_view
    -> AS
    -> SELECT stuid,stuname,stusex,stubirth
    -> FROM stu
    -> WHERE stubirth>='1998-01-01'
    ->WITH CHECK OPTION;
Query OK, 0 rows affected (0.08 sec)
```

【说明】修改视图结构与创建视图的方式基本一样，故若需修改视图结构也可将该视图删除，再重新创建。修改后视图 stu_view 的数据如下：

stuid	stuname	stusex	stubirth
20160310022	张志斌	男	1998-07-10
20160611023	张殷梅	女	1998-03-14
20160722018	朱宏志	男	1998-06-13
20160111002	何金品	男	1998-06-12
20160411002	张雪	女	1998-04-12
20160511017	张毅	男	1998-02-12
20160111007	张皇	男	1998-07-09
20160211007	王金	男	1998-06-25
20160111009	张星	女	1998-07-09

9 rows in set (0.00 sec)

【例 8-8】修改视图 stud，为其增加 stusex 列，并显示列名为"性别"。

```
mysql> ALTER VIEW stud
    -> AS
    -> SELECT stuid,stuname,stusex AS '性别',stuschool
    -> FROM stu;
Query OK, 0 rows affected (0.06 sec)
```

【说明】修改后视图 stud 的结构及数据如下：

stuid	stuname	性别	stuschool
20160111001	王小强	男	飞行技术学院
20160211011	李红梅	女	交通运输学院
20160310022	张志斌	男	航空工程学院
20160411033	王雪瑞	女	外国语学院
20160511011	何家驹	男	计算机学院
20160611023	张殷梅	女	运输管理学院

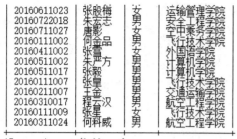

```
17 rows in set (0.00 sec)
```

8.4　视图数据的查询与更新

对于一张已创建好的视图，用户可以像使用数据表一样，对其进行查询或数据更新（包括数据的添加、数据的修改与数据的删除）。

8.4.1　视图数据的查询

使用 SELECT 语句，用户可以像查询数据表一样查询视图数据。

【例 8-9】利用视图 stu_view，查询男生与女生的人数。

```
mysql> SELECT stusex,count(*) AS number
    -> FROM stu_view
    -> GROUP BY stusex;
+--------+--------+
| stusex | number |
+--------+--------+
| 女     |      3 |
| 男     |      6 |
+--------+--------+
2 rows in set (0.09 sec)
```

【例 8-10】利用视图 course_sc，查询所有以 E 开头的课程的平均成绩。

```
mysql> SELECT * FROM course_sc WHERE courseid REGEXP '^E';
+-----------+--------------------+
| courseid  | avg_sc             |
+-----------+--------------------+
| E2200440  |   76.6500015258789 |
| E2200640  | 76.26666514078777  |
| E2200740  |   81.4000015258789 |
| E2201040  |   77.6500015258789 |
| E2201140  |   77.1500015258789 |
| E2201240  |              85.25 |
+-----------+--------------------+
6 rows in set (0.05 sec)
```

【例 8-11】利用视图 stu_sc，查询 85 分以上的成绩及对应同学的姓名、课程号与成绩。

```
mysql> SELECT stuname,courseid,score
    -> FROM stu_sc
    -> WHERE score>=85;
+---------+----------+-------+
| stuname | courseid | score |
+---------+----------+-------+
| 唐影    | E2201240 |  94.6 |
| 王小强  | G2225420 |  93.5 |
| 张毅    | H2221520 |  87.9 |
| 王小强  | E2201040 |  87.5 |
| 王小强  | D1000160 |  86.4 |
+---------+----------+-------+
5 rows in set (0.05 sec)
```

8.4.2　视图数据的更新

视图作为虚拟表，对其更新实际上就是对其引用的基表数据的更新。但是，并非所有视图都可以进行数据更新，可更新的视图应满足以下条件：

① 视图中的行与基表中的行之间应具有一对一的关系。

② 视图中不能包含聚合函数，如 SUM()、AVG()、COUNT()等。

③ 视图中不能使用 DISTINCT 关键字或 UNION 运算符。

④ 视图中不能包含 ORDER BY 子句、GROUP BY 子句或 HAVING 子句。

⑤ 视图中的 FROM 子句不能包含多张表。

⑥ 视图中列选择列表不能包含子查询，WHERE 子句中的子查询不能引用 FROM 子句中的数据表。

1．数据的插入

若需要通过视图向其引用的基表中插入数据可以使用 INSERT 语句来完成，其语法格式与在数据表中插入数据一样。

【例 8-12】利用视图 stu_view，插入如下两条数据："20160511020，方琼，女，1998-02-20"和"20160511021，刘一，男，1997-03-23"，并比较插入结果。

```
mysql> INSERT INTO stu_view
    -> VALUES('20160511020','方琼','女','1998-02-20');
Query OK, 1 row affected (0.03 sec)
mysql> INSERT INTO stu_view
    -> VALUES('20160511021','刘一','男','1997-03-23');
ERROR 1369 (HY000): CHECK OPTION failed 'student.stu_view'
```

【说明】

① 第一条插入语句执行后，数据被成功添加。此时，使用 SELECT 语句查询视图 stu_view 和基表 stu 均可看到添加的数据。stu 表数据如下：

stuID	stuName	stuSex	stuBirth	stuSchool
20160111001	王小强	男	1997-08-17	飞行技术学院
20160211011	李红梅	女	1997-07-19	交通运输学院
20160310022	张志斌	男	1998-07-10	航空工程学院
20160411033	王雪瑞	女	1997-05-17	外国语学院
20160511011	何家驹	男	1997-09-14	计算机学院
20160611023	张股梅	女	1998-03-14	运输管理学院
20160722018	朱宏志	男	1998-06-13	安全工程学院
20160711027	唐影	女	1997-10-05	空中乘务学院
20160111002	何金品	男	1998-06-12	飞行技术学院
20160411002	张雪	女	1998-04-12	外国语学院
20160511002	朱严方	男	1997-04-24	计算机学院
20160511017	张毅	男	1998-02-12	计算机学院
20160111007	张皇	男	1998-07-09	飞行技术学院
20160211007	王金	男	1998-06-25	交通运输学院
20160310017	程云汉	男	1997-04-23	航空工程学院
20160111009	张星	女	1998-07-09	飞行技术学院
20160311024	何科威	男	1997-04-24	航空工程学院
20160511020	方琼	女	1998-02-20	NULL

```
18 rows in set (0.00 sec)
```

② 第二条插入语句不能被成功执行，弹出错误提示 "ERROR 1369 (HY000): CHECK OPTION failed 'student.stu_view'"，这是因为视图在定义时使用了 WITH CHECK OPTION 子句，故在插入数

据时会检查其 WHERE 子句的条件即 "WHERE stuBirth>='1997-03-23'"，显然本数据并不满足，故插入失败。

③ 利用视图插入数据时，若视图列少于基表列，则基表中多余的列应有默认值设置，否则容易出错。

④ 若一个视图依赖于多张基表，则不能进行数据插入。

【例 8-13】若在数据表 stu 中插入新数据，则重新查询视图 stud，观察其中的数据是否也会跟着改变。

```
mysql> INSERT INTO stu VALUES('20160211070','李明','男','1998-01-01','计算机
学院');
Query OK, 1 row affected (0.02 sec)
mysql> SELECT * FROM stud;
```

stuid	stuname	性别	stuschool
20160111001	王小强	男	飞行技术学院
20160211011	李红梅	女	交通运输学院
20160310022	张志斌	男	航空工程学院
20160411033	王雪瑞	女	外国语学院
20160511011	何家驹	男	计算机学院
20160611023	张殷宏	女	运输管理学院
20160722018	朱影志	男	安全中乘务学院
20160711027	唐品	女	飞行技术学院
20160111002	何金	男	外国语学院
20160411002	张雪方	女	计算机学院
20160511002	朱毅严	男	计算机学院
20160511017	张皇星	男	飞行技术学院
20160111007	张金汉	男	交通运输学院
20160211007	王云	男	航空工程学院
20160310017	程星	男	飞行技术学院
20160111009	张科威	女	航空工程学院
20160311024	何李明	男	计算机学院
20160211070	李明	男	计算机学院

```
18 rows in set (0.00 sec)
```

【说明】因为数据库中只存储了视图的定义而非具体的数据，视图数据是在视图被使用时才由基表生成的，故当基表数据被增加后，视图中的数据也增加。

2. 数据的修改

若需要通过视图修改其引用的基表的数据则可以使用 UPDATE 语句来完成，其语法格式与在数据表中修改数据一样。

【例 8-14】利用视图 stu_view，将 "方琼" 同学的学号改为"20160511022"。

```
mysql> UPDATE stu_view
    -> SET stuid='20160511022'
    -> WHERE stuname='方琼';
Query OK, 1 row affected (0.05 sec)
Rows matched: 1  Changed: 1  Warnings: 0
```

【说明】

① 若一个视图依赖于多张基表，则一次数据修改操作只能改变一个基表中的数据。

② 本例中，通过对视图 stu_view 中数据的修改，基表 stu 中的数据也被修改，可以通过 SELECT * FROM stu;语句查看，结果如下：

```
+------------+----------+--------+------------+--------------+
| stuID      | stuName  | stuSex | stuBirth   | stuSchool    |
+------------+----------+--------+------------+--------------+
| 20160111001| 王小强   | 男     | 1997-08-17 | 飞行技术学院 |
| 20160211011| 李红梅   | 女     | 1997-07-19 | 交通运输学院 |
| 20160310022| 张志斌   | 男     | 1998-07-10 | 航空工程学院 |
| 20160411033| 王雪瑞   | 女     | 1997-05-17 | 外国语学院   |
| 20160511011| 何家驹   | 男     | 1997-09-14 | 计算机学院   |
| 20160611023| 张股梅   | 女     | 1998-03-14 | 运输管理学院 |
| 20160722018| 朱宏志   | 男     | 1998-06-13 | 安全工程学院 |
| 20160711027| 唐影     | 女     | 1997-10-05 | 空中乘务学院 |
| 20160111002| 何金品   | 男     | 1998-06-12 | 飞行技术学院 |
| 20160411002| 张雪     | 女     | 1998-04-12 | 外国语学院   |
| 20160511002| 朱严方   | 男     | 1997-04-24 | 计算机学院   |
| 20160511017| 张毅     | 男     | 1998-02-12 | 计算机学院   |
| 20160111007| 张皇     | 男     | 1998-07-09 | 飞行技术学院 |
| 20160211007| 王金     | 男     | 1998-06-25 | 交通运输学院 |
| 20160310017| 程云汉   | 男     | 1997-04-23 | 航空工程学院 |
| 20160111009| 张星     | 女     | 1998-07-09 | 飞行技术学院 |
| 20160311024| 何科威   | 男     | 1997-04-24 | 航空工程学院 |
| 20160511022| 方琼     | 女     | 1998-02-20 | NULL         |
+------------+----------+--------+------------+--------------+
18 rows in set (0.00 sec)
```

【例 8-15】是否能利用视图 course_sc 将课程号 E2201240 更改为 E2201290？

```
mysql> UPDATE course_sc SET courseid='E2201290' WHERE  courseid='E2201240';
ERROR 1288 (HY000): The target table course_sc of the UPDATE is not updatable
```

【说明】因为创建视图 course_sc 时其查询含有 GROUP BY 子句，故该视图不能进行数据更新。

3. 数据的删除

若需要通过视图删除其引用的基表的数据，可以使用 DELETE 语句来完成，其语法格式与在数据表中删除数据一样。

【例 8-16】利用视图 stu_sc 删除"王小强"同学的数据。

```
mysql> DELETE FROM stu_sc WHERE stuname='王小强';
ERROR 1288 (HY000): The target table stu_sc of the DELETE is not updatable
```

【说明】若一个视图依赖于多张基表，则不能进行数据删除。

【例 8-17】利用视图 stu_view，删除"方琼"同学的数据。

```
mysql> DELETE FROM stu_view WHERE stuname='方琼';
Query OK, 1 row affected (0.06 sec)
```

【说明】通过删除视图 stu_view 中"方琼"的数据，基表 stu 中"方琼"对应的数据也被删除，用户可以通过 SELECT * FROM stu;进行查看，结果如下：

```
+------------+----------+--------+------------+--------------+
| stuID      | stuName  | stuSex | stuBirth   | stuSchool    |
+------------+----------+--------+------------+--------------+
| 20160111001| 王小强   | 男     | 1997-08-17 | 飞行技术学院 |
| 20160211011| 李红梅   | 女     | 1997-07-19 | 交通运输学院 |
| 20160310022| 张志斌   | 男     | 1998-07-10 | 航空工程学院 |
| 20160411033| 王雪瑞   | 女     | 1997-05-17 | 外国语学院   |
| 20160511011| 何家驹   | 男     | 1997-09-14 | 计算机学院   |
| 20160611023| 张股梅   | 女     | 1998-03-14 | 运输管理学院 |
| 20160722018| 朱宏志   | 男     | 1998-06-13 | 安全工程学院 |
| 20160711027| 唐影     | 女     | 1997-10-05 | 空中乘务学院 |
| 20160111002| 何金品   | 男     | 1998-06-12 | 飞行技术学院 |
| 20160411002| 张雪     | 女     | 1998-04-12 | 外国语学院   |
| 20160511002| 朱严方   | 男     | 1997-04-24 | 计算机学院   |
| 20160511017| 张毅     | 男     | 1998-02-12 | 计算机学院   |
| 20160111007| 张皇     | 男     | 1998-07-09 | 飞行技术学院 |
| 20160211007| 王金     | 男     | 1998-06-25 | 交通运输学院 |
| 20160310017| 程云汉   | 男     | 1997-04-23 | 航空工程学院 |
| 20160111009| 张星     | 女     | 1998-07-09 | 飞行技术学院 |
| 20160311024| 何科威   | 男     | 1997-04-24 | 航空工程学院 |
+------------+----------+--------+------------+--------------+
17 rows in set (0.00 sec)
```

8.5 视图的删除

视图的删除可以用 DROP VIEW 语句来实现，且该语句一次可以删除一个或多个视图。

【格式】DROP VIEW [IF EXISTS] <视图名 1> [,视图名 2]...

【说明】

① <视图名>：指明需要删除的视图，删除前需保证对该视图拥有删除权限。

② [IF EXISTS]：若使用该关键字则即使该视图不存也不会报错。

【例 8-18】试比较以下两条视图删除语句。

① mysql> DROP VIEW abc;
   ERROR 1051 (42S02): Unknown table 'student.abc'

② mysql> DROP VIEW IF EXISTS abc;
   Query OK, 0 rows affected, 1 warning (0.00 sec)

【说明】因为视图 abc 不存在，所以在未声明 IF EXISTS 关键字时报错，但在声明该关键字后没有报错，只有一个警告。

【例 8-19】删除视图 stu_sc 和 stu_view。

```
mysql> DROP VIEW stu_sc,stu_view;
Query OK, 0 rows affected (0.01 sec)
```

习　　题

一、选择题

1. 下列关于视图的描述正确的是（　　）。
   A. 视图是虚拟表
   B. 视图数据独立存储于数据库
   C. 视图的数据不能来自其他视图
   D. 视图数据可以用 DROP 语句删除

2. 以下选项中，不可能完成的视图操作是（　　）。
   A. 删除视图
   B. 查询视图数据
   C. 在视图上定义新的基表
   D. 在视图上定义新的视图

3. 语句 SHOW CREATE VIEW xy 的作用是（　　）。
   A. 创建视图 xy
   B. 查看视图 xy 的数据
   C. 查看视图 xy 的结构
   D. 检验视图 xy 是否存在

4. 为了能简化用户的查询操作，而又不会增加数据的存储量，应该创建（　　）。
   A. 数据表　　　　B. 索引　　　　C. 查询　　　　D. 视图

5. 下列关于视图的描述不正确的是（　　）。
   A. 视图能提高数据的安全性
   B. 视图对应三级模式中的内模式
   C. 视图可以为用户简化数据查询和处理操作
   D. 对视图数据的操作就是对其引用基表数据的操作

6. 在创建视图时，若使用了 WITH CHECK OPTION 子句，其作用是（　　）。
   A. 创建视图时检查是否满足条件
   B. 更新数据时检查是否符合条件

  C. 删除视图时检查是否满足条件   D. 检查被创建视图是否已存在

7. 若在视图中修改一条记录数据，则对应的基表（   ）。

  A. 也随着视图更新数据   B. 保持数据不变

  C. 不允许视图数据修改   D. 以上均不正确

8. 以下操作中，不能利用视图完成的是（   ）。

  A. CREATE INDEX B. SELECT   C. INSERT   D. DELETE

9. 利用视图 stu，查询各学院 stuschool 人数应使用语句（   ）。

  A. SELECT stuschool,count(*) FROM stu

  B. SELECT stuschool,count(*) FROM stu WHERE stuschool

  C. SELECT stuschool,count(*) FROM stu HAVING stuschool

  D. SELECT stuschool,count(*) FROM stu GROUP BY stuschool

10. 修改视图数据可以使用（   ）语句。

  A. ALTER   B. CHECK   C. UPDATE   D. UPDATA

11. 以下视图描述中，可以进行数据插入、删除的是（   ）。

  A. 视图依赖于多张基表

  B. 视图定义包含 UNION 运算符

  C. 视图定义包含 AVG( )函数

  D. 视图中的行与基表中的行具有一对一的关系

12. 若需要修改视图结构，则用户需要具有的权限可以不包括（   ）。

  A. CREATE VIEW   B. DROP VIEW

  C. SELECT 语句相关权限   D. INSERT

13. 与表操作类似，查询视图数据应使用（   ）语句。

  A. WHERE   B. FROM   C. SELECT   D. QUERY

14. 下列关于语句 DELETE FROM stu.s_view WHERE sid='201601'的描述中错误的是（   ）。

  A. 该语句用于删除视图数据   B. 视图 s_view 属于数据库 stu

  C. 视图 s_view 被删除了一列   D. 视图 s_view 被删除了某些行

15. 以下创建视图的语句中，正确的是（   ）。

  A. CREATE st_view AS SELECT sid,sname,ssex FROM stu

  B. CREATE VIEW st_view SELECT sid,sname,ssex FROM stu

  C. CREATE VIEW st_view AS sid,sname,ssex FROM stu

  D. CREATE VIEW st_view AS SELECT sid,sname,ssex FROM stu

16. 若需要为视图增加一个列，应使用（   ）语句。

  A. UPDATE VIEW   B. ALTER VIEW

  C. ADD VIEW   D. DROP VIEW

17. 语句 DROP VIEW st_view 的作用是（   ）。

  A. 删除视图 st_view   B. 删除视图 st_view 中的行

  C. 删除视图 st_view 中的数据   D. 删除视图 st_view 中的列

18. 利用视图进行查询的主要应用不包括（   ）。

  A. 使用视图重新格式化查询出的数据   B. 使用视图插入数据

C. 使用视图简化复杂的表连接　　　　D. 使用视图过滤数据

19. 以下选项中，（　　　）不是创建视图时的限制。

A. 不能使用 ORDER BY 子句　　　　B. FROM 子句中不能包含子查询

C. 用户拥有 CREATE VIEW 权限　　　D. 引用的表或视图必须存在

20. 向视图 st_view 插入数据 "201" "王玉" "女" 的语句是（　　　）。

A. INSERT TO st_view VALUES("201","王玉","女")

B. INSERT INTO st_view VALUES("201","王玉","女")

C. CREATE TO st_view VALUES("201","王玉","女")

D. CREATE INTO st_view VALUES("201","王玉","女")

二、填空题

1. 创建视图可以使用_____语句。

2. 创建视图时若使用了_____子句，则可以替换已有视图。

3. 向视图插入数据应使用_____语句。

4. 查看视图 STU 的结构应使用语句_____。

5. 删除视图时，若要求即使该视图不存在也不会报错，应在删除语句中使用关键字_____。

6. 创建视图 stu 的语句为：CREATE VIEW ss AS_____* FROM s_view WHERE score>=60。

7. 修改视图 stu 的结构应使用语句 ALTER VIEW ss_____SELECT * FROM s_view WHERE score>=60。

8. 修改视图时，检查插入的数据是否符合视图定义时的条件，应使用_____子句。

9. 修改 c01 课程的学时应使用语句 UPDATE s_view_____coursetime=64 WHERE courseid='c01'.

10. 若需要为视图增加一个新列，应使用_____语句。

三、判断题

1. 每张视图都有视图名，因此视图是一个独立的数据文件。　　　　　　（　　　）

2. 视图是由行与列构成的，其数据单独存储在数据库中。　　　　　　（　　　）

3. 视图是从一个或多个表导出的虚拟表。　　　　　　　　　　　　　（　　　）

4. 使用 DROP 语句可以删除视图。　　　　　　　　　　　　　　　　（　　　）

5. 使用 DELETE 语句可以删除视图数据，但不影响创建视图时引用的数据表中的数据。　　　　　　　　　　　　　　　　　　　　　　　　　　（　　　）

6. 视图是从一个或几个表或视图中导出的表，数据库中实际存储的是视图的定义。　　　　　　　　　　　　　　　　　　　　　　　　　　　　（　　　）

7. 视图定义中包含 GROUP BY 子句时，也能更新视图数据。　　　　　（　　　）

8. 一条删除语句，一次只能删除一个视图。　　　　　　　　　　　　（　　　）

9. 视图一经创建，其结构就不能再被修改。　　　　　　　　　　　　（　　　）

10. 视图可以嵌套。　　　　　　　　　　　　　　　　　　　　　　　（　　　）

第9章 \ 数 据 管 理

本章导读

有了数据库表操作的基础后，就可以灵活地使用 SQL 语句来更好地使用和管理数据库。本章中主要介绍触发器、事件、存储过程和存储函数，以及对数据库权限的管理、备份和恢复。

学习目标

- 了解触发器，掌握如何创建触发器，掌握如何管理触发器。
- 了解事件，掌握如何创建事件，掌握如何管理事件。
- 理解存储过程和存储函数，掌握如何创建存储过程和存储函数，掌握如何管理存储过程和函数。
- 掌握 MySQL 中的访问控制以及数据库的备份与恢复。

9.1 触 发 器

9.1.1 触发器介绍

触发器是 MySQL 5.0 及以后版本新增的功能，是一个被指定关联到一个表的数据库对象。触发器是不需要调用的，当一个预定义的事件发生时，就会被 MySQL 自动调用。

触发器中定义了一系列操作，这一系列操作称为触发程序。当触发事件发生时，即数据表有插入（Insert）、更改（Update）或删除（Delete）等事件发生时，所创建的触发器就会被激活，相应的触发程序便会自动运行，从而实现数据的自动维护。

9.1.2 创建触发器

创建触发器时可以使用 CREATE TRIGGER 语句创建。定义触发器时需要指明触发器的名称、相应的触发事件、触发时间以及建立在哪个表上。具体语法格式如下：

【格式】CREATE TRIGGER trigger_name 触发时间 触发事件 ON 表名
　　　　FOR EACH ROW
　　　　触发程序
【功能】创建触发器。
【说明】
① trigger_name：触发器的名称，触发器在当前数据库中必须具有唯一的名称。如果要在某个特定数据库中创建，名称前面应加上数据库的名称。
② 触发时间：触发程序的动作时间为 before 或者 after，取值为 before 表示触发事件之前执行

触发语句，取值为 after 表示触发事件之后执行触发语句。

③ 触发事件：MySQL 的触发事件有 3 种：INSERT、UPDATE 及 DELETE。

- INSERT：将新记录插入表时激活触发程序，例如，通过 INSERT、LOAD DATA 和 REPLACE 语句可以激活触发程序运行。

- UPDATE：更改某一行记录时激活触发程序，例如，通过 UPDATE 语句可以激活触发程序运行。

- DELETE：从表中删除某一行记录时激活触发程序，例如，通过 DELETE 和 REPLACE 语句可以激活触发程序运行。

④ 表名：与触发器相关的表名，该表必须是永久表，不是临时表，也不是视图。同一个表不能有两个相同触发时间和事件的触发器。例如，对于某一表，不能有两个 before update 触发器，但可以有 1 个 before update 触发器和 1 个 before insert 触发器，或 1 个 before update 触发器和 1 个 after update 触发器。

⑤ FOR EACH ROW：表示更新（INSETT、UPDATE 或者 DELETE）操作影响的每一条记录都会执行一次触发程序。目前，MySQL 仅支持行级触发器，不支持语句级别的触发器（例如，CREATE TABLE 等语句）。

⑥ 触发程序：触发器激活时将要执行的语句。如果要执行多条语句，可使用 BEGIN...END 复合语句结构。

【例 9-1】创建一个 INSERT 触发器。表 table1 只有一列数据，在 table1 表上创建一个触发器，每次插入操作时，将用户变量 str 的值设为 trigger is working。实现步骤如下：

第一步：创建表 table1。

```
mysql> CREATE TABLE table1(a int);
Query OK, 0 rows affected (0.03 sec)
```

第二步：创建触发器 trig_after_insert。

```
mysql> CREATE TRIGGER trig_after_insert AFTER insert
    -> ON table1
    -> FOR EACH ROW
    -> SET @str='trigger is working';
Query OK, 0 rows affected (0.09 sec)
```

第三步：测试向 table1 插入一行数据，然后查看 str 的值。

```
mysql> INSERT INTO table1 VALUES(10);
Query OK, 1 row affected (0.00 sec)
mysql> SELECT @str;
```

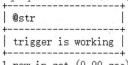

```
1 row in set (0.00 sec)
```

【例 9-2】 创建一个 DELETE 触发器。当删除 stu 表中一个学生的数据时，该学生在 score 表中对应的记录也相应地被删除，这样就不会出现不一致的冗余数据。实现步骤如下：

第一步：创建触发器 trip_after_delete：

```
mysql> DELIMITER //
mysql> CREATE TRIGGER trig_after_delete
    -> AFTER delete ON stu
```

```
    -> FOR EACH ROW
    -> BEGIN
    ->   DELETE FROM SCORE WHERE stuID=OLD.stuID;
    -> END
    -> //
Query OK, 0 rows affected (0.11 sec)
```

第二步：测试触发器。

● 查看 score 表中 stuID 为 20160111001 的学生：

```
mysql> DELIMITER ;
mysql> SELECT * FROM score
    -> WHERE stuID=20160111001;
+-------------+----------+-------+
| stuID       | courseID | score |
+-------------+----------+-------+
| 20160111001 | D1000160 | 86.4  |
| 20160111001 | D0400340 | 83.4  |
| 20160111001 | E2201040 | 87.5  |
| 20160111001 | G2225420 | 93.5  |
+-------------+----------+-------+
4 rows in set (0.00 sec)
```

● 删除 stu 表中 stuID 为 20160111001 的学生。

```
mysql> DELETE FROM stu WHERE stuID=20160111001;
Query OK, 1 row affected (0.00 sec)
```

● 检查触发器 trip_after_delete 是否启动，查看 score 表中是否还有 stuID 为 20160111001 的学生。

```
mysql> SELECT * FROM score
    -> WHERE stuID=20160111001;
Empty set (0.00 sec)
```

从以上结果可以看出，score 表中学号为 20160111001 的记录已经被删除，说明 stu 表上的触发器 trip_after_delete 生效。

注意：一般情况下，MySQL 默认是以分号 ";" 作为结束执行语句，这与触发器中需要的分号冲突。为解决这个问题，可以使用 DELIMITER 更改结束符号，如例 9-2 中语句 DELIMITER // 将结束符号改为//。当触发器完成后，可以用 DELIMITER ; 来将结束符号重新变回分号。

在 MySQL 触发器中的 SQL 语句可以关联表中的任意列，但不能直接使用列的名称去标志，那会使系统混淆，因为激活触发器的语句可能已经修改、删除或添加了新的列名，而列的旧名同时存在。因此，触发器中使用 OLD 与 NEW 关键字。

当向表插入新记录时，在程序中可使用 NEW 关键字表示新记录。当需要访问新记录的某个字段值时，可以使用 "NEW.字段名" 的方式访问。

当从表中删除某条旧记录时，在触发程序中可以使用 OLD 关键字表示修改前的旧记录。当需要访问旧记录的某个字段值时，可以使用 "OLD.字段名" 的方式访问。

当修改表的某条记录时，在触发程序中可以使用 OLD 关键字表示修改前的旧记录，使用 NEW 关键字表示修改后的新记录。当需要访问旧记录的某个字段值时，可以使用 "OLD.字段名" 的方式访问。当需要访问修改后的新记录的某个字段值时，可以使用 "NEW.字段名" 的方式访问。

OLD 记录是只读的，可以引用它，但不能更改它。在 BEFORE 触发程序中，可使用 "SET NEW.字段名=value" 更改 NEW 记录的值。但是，在 AFTER 触发程序中，不能使用 "SET NEW.字段名=value" 更改 NEW 记录的值。

【例 9-3】创建一个 UPDATE 触发器。当修改 stu 表中一个学生的姓名时，在日志文件中记录下修改后的值及修改时间。实现步骤如下：

第一步：创建一个日志文件 logtab。

```
mysql> CREATE TABLE logtab(
    ->   id INT NOT NULL AUTO_INCREMENT,
    ->   xh VARCHAR(11),
    ->   xm VARCHAR (30),
    ->   time VARCHAR (30),
    ->   PRIMARY KEY (id)
    ->   );
Query OK, 0 rows affected (0.05 sec)
```

第二步：创建触发器 trig_before_update。

```
mysql> DELIMITER //
mysql> CREATE TRIGGER trig_before_update
    -> BEFORE update ON stu
    -> FOR EACH ROW
    -> BEGIN
    ->   DECLARE xh VARCHAR(11);
    ->   DECLARE xm VARCHAR(30);
    ->   SET xh = NEW.stuID;
    ->   SET xm= NEW.stuName;
    ->   INSERT INTO logtab(xh,xm,time) VALUES(xh,xm,sysdate());
    -> End
-> //
mysql> DELIMITER;
Query OK, 0 rows affected (0.07 sec)
```

第三步：测试触发器。

● 向 stu 表插入一条记录：

```
mysql> INSERT INTO 'stu' ('stuID', 'stuName', 'stuSex', 'stuBirth', 'stuSchool')
VALUES ('20160211013', '李明', '男', '1998-11-25', '空中乘务学院');
Query OK, 1 row affected (0.00 sec)
```

● 修改 stu 表中 stuName 列的值由李明改为李蓝：

```
mysql> UPDATE stu SET stuName='李蓝' WHERE stuName='李明';
Query OK, 1 row affected (0.00 sec)
```

● 查看日志文件是否写入相应的内容：

```
mysql> SELECT * FROM logtab;
+----+-------------+------+---------------------+
| id | xh          | xm   | time                |
+----+-------------+------+---------------------+
|  1 | 20160211013 | 李蓝 | 2017-09-05 00:31:21 |
+----+-------------+------+---------------------+
1 row in set (0.00 sec)
```

从以上查询结果可以看出，logtab 表中写入了修改后的新值并记录下修改时间。触发器 trig_before_update 中通过 NEW.stuID 和 NEW.stuName 获取新记录的两个字段值。

9.1.3 查看触发器

查看触发器是指查看数据库中已存在的触发器的定义、状态和语法等信息。在 MySQL 5.7.14 中可以通过多种方法查看触发器的信息，下面介绍最常用的几种。

1. 用 SHOW TRIGGERS 语句查看触发器信息

MySQL 控制台直接执行 SHOW TRIGGERS 语句可以查看当前数据库中定义的触发器的详细信息。其格式如下：

【格式】`SHOW TRIGGERS;`

【功能】查看触发器。

【说明】在 SHOW TRIGGERS 语句的后面添加 "\G"，显示的信息会比较有条理。

【例 9-4】显示当前数据库中创建的所有触发器，

```
mysql> SHOW TRIGGERS \G;
```

执行情况如下：

```
*************************** 1. row ***************************
            Trigger: trig_before_update
              Event: UPDATE
              Table: stu
          Statement: Begin
Declare xh varchar(11);
Declare xm varchar(30);
set xh = new.stuID;
 set xm= new.stuName;
Insert into logtab(xh, xm, time) values(xh, xm, sysdate());
 End
             Timing: BEFORE
            Created: 2017-09-05 00:30:34.75
           sql_mode: ONLY_FULL_GROUP_BY, STRICT_TRANS_TABLES, NO
NO_AUTO_CREATE_USER, NO_ENGINE_SUBSTITUTION
            Definer: root@localhost
character_set_client: gbk
collation_connection: gbk_chinese_ci
  Database Collation: utf8_general_ci
```

2. 在 TRIGGERS 表中查看触发器信息

MySQL 自带的 INFORMATION_SCHEMA 数据库提供了访问数据库元数据的方式。INFORMATION _SCHEMA 信息数据库中保存着关于 MySQL 服务器所维护的所有其他数据库的信息，如数据库名、数据库的表、表栏的数据类型与访问权限等。在 INFORMATION_SCHEMA 中，有数个只读表（它们实际上是视图，而不是基本表），所有触发程序的信息都存在于 INFORMATION_SCHEMA 数据库的 TRIGGERS 表中，通过 DESCRIBE 命令或者 SHOW CREATE TABLE 都可以查看 TRIGGERS 的结构。

【格式】`DESCRIBE INFORMATION_SCHEMA.TRIGGERS;`

【功能】查看触发器表的结构。

【例 9-5】通过 DESCRIBE 命令查看 INFORMATION_SCHEMA.TRIGGERS 表的结构。

```
mysql> DESCRIBE INFORMATION_SCHEMA.TRIGGERS;
```

Field	Type	Null	Key	Default	Extra
TRIGGER_CATALOG	varchar(512)	NO			
TRIGGER_SCHEMA	varchar(64)	NO			
TRIGGER_NAME	varchar(64)	NO			
EVENT_MANIPULATION	varchar(6)	NO			
EVENT_OBJECT_CATALOG	varchar(512)	NO			
EVENT_OBJECT_SCHEMA	varchar(64)	NO			
EVENT_OBJECT_TABLE	varchar(64)	NO			
ACTION_ORDER	bigint(4)	NO		0	
ACTION_CONDITION	longtext	YES		NULL	
ACTION_STATEMENT	longtext	NO		NULL	
ACTION_ORIENTATION	varchar(9)	NO			
ACTION_TIMING	varchar(6)	NO			
ACTION_REFERENCE_OLD_TABLE	varchar(64)	YES		NULL	

```
ACTION_REFERENCE_NEW_TABLE | varchar(64)   | YES |   | NULL |
ACTION_REFERENCE_OLD_ROW   | varchar(3)    | NO  |   |      |
ACTION_REFERENCE_NEW_ROW   | varchar(3)    | NO  |   |      |
CREATED                    | datetime(2)   | YES |   | NULL |
SQL_MODE                   | varchar(8192) | NO  |   |      |
DEFINER                    | varchar(93)   | NO  |   |      |
CHARACTER_SET_CLIENT       | varchar(32)   | NO  |   |      |
COLLATION_CONNECTION       | varchar(32)   | NO  |   |      |
DATABASE_COLLATION         | varchar(32)   | NO  |   |      |
+---------------------------+---------------+-----+---+--------+-------+
22 rows in set (0.00 sec)
```

如果数据库中存在数量较多的触发器，而用户只想要查看某个指定触发器的具体内容时，可通过查询命令 SELECT 来查看 TRIGGERS 表中定义的触发器的信息。语法格式如下：

【格式】SELECT * FROM INFORMATION_SCHEMA.TRIGGERS WHERE condition;

【功能】查看触发器信息。

【说明】condition：通过 WHERE 子句应用 INFORMATION_SCHEMA.TRIGGER 表的 Field 字段值作为查询条件。

【例 9-6】通过 SELECT 命令查看名为 trig_before_update 的触发器。

```
mysql> SELECT * FROM INFORMATION_SCHEMA.TRIGGERS
    > WHERE TRIGGER_NAME='trig_before_update'\G;
```

执行情况如下：

```
*************************** 1. row ***************************
           TRIGGER_CATALOG: def
            TRIGGER_SCHEMA: student
              TRIGGER_NAME: trig_before_update
        EVENT_MANIPULATION: UPDATE
      EVENT_OBJECT_CATALOG: def
       EVENT_OBJECT_SCHEMA: student
        EVENT_OBJECT_TABLE: stu
              ACTION_ORDER: 1
          ACTION_CONDITION: NULL
          ACTION_STATEMENT: BEGIN
    DECLARE xh VARCHAR(11);
    DECLARE xm VARCHAR(30);
  SET xh = NEW.stuID;
  SET xm= NEW.stuName;
    INSERT INTO logtab(xh,xm,time) VALUES(xh,xm,sysdate());
  End
        ACTION_ORIENTATION: ROW
            ACTION_TIMING: BEFORE
ACTION_REFERENCE_OLD_TABLE: NULL
ACTION_REFERENCE_NEW_TABLE: NULL
  ACTION_REFERENCE_OLD_ROW: OLD
  ACTION_REFERENCE_NEW_ROW: NEW
```

【例 9-7】通过 SELECT 命令查看 table1 表上创建的触发器。

```
mysql> SELECT * FROM INFORMATION_SCHEMA.TRIGGERS
    >WHERE EVENT_OBJECT_TABLE ='table1'\G;
```

【例 9-8】通过 SELECT 命令查看所有触发时间为 after 的触发器。

```
mysql> SELECT * FROM INFORMATION_SCHEMA.TRIGGERS
    > WHERE ACTION_TIMING ='after'\G;
```

3. 用 SHOW CREATE TRIGGER 命令查看某一个触发器的信息

命令 SHOW CREATE TRIGGER 后面加上触发器名可以查看该触发器定义信息，包括触发器定义的触发语句。

【格式】SHOW CREATE TRIGGER trigger_name;

【功能】查看触发器信息。

【说明】trigger_name 触发器的名称。

【例 9-9】查看触发器 trig_after_insert 的创建信息。

```
mysql> SHOW CREATE TRIGGER trig_after_insert\G;
```

执行情况如下：

```
*************************** 1. row ***************************
    Trigger: trig_after_insert
    sql_mode:ONLY_FULL_GROUP_BY,STRICT_TRANS_TABLES,NO_ZERO_IN_DATE,N
O_ZERO_DATE,ERROR_FOR_DIVISION_BY_ZERO,NO_AUTO_CREATE_USER,NO_ENG
INE_SUBSTITUTION
    SQL    Original    Statement:    CREATE    DEFINER=`root`@`localhost`    TRIGGER
trig_after_insert after insert
    ON table1
    FOR EACH ROW
    SET @str='trigger is working'
    character_set_client: gbk
    collation_connection: gbk_chinese_ci
    Database Collation: utf8_general_ci
    Created: 2017-09-05 23:20:53.12
1 row in set (0.00 sec)
```

9.1.4　删除触发器

当不再需要某个触发器时，一定要将该触发器删除。如果没有将这个触发器删除，那么每次执行触发事件时，都会执行触发器中的执行语句。执行语句会对数据库中的数据进行操作，这样会造成数据的变化。因此，一定要删除不需要的触发器。

MySQL 中，删除触发器时需要执行 DROP TRIGGER 语句。基本语法如下：

【格式】DROP TRIGGER [schema_name.]trigger_name;

【功能】删除触发器。

【说明】

① schema_name 是数据库的名称。如果省略了 schema_name，将从当前数据库中删除触发程序。

② trigger_name 是要删除的触发器的名称。

【例 9-10】删除 trig_before_update 触发器。

```
mysql> DROP TRIGGER trig_before_update;
Query OK, 0 rows affected (0.05 sec)
```

9.1.5　使用触发器的注意事项

MySQL 中使用触发器时有些事项需要注意：

① 触发器程序不能调用将数据返回客户端的存储程序，为了阻止从触发器返回结果，不要在触发器定义中包含 SELECT 语句，也不能调用将数据直接返回客户端的存储过程。

② 同一个表不能创建两个相同触发时间、触发事件的触发程序。

③ 不能在触发器中使用以显式或隐式方式开始或结束事务的语句，如 START TRANSANTION、COMMIT 或 ROOLBACK。

④ MySQL 触发器针对记录进行操作，当批量更新数据时，引入触发器会导致批量更新操作

的性能降低。

⑤ MySQL 的触发器是按照 BEFORE 触发器、AFTER 触发器的顺序执行的，其中任何一步操作发生错误都不会继续执行剩下的操作。如果是对事务表进行的操作，会整个作为一个事务被回滚（ROLLBACK）；但是，如果是对非事务表进行的操作，那么已经更新的记录将无法回滚，这也是设计触发器时需要注意的问题。

9.2 事 件

9.2.1 事件介绍

数据库管理中，经常要周期性地执行某一个命令或者 SQL 语句。MySQL 在 5.1 版本以后推出了事件调度器（Event Scheduler），能方便地实现 MySQL 数据库的计划任务，而且能精确到秒，使用起来非常简单和方便。

事件是 MySQL 非常有特色的一个功能，是指在特定的时刻或特定的周期才被调用的过程式数据库对象。MySQL 服务器中的事件调度器负责监视并判断是否需要调用事件，当事件指定的时刻到来时事件被调用，MySQL 将处理事件动作。

事件和触发器相似，都是在某些事情发生时启动，所以事件也称为临时触发器或者时间触发器。但是两者也是有区别的：事件是基于特定时间点或周期来执行某些任务；触发器是基于表所产生的事件所触发。

9.2.2 如何开启事件调度器

MySQL 事件调度器负责调用事件，在使用事件调度器之前，必须开启这个功能。首先查看 MySQL 服务器上的事件调度器是否开启。

1. 查看事件调度器是否开启

（1）命令一

【格式】SHOW VARIABLES LIKE 'event_scheduler';

【功能】查看事件调度器状态。

【说明】变量 event_scheduler 的值为 ON 时事件调度器已经开启，为 OFF 时事件调度器是关闭的。

【例 9-11】查看事件调度器是否开启。

```
mysql> SHOW VARIABLES LIKE 'event_scheduler';
+-----------------+-------+
| Variable_name   | Value |
+-----------------+-------+
| event_scheduler | OFF   |
+-----------------+-------+
1 row in set, 1 warning (0.00 sec)
```

（2）命令二

【格式】SELECT @@event_scheduler;

【功能】查看事件调度器状态。

【说明】变量 event_scheduler 的值为 ON 时事件调度器已经开启，为 OFF 时事件调度器是关闭的。

【例 9-12】查看事件调度器是否开启。

```
mysql> SELECT @@event_scheduler;
+-------------------+
| @@event_scheduler |
+-------------------+
| OFF               |
+-------------------+
1 row in set (0.00 sec)
```

（3）命令三

【格式】SHOW PROCESSLIST;

【功能】查看进程表。

【说明】PROCESSLIST 进程表中查看不到 event_scheduler 的信息，说明事件调度器没有开启。

【例 9-13】查看事件调度器是否开启。

```
mysql> SHOW PROCESSLIST;
+----+------+----------------+------+---------+------+----------+-----------------+
| Id | User | Host           | db   | Command | Time | State    | Info            |
+----+------+----------------+------+---------+------+----------+-----------------+
| 2  | root | localhost:57172| NULL | Query   | 0    | starting | SHOW PROCESSLIST|
+----+------+----------------+------+---------+------+----------+-----------------+
1 row in set (0.00 sec)
```

例 9-11 和例 9-12 中变量 event_scheduler 的值为 OFF，例 9-13 中 PROCESSLIST 中无事件调度器的相关信息，说明 3 个命令都查看到当前事件调度器没有开启，需要开启它。

2．开启和关闭 MySQL 的事件调度器

① 事件调度器默认是关闭的，需要手动开启。

方法一：通过修改参数 event_scheduler 为 ON 或者为 1 或者为 TRUE，下面格式中的任何一种命令行均可以开启事件调度器。

【格式】SET GLOBAL event_scheduler = ON;
　　　　SET @@global.event_scheduler = ON;
　　　　SET GLOBAL event_scheduler = 1;
　　　　SET @@global.event_scheduler = 1
　　　　SET GLOBAL event_scheduler=TRUE;
　　　　SET @@global.event_sceduler=TRUE;

【功能】开启事件调度器。

【说明】控制台下修改完 event_scheduler 参数的值为 1 或 ON，事件调度器就立刻生效，但是当 MySQL 重启后又会回到原来的状态。

方法二：更改配置文件然后重启。

通过在 MySQL 的配置文件 my.ini 中的[mysqld]部分添加 event_scheduler 为 ON 或者 1 或者为 TRUE，然后重启 MySQL，永久开启事件调度器。

② 关闭 MySQL 的事件调度器，可通过下面任何一种命令行完成。

【格式】SET GLOBAL event_scheduler = OFF;
　　　　SET @@global.event_scheduler = OFF;
　　　　SET GLOBAL event_scheduler = 0;
　　　　SET @@global.event_scheduler = 0;
　　　　SET GLOBAL event_scheduler=FALSE;
　　　　SET @@global.event_sceduler=FALSE;

【功能】关闭事件调度器。

【说明】关闭事件调度器时，不会有新的事件执行，但现有的正在运行的事件会执行完毕。同样，可以通过更改 MySQL 的配置文件 my.ini 中的[mysqld]部分 event_scheduler 为 OFF 或者为 0 或 FALSE 来关闭事件调度器。

9.2.3 创建事件

事件可以通过 CREATE EVENT 语句来创建，具体语法格式如下：

【格式】CREATE EVENT
    [IF NOT EXISTS]
    <事件名>
    ON SCHEDULE schedule
    [ON COMPLETION [NOT] PRESERVE]
    [ENABLE | DISABLE | DISABLE ON SLAVE]
    [COMMENT 'comment']
    DO <事件主体>;

其中, schedule:
schedule:
    AT timestamp [+ INTERVAL interval] ...| EVERY interval
    [STARTS timestamp [+ INTERVAL interval] ...]
    [ENDS timestamp [+ INTERVAL interval] ...]
interval:
count {YEAR | QUARTER | MONTH | DAY | HOUR | MINUTE |
    WEEK | SECOND | YEAR_MONTH | DAY_HOUR |
DAY_MINUTE |DAY_SECOND | HOUR_MINUTE |
HOUR_SECOND | MINUTE_SECOND}

【功能】创建事件。

【说明】

① 事件名：指定事件名，名称最大长度可以是 64 B。名字必须是当前数据库中唯一的，同一个数据库不能有同名的事件。

② IF NOT EXISTS：只有在同名事件不存在时才创建，否则忽略。

③ schedule：时间调度，表示事件何时发生或者每隔多久发生一次。

- AT 子句：表示在某个时刻事件发生。timestamp 表示一个具体的时间点，后面可以加上一个时间间隔，表示在这个时间间隔后事件发生，interval 表示这个时间间隔，由一个数值和单位构成；count 是间隔时间的数值。

- EVERY 子句：用来完成重复的计划任务，表示在指定时间区间内每隔多长时间事件发生一次。

- STARTS 子句指定开始时间。

- ENDS 子句指定结束时间。

④ ON COMPLETION [NOT] PRESERVE：定义事件是一次执行还是永久执行。

ON COMPLETION NOT PRESERVE 表示事件最后一次调用后将自动删除该事件；ON COMPLETION PRESERVE 表示事件最后一次调用后将保留该事件。默认为 NOT PRESERVE。

⑤ ENABLE | DISABLE | DISABLE ON SLAVE：ENABLE 表示该事件是活动的，意味着调度器检查事件动作是否必须调用。DISABLE 表示该事件是关闭的，意味着事件的声明存储到目录中，但是调度器不会检查它是否应该调用。DISABLE ON SLAVE 表示事件在从机中是关闭的。如果不指定任何选项，在一个事件创建之后，它立即变为活动的。

⑥ COMMENT 'comment'：定义事件的注释。

⑦　事件主体：DO 子句中包含事件启动时执行的代码，如果包含多条语句，可以使用 BEGIN...END 复合结构。

【例 9-14】创建一个立即启动的事件 cre_ test_event。事件 cre_test_event 在 student 数据库中创建一个名为 test 的测试表。

第一步：检查事件调度器是否启动；如果没有启动则打开事件调度器。

● 检查：

```
mysql> SELECT @@event_scheduler;
+-------------------+
| @@event_scheduler |
+-------------------+
| OFF               |
+-------------------+
1 row in set (0.00 sec)
```

● 启动：

```
mysql> SET GLOBAL event_scheduler = ON;
Query OK, 0 rows affected (0.00 sec)
```

第二步：创建事件 cre_test_event。

```
mysql> Use student;
mysql> CREATE EVENT cre_test_event
    -> ON SCHEDULE AT now()
    -> DO CREATE TABLE IF NOT EXISTS test
    -> (
    ->  id int(11) NOT NULL AUTO_INCREMENT,
    ->  time datetime DEFAULT NULL,
    ->  PRIMARY KEY (id)
    -> );
```

注意：事件 cre_test_event 只调用一次，AT now()指在事件创建之后立即启动。

第三步：测试事件是否执行成功。

```
mysql> SHOW TABLES;
+-------------------+
| Tables_in_student |
+-------------------+
| admin             |
| course            |
| score             |
| stu               |
| test              |
+-------------------+
5 rows in set (0.00 sec)
```

通过 SHOW TABLES 命令显示出当前数据库 student 中生成了 test 表，说明事件 cre_test_even 执行成功。

【例 9-15】创建一个每隔 3 s 往 test 表中插入一条数据的事件 insert_event，开始于当前时间，结束在 20s 后。代码如下：

第一步：创建事件。

```
mysql> CREATE EVENT IF NOT EXISTS insert_event
    ->   ON SCHEDULE EVERY 3 second
    ->   STARTS NOW()
    ->   ENDS NOW()+INTERVAL 20 second
    ->   DO
```

```
    ->     INSERT INTO test(time) VALUES(now());
Query OK, 0 rows affected (0.00 sec)
```

第二步：测试。

```
mysql> SELECT * FROM test;
+----+---------------------+
| id | time                |
+----+---------------------+
|  1 | 2017-09-04 12:59:30 |
|  2 | 2017-09-04 12:59:33 |
|  3 | 2017-09-04 12:59:36 |
|  4 | 2017-09-04 12:59:39 |
|  5 | 2017-09-04 12:59:42 |
|  6 | 2017-09-04 12:59:45 |
|  7 | 2017-09-04 12:59:48 |
+----+---------------------+
```

由测试结果可知，事件 insert_event 在指定的时间间隔内每隔 3 s 发生一次。

【例 9-16】创建一个在具体时间点 2017–09–5 09:55:00 清空 test 表数据的事件。代码如下：

第一步：创建事件。

```
mysql> CREATE EVENT IF NOT EXISTS delete_event
    ->   ON SCHEDULE
    ->   AT '2017-09-05 09:55:00'
    ->   DO
    ->     DELETE FROM test;
Query OK, 0 rows affected (0.00 sec)
```

第二步：测试，时间点 2017–09–5 09:55:00 过后，查询 test 表已无数据。

```
mysql> select * from test;
Empty set (0.00 sec)
```

9.2.4 查看事件

查看某个事件的状态信息，可通过 3 种办法：命令 SHOW EVENTS 可以查看当前数据库中的事件，通过查看 mysql.event 或者通过 information_schema.events 系统表也可以查看事件的状态信息。以下格式中的任何一种命令行都可查看事件，其显示内容基本一致。

【格式】SHOW EVENTS\G;
　　　　SELECT * FROM mysql.event\G;
　　　　SELECT * FROM information_schema.events\G;

【功能】查看事件。

【说明】\G 参数是为了系统中有很多事件时，有序地显示事件。

【例 9-17】创建一个名为 test_event 的事件，每 10 min 往 test 表插入数据。

第一步：创建事件。

```
mysql> CREATE EVENT test_event
    ->  ON schedule
    ->  EVERY 10 minute
    ->  DO INSERT INTO test(time) VALUES(now());
Query OK, 0 rows affected (0.01 sec)
```

第二步：测试。

● 查看事件执行情况：

```
mysql> SELECT * FROM TEST;
```

```
+-----+---------------------+
| id  | time                |
+-----+---------------------+
| 144 | 2017-09-07 11:08:25 |
| 145 | 2017-09-07 11:18:25 |
+-----+---------------------+
2 rows in set (0.00 sec)
```

- 查看事件创建信息。

```
mysql> SHOW EVENTS\G;
```

执行情况如下：

```
*************************** 1. row ***************************
                  Db: student
                Name: test_event
             Definer: root@localhost
           Time zone: SYSTEM
                Type: RECURRING
          Execute at: NULL
      Interval value: 10
      Interval field: MINUTE
              Starts: 2017-09-07 11:08:25
                Ends: NULL
              Status: ENABLED
          Originator: 1
character_set_client: gbk
collation_connection: gbk_chinese_ci
  Database Collation: utf8_general_ci
1 row in set (0.00 sec)
```

【说明】通过以上查看事件信息可知，事件 test_event 有开始时间（Starts），但无结束时间(Ends)，每 10 min 执行一次，状态为活动的。查看 test 表的数据记录也可以看到事件 test_event 的确每 10 min 执行了一次。

9.2.5 修改事件

事件在创建之后可以通过 ALTER EVENT 语句修改事件的定义和属性。语法格式如下：

【格式】
```
ALTER EVENT event_name
      [ON SCHEDULE schedule]
      [ON COMPLETION [NOT] PRESERVE]
      [RENAME TO new_event_name]
      [ENABLE | DISABLE | DISABLE ON SLAVE]
      [COMMENT 'comment']
      [DO event_body]
```

【功能】修改事件。

【说明】

① SCHEDULE 等关键字的含义与创建事件类似，这里不再赘述。

② ALTER EVENT 语句仅应用于现有事件。如果尝试修改不存在的事件，MySQL 将发出一个错误消息。

注意：当事件为一次执行即 NOT PRESERVE，并根据调度计划已经执行完毕时，那么事件已经不存在，也就无法修改。因此，本书中创建的事件中除了 test_event 是一个无结束时间的事件可以进行事件修改外，其他事件都已经执行完毕不能进行修改。

【例 9-18】将 test_event 事件的调度时间改为每 1 min 一次。

第一步：修改事件的调度时间。

```
mysql> ALTER EVENT test_event
    -> ON SCHEDULE EVERY 1 minute;
Query OK, 0 rows affected (0.00 sec)
```

第二步：测试。

- 查看事件的信息，看事件调度区间属性 Interval value 值是否变为 1。

```
mysql> SHOW EVENTS\G;
```

执行情况如下：

```
*************************** 1. row ******
                  Db: student
                Name: test_event
             Definer: root@localhost
           Time zone: SYSTEM
                Type: RECURRING
          Execute at: NULL
      Interval value: 1
      Interval field: MINUTE
              Starts: 2017-09-07 11:28:08
                Ends: NULL
              Status: ENABLED
          Originator: 1
character_set_client: gbk
collation_connection: gbk_chinese_ci
  Database Collation: utf8_general_ci
1 row in set (0.00 sec)
```

- 查看事件的执行情况：

```
mysql> SELECT * FROM test;
+-----+---------------------+
| id  | time                |
+-----+---------------------+
| 144 | 2017-09-07 11:08:25 |
| 145 | 2017-09-07 11:18:25 |
| 146 | 2017-09-07 11:28:08 |
| 147 | 2017-09-07 11:29:08 |
| 148 | 2017-09-07 11:30:08 |
+-----+---------------------+
5 rows in set (0.02 sec)
```

【说明】当修改 test_event 事件后，从上面的事件信息可以看到 Interval value 值变为 1。从 test 表的 time 列也可以看出，事件 test_event 由每 10 min 执行一次变为每 1 min 执行一次。

用户如果暂时不想某些事件被事件调度器检查到，可以设置事件的状态为关闭的。例如，将事件 test_event 的状态修改为关闭，事件 test_event 将不会被事件调度器检查到。

【例 9-19】修改事件 test_event 的状态为关闭。

```
mysql> ALTER EVENT test_event
    -> DISABLE;
Query OK, 0 rows affected (0.00 sec)
```

【例 9-20】将事件 test_event 的名字改为 new_event。

```
mysql> ALTER EVENT test_event
    -> RENAME TO new_event;
Query OK, 0 rows affected (0.00 sec)
```

查看系统中事件的信息表：

```
mysql> SELECT * FROM information_schema.events \G;
```

执行情况如下：

```
*********************** 1. row ***********************
      EVENT_CATALOG: def
       EVENT_SCHEMA: student
         EVENT_NAME: new_event
            DEFINER: root@localhost
          TIME_ZONE: SYSTEM
         EVENT_BODY: SQL
   EVENT_DEFINITION: INSERT INTO test(time) VALUES(now())
         EVENT_TYPE: RECURRING
         EXECUTE_AT: NULL
     INTERVAL_VALUE: 1
     INTERVAL_FIELD: MINUTE
           SQL_MODE: ONLY_FULL_GROUP_BY,STRICT_TRANS_TABLES,NO_ZERO_IN_DATE,
NO_AUTO_CREATE_USER,NO_ENGINE_SUBSTITUTION
             STARTS: 2017-09-07 11:28:08
               ENDS: NULL
             STATUS: DISABLED
      ON_COMPLETION: NOT PRESERVE
            CREATED: 2017-09-07 11:08:25
       LAST_ALTERED: 2017-09-07 14:16:44
      LAST_EXECUTED: 2017-09-07 14:16:08
      EVENT_COMMENT:
         ORIGINATOR: 1
CHARACTER_SET_CLIENT: gbk
COLLATION_CONNECTION: gbk_chinese_ci
  DATABASE_COLLATION: utf8_general_ci
1 row in set (0.00 sec)
```

【说明】INFORMATION_SCHEMA.EVENTS 表中的事件名已变成 new_event，事件状态变成关闭，同时事件上次修改时间也记录下来。

9.2.6 删除事件

如果一个事件不再需要，可以使用 DROP EVENT 删除事件。语法格式如下：

【格式】DROP EVENT [IF EXISTS] event_name

【功能】删除事件。

【说明】event_name 事件名，前面可以添加关键字 IF EXISTS 来修饰。

【例 9-21】将事件 new_event 删除。

```
mysql> DROP EVENT IF EXISTS new_event;
Query OK, 0 rows affected (0.00 sec)
```

查看事件是否删除：

```
mysql> SELECT * FROM information_schema.events\G;
Empty set (0.00 sec)
```

【说明】通过 SELECT 命令查看 INFORMATION_SCHEMA.EVENTS 表，该表为空，说明事件 new_event 已被删除。

9.3 存储过程和存储函数

大多数 MySQL 语句，都是针对一个或多个表使用的单条 SQL 语句。在数据库实际操作中，并非所有操作都这么简单，经常会有一个完整的操作需要多条 SQL 语句处理多个表才能完成。

存储过程和存储函数是 MySQL 支持的过程式数据库对象，是在数据库中定义一些 SQL 语句的集合，然后直接调用这些存储过程和函数来执行已经定义好的 SQL 语句。存储过程和存储函数是在 MySQL 服务器中存储和执行的。作为数据库存储的重要功能，存储过程和存储函数不仅可以避免开发人员重复编写相同的 SQL 语句，提高数据库编程的灵活性，而且可以减少客户端和服务器端的数据传输。

9.3.1 创建存储过程和存储函数

1. 创建存储过程

存储过程是一组为了完成特定功能的 SQL 语句集, 经编译后存储在数据库中, 用户通过指定存储过程的名字并给定参数 (如果该存储过程带有参数) 来调用执行它。MySQL 中创建存储过程是指将经常使用的一组 SQL 语句组合在一起, 并将这些 SQL 语句当作一个整体存储在 MySQL 服务器中。可以使用 CREATE PROCEDURE 语句创建存储过程, 语法格式如下:

【格式】
```
CREATE PROCEDURE sp_name ([proc_parameter] [,...])
        [characteristic ...] routine_body
```

【功能】创建存储过程。

【说明】

① sp_name: 存储过程的名称, 默认在当前数据库中创建。这个名称应当尽量避免与 MySQL 的内置函数具有相同的名称。

② proc_parameter: 存储过程的参数列表。参数列表形式为:

```
[IN|OUT|INOUT] param_name type
```

其中, IN 表示输入参数 (默认情况下为 IN 参数), 该参数的值必须由调用程序指定; OUT 表示输出参数, 该参数的值经存储过程计算后, 将 OUT 参数的计算结果返回给调用程序; INOUT 表示既可以输入也可以输出参数; param_name 为参数名, 参数的取名不要与数据表的列名相同; type 为参数的数据类型, 该类型可以是 MySQL 数据库中的任意类型。多个参数彼此间用逗号分隔。存储过程如果没有参数, 使用空参数 " ( ) " 即可。

③ Characteristic: 存储过程的某些特征设置。有以下取值:

- LANGUAGE SQL: 指明编写这个存储过程的语言为 SQL。SQL 是 LANGUAGE 特性的唯一值, 所以这个选项可以不指定。
- DETERMINISTIC: 表示存储过程对同样的输入参数产生相同的结果; NOT DETERMINISTIC 则表示会产生不确定的结果 (默认)。
- CONTAINS SQL |NO SQL |READS SQL DATA |MODIFIES SQL DATA:
  - ➢ CONTAINS SQL: 表示存储过程包含读或写数据的语句 (默认)。
  - ➢ NO SQL: 表示不包含 SQL 语句。
  - ➢ READS SQL DATA: 表示存储过程只包含读数据的语句。
  - ➢ MODIFIES SQL DATA: 表示存储过程只包含写数据的语句。
- SQL SECURITY: 这个特征用来指定存储过程使用创建该存储过程的用户(DEFINER)的许可来执行, 还是使用调用者(INVOKER)的许可来执行, 默认为 DEFINER。
- COMMENT'string': 用于对存储过程的描述, 其中 string 为描述内容。

④ routine_body: 存储过程的主体部分, 包含了在过程调用时必须执行的 SQL 语句。多条 SQL 语句放在 BEGIN...END 之间。

2. 调用存储过程

存储过程创建完后, 可以在程序、触发器或者其他存储过程中被调用, 但是都必须使用到 CALL 语句。语句格式如下:

【格式】CALL sp_name ([proc_parameter])

【功能】调用存储过程。

【说明】

① sp_name 为存储过程的名称，默认在当前数据库中调用。如果要调用某个特定数据库的存储过程，则需要在前面加上该数据库的名称。

② proc_parameter 为调用该存储过程使用的参数，这条语句中的参数个数必须等于存储过程的参数个数。

【例9-22】创建无参数存储过程 get_score_proc1，要求该存储过程查询 student.score 表中的 score 列大于等于90分的记录。代码如下：

```
mysql> DELIMITER //
mysql> CREATE PROCEDURE get_score_proc1()
    -> BEGIN
    ->  SELECT * FROM student.score WHERE score>=90;
    -> END //
Query OK, 0 rows affected (0.00 sec)
mysql> DELIMITER;
```

调用无参数存储过程 get_score_proc1，代码如下：

```
mysql> CALL get_score_proc1();
+------------+----------+-------+
| stuID      | courseID | score |
+------------+----------+-------+
| 20160711027 | E2201240 | 94.6 |
+------------+----------+-------+
1 row in set (0.00 sec)

Query OK, 0 rows affected (0.00 sec)
```

注意：调用无参数存储过程时，虽然没有参数，但是参数括号必须带上。例如，CALL get_score_proc1();

【例9-23】创建带有 IN 类型参数的存储过程 get_score_proc2，要求存储过程根据输入值查询 student.score 表中 score 列大于等于该值的记录。代码如下：

```
mysql> DELIMITER //
mysql> CREATE PROCEDURE get_score_proc2(IN num FLOAT)
    -> BEGIN
    ->  SELECT * FROM student.score WHERE score>=num;
    -> END //
Query OK, 0 rows affected (0.00 sec)
mysql> DELIMITER ;
```

调用带有 IN 类型参数存储过程 get_score_proc2，查询大于等于85分的记录，代码如下：

```
mysql> CALL get_score_proc2(85);
+------------+----------+-------+
| stuID      | courseID | score |
+------------+----------+-------+
| 20160711027 | E2201240 | 94.6 |
| 20160511017 | H2221520 | 87.9 |
+------------+----------+-------+
2 rows in set (0.00 sec)

Query OK, 0 rows affected (0.00 sec)
```

【例9-24】创建带有 OUT 类型参数的存储过程 get_score_proc3，要求存储过程统计 student.score 表中 score 列大于等于85分的记录有多少个。

```
mysql> DELIMITER //
mysql> CREATE PROCEDURE get_score_proc3(OUT num INT)
    -> BEGIN
    -> SELECT  COUNT(*) INTO num FROM student.score WHERE score>=85;
    -> END //
Query OK, 0 rows affected (0.00 sec)
mysql> DELIMITER ;
```

调用带有 OUT 类型参数的存储过程 get_score_proc3，代码如下：

```
mysql> CALL get_score_proc3(@x);
Query OK, 1 row affected (0.00 sec)
mysql> select @x;
+------+
| @x   |
+------+
|    2 |
+------+
1 row in set (0.00 sec)
```

【说明】调用存储过程 get_score_proc3 时，get_score_proc3 将返回值返回给输出变量 x 中。查询变量 x 的值为 2，由例 9-23 可知大于等于 85 分的记录有 2 条。

【例 9-25】创建带有 INOUT 类型参数的存储过程 get_score_proc4，当输入变量为 0 时 get_score_proc3 返回 student.score 表中 score 列最小值（四舍五入），当输入变量为 1 时 get_score_proc3 返回 student.score 表中 score 列最大值（四舍五入）。

```
mysql> DELIMITER //
mysql> CREATE PROCEDURE get_score_proc4(INOUT num INT)
    -> BEGIN
    ->    IF(num=1) THEN
    ->      SELECT MAX(score) INTO num FROM student.score;
    ->    ELSEIF(num=0) THEN
    ->      SELECT MIN(score) INTO num FROM student.score;
    ->    END IF;
    -> END //
Query OK, 0 rows affected (0.00 sec)
mysql> DELIMITER ;
```

设置变量 x 为 1，将其作为输入参数调用存储过程 get_score_proc4，get_score_proc4 将 student.score 表中 score 列的最大值返回给变量 x。

```
mysql> set @x=1;
Query OK, 0 rows affected (0.00 sec)
mysql> CALL get_score_proc4(@x);
Query OK, 1 row affected (0.00 sec)
mysql> select @x;
+------+
| @x   |
+------+
|   95 |
+------+
1 row in set (0.00 sec)
```

注意：MySQL 客户机调用存储过程时，如果希望得到存储过程的返回值，则必须为存储过程的 OUT 参数或者 INOUT 参数传递用户变量（例 9-24 和例 9-25 中的@x 都是用户变量）。

3. 创建存储函数

MySQL 自带有丰富的内置函数，用户可以直接调用，利用这样的函数可以轻易地实现某些功能。实际上，MySQL 数据库也允许开发者自己定义更符合实际业务需求的函数。

MySQL 中，创建存储函数时需提供函数名、函数的参数、函数体以及返回值等信息。语法格式如下：

【格式】CREATE FUNCTION fu_name([func_parameter[,...]])
　　　　RETURNS type
　　　　[characteristic ...] routine_body

【功能】创建存储函数。

【说明】

① fu_name：存储函数的名称，默认在当前数据库中创建。这个名称应当尽量避免与 MySQL 的内置函数具有相同的名称。

② func_parameter：存储函数的参数列表，这些参数都是输入参数。

③ RETURNS type：指定返回值的数据类型。RETURNS 关键词一定要有，它是强制性的。

④ Characteristic：存储函数的某些特征设置，取值与存储过程相同，这里不再赘述。

⑤ routine_body：存储函数的主体部分，多条 SQL 语句放在 BEGIN...END 之间。主体部分必须包含 RETURN 语句，返回一个结果值。

存储函数也是过程式对象之一，与存储过程很相似。它们都是由 SQL 和过程式语句组成的代码片断，并且可以从应用程序与 SQL 中调用。但是，它们也是有一些区别的：存储函数不能拥有输出参数，因为存储函数本身就是输出参数。

4．调用存储函数

存储函数创建完后，就如同系统提供的内置函数，所以调用存储函数的方法也类似，都是使用 SELECT 关键字。语法格式如下：

【格式】SELECT fu_name([func_parameter[,...]])

【功能】调用存储函数。

【说明】fu_name：存储函数的名称；func_parameter：存储函数的参数列表。

【例 9-26】利用下列 2 个存储函数 hellofunc1()和 name_func2()对调用存储函数进行说明。

① 创建存储函数 hellofunc1，向函数中传入一个 VARCHAR(50)类型的 name 参数，函数返回 VARCHAR(100)类型。代码如下：

```
mysql> DELIMITER //
mysql> CREATE FUNCTION hellofunc1(name VARCHAR(50))
    -> RETURNS VARCHAR(100)
    -> BEGIN
    ->   RETURN CONCAT(name,':Hello!Nice to meet you!');
    -> END //
Query OK, 0 rows affected (0.05 sec)
mysql> DELIMITER ;
```

调用存储函数 hello_func1()，并向该函数传入一个参数：

```
mysql> SELECT hellofunc1('Peter');
+-----------------------------+
| hellofunc1('Peter')         |
+-----------------------------+
| Peter:Hello!Nice to meet you! |
+-----------------------------+
1 row in set (0.00 sec)
```

② 创建存储函数 name_func2()。函数功能是根据输入学生的学号返回 student.stu 表中该学生的姓名，如果没有该学生，则返回"没有该学生信息"。

```
mysql> DELIMITER //
mysql> CREATE FUNCTION name_func2(id VARCHAR(11))
    -> RETURNS VARCHAR(30)
    -> BEGIN
    ->   DECLARE name VARCHAR(30) ;
    ->   SELECT stuName INTO name from student.stu WHERE stuID=id ;
    ->   IF name IS NULL THEN
    ->     RETURN(SELECT('没有该学生信息'));
    ->   ELSE
    ->     RETURN(name);
    ->   END IF;
    -> END//
Query OK, 0 rows affected (0.00 sec)
mysql> DELIMITER ;
```

调用存储函数 name_func2()，并向该函数传入一个参数 20160211011 查看返结果：

```
mysql> SELECT name_func2('20160211011');
+--------------------------+
| name_func2('20160211011') |
+--------------------------+
| 李红梅                    |
+--------------------------+
1 row in set (0.00 sec)
```

注意：存储函数的 RETURN 语句中包含有 SELECT 语句时，SELECT 语句的返回结果只能是一行且只能有一列值。存储函数不能使用 SELECT 语句返回结果集，否则出错，如例 9-27 所示。

【例 9-27】创建存储函数 score_func3()。函数功能是根据输入学生的学号返回 student.score 表该学生的选课号，如果没有该学生则返回"没有该学生信息"。

```
mysql> DELIMITER //
mysql> CREATE FUNCTION score_func3(id VARCHAR(11))
    -> RETURNS VARCHAR(10)
    -> BEGIN
    -> DECLARE courseID VARCHAR(10) ;
    -> SELECT score.courseID INTO courseID from student. score WHERE stuID=id ;
    -> IF courseID IS NULL THEN
    -> RETURN(SELECT('没有该学生信息'));
    -> ELSE
    -> RETURN(courseID);
    -> END IF;
    -> END//
Query OK, 0 rows affected (0.00 sec)
mysql> DELIMITER ;
```

用 SELECT 命令查看 student.score 中的选课成绩信息：

```
mysql> SELECT * FROM score;
+-------------+----------+-------+
| stuID       | courseID | score |
+-------------+----------+-------+
| 20160511011 | G2225420 | 74.8  |
| 20160511011 | H2221520 | 84.7  |
| 20160111002 | D1000160 | 76.2  |
| 20160411002 | E2201040 | 80.8  |
| 20160310022 | E2201040 | 73.9  |
| 20160310022 | E2200640 | 81.9  |
| 20160211011 | D0400340 | 78.7  |
```

```
| 20160310022 | E2200440 | 83.9 |
| 20160411033 | E2200640 | 73.2 |
| 20160511011 | E2200740 | 81.4 |
| 20160611023 | E2201040 | 68.4 |
| 20160722018 | E2201140 | 74.9 |
| 20160711027 | E2201240 | 94.6 |
| 20160411033 | G2225420 | 78.5 |
| 20160211011 | H2221520 | 76.9 |
| 20160511002 | G2225420 | 71.8 |
| 20160511017 | H2221520 | 87.9 |
| 20160111007 | E2201140 | 79.4 |
| 20160211007 | D0400340 | 84.1 |
| 20160310017 | E2200640 | 73.7 |
| 20160211009 | E2200440 | 69.4 |
| 20160311024 | E2201240 | 75.9 |
+-------------+----------+------+
```

从 student.score 中的选课信息可以看出学号为 20160311024 的同学选了一门课，学号为 20160310022 的同学选了两门课。分别以这两位同学的学号调用 score_func3()函数，发现：

① 当学号为 20160311024 时，存储函数正常调用。

```
mysql> SELECT score_func3(20160311024);
+--------------------------+
| score_func3(20160311024) |
+--------------------------+
| E2201240                 |
+--------------------------+
1 row in set (0.00 sec)
```

② 当学号为 20160310022 时，提醒结果集超过一个值的出错信息。

```
mysql> SELECT score_func3(20160310022);
ERROR 1172 (42000): Result consisted of more than one row
```

【说明】存储函数中 RETURN 语句中包含有 SELECT 语句时，SELECT 语句的返回结果只能是一行且只能有一列值。存储函数不能使用 SELECT 语句返回结果集，否则出错，如例 9-27 所示。但是，在存储过程中可以使用 SELECT 语句返回结果集，如例 9-23 所示。

5. 存储过程与存储函数的区别

存储函数和存储过程统称为存储例程（Stored Routine），都是 MySQL 支持的过程式数据库对象。两者的定义语法很相似，但是它们也是有区别的。

（1）参数的不同

存储函数的参数类型只能有输入参数，且不带关键字 IN。存储函数不能拥有输出参数，因为存储函数本身就是输出参数。

存储过程的参数类型有 3 种：IN 参数、OUT 参数、INOUT 参数。

（2）返回值的不同

存储函数将向调用者返回一个且仅返回一个结果值，且必须指定返回值的数据类型（返回值的类型目前仅支持字符串、数值类型）。存储函数主体部分必须包含一条 RETURN 语句返回，如果没有 RETURN 语句，会提醒出错信息 No RETURN found in FUNCTION。

存储过程将向调用者返回一个或多个结果集，或者只是实现某种效果或动作而无返回值。

（3）调用方式上的不同

存储过程一般是作为一个独立的部分来执行，通过 CALL 语句进行调用；而存储函数嵌入在 SQL 语句中使用，可以在查询语句 SELECT 中调用，就像内置函数一样。

（4）功能上的不同

一般来说，存储过程功能强大，可以执行包括修改表等一系列数据库操作。存储函数不能用于执行一组修改全局数据库状态的操作，例如，不能在存储函数中使用 INSERT、UPDATE、DELETE、CREATE 等语句。存储函数一般完成查询工作，函数实现的功能针对性比较强。

【例 9-28】创建存储函数 score_func5()，函数体中使用 CREATE 语句，系统报错。

```
mysql> DELIMITER //
mysql> CREATE FUNCTION score_func5( )
    -> RETURNS INT
    -> BEGIN
    ->   DECLARE x INT;
    ->   SET@x=1;
    ->   CREATE TABLE xs
    ->   ( id int,
    ->     Name char(10)
    ->   );
    ->   RETURN(@x);
    -> END //
ERROR 1422 (HY000):Explicit or implicit commit is not allowed in stored function
or trigger.
```

6. 存储过程和函数的优点与缺点

存储过程和函数的优点：

① 存储过程和函数允许标准组件式编程，提高了 SQL 语句的重用性、共享性和可移植性。

② 存储过程和函数能够实现较快的执行速度，减少网络流量。

③ 存储过程和函数可以被作为一种安全机制来利用。

存储过程和函数的缺点：

① 存储过程和函数的编写比单句 SQL 语句复杂，需要用户具有更高的技能和更丰富的经验。

② 在编写存储过程和函数时，需要创建这些数据库对象的权限。

9.3.2 查看存储过程和存储函数的定义

查看存储过程和存储函数的定义、权限、字符集等信息的命令很类似，主要有以下几种方法（注意关键字的变化）：查看存储过程使用 PROCEDURE 关键字；查看存储函数使用 FUNCTION 关键字。

1. 查看系统中的所有存储过程和存储函数

【格式】`SHOW PROCEDURE STATUS;`

　　　　`SHOW FUNCTION STATUS;`

【功能】查看所有存储过程或存储函数的状态信息。

【说明】如果系统中存储过程或者存储函数较多，用这种方式就不太适合，可以使用以下模糊匹配查询办法。

2. 查看与模式模糊匹配的存储过程或存储函数的定义

模糊查询加上关键字 LIKE，只需指出存储过程名或存储函数名的部分字符，用%号代表任意0个或多个字符，系统根据给出的字符串自动匹配。

【例 9-29】查看存储过程中过程名包含"get_score_"字符串的存储过程。

```
mysql> SHOW PROCEDURE STATUS LIKE 'get_score_proc%'\G;
```

```
*************************** 1. row ***************************
                Db: student
              Name: get_score_proc1
              Type: PROCEDURE
           Definer: root@localhost
          Modified: 2017-09-11 13:58:32
           Created: 2017-09-11 13:58:32
     Security_type: DEFINER
           Comment:
character_set_client: gbk
collation_connection: gbk_chinese_ci
 Database Collation: utf8_general_ci
```

【说明】关键字 PROCEDURE 换成 FUNCITON 就可模糊查询存储函数的信息。

【例 9-30】查看存储函数中函数名包含"hello"字符串的存储函数。

```
mysql> SHOW FUNCTION STATUS LIKE 'hello%'\G;
*************************** 1. row ***************************
                Db: student
              Name: hellofunc1
              Type: FUNCTION
           Definer: root@localhost
          Modified: 2017-09-13 16:55:29
           Created: 2017-09-12 10:54:12
     Security_type: DEFINER
           Comment:
character_set_client: gbk
collation_connection: gbk_chinese_ci
 Database Collation: utf8_general_ci
1 row in set (0.00 sec)
```

3．查看某个数据库中所有存储过程和存储函数名

【例 9-31】通过系统 mysql.proc 查看数据库 student 中的所有存储过程名。

```
mysql> SELECT NAME FROM mysql.proc WHERE db='student' AND type='procedure';
+----------------+
| NAME           |
+----------------+
| get_score_proc1 |
| get_score_proc2 |
| get_score_proc3 |
| get_score_proc4 |
| tes_proc       |
+----------------+
5 rows in set (0.00 sec)
```

【例 9-32】查看数据库 student 中的所有存储函数名。

```
mysql> SELECT NAME FROM mysql.proc WHERE db='student' AND type='function';
+------------+
| NAME       |
+------------+
| hellofunc1 |
| name_func2 |
| score_func3 |
| score_func4 |
+------------+
4 rows in set (0.00 sec)
```

4．查看存储过程和存储函数的详细信息

使用 MySQL 命令 SHOW CREATE PROCEDURE 可以查看某个存储过程的详细创建信息；使用 SHOW CREATE FUNCTION 命令可以查看某个存储函数的详细创建信息。

【例 9-33】查看存储过程 get_score_proc1 的创建信息。

```
mysql> SHOW CREATE PROCEDURE get_score_proc1\G;
```

```
*************************** 1. row ***************************
           Procedure: get_score_proc1
            sql_mode: ONLY_FULL_GROUP_BY,STRICT_TRANS_TABLES,NO_ZERO_IN_DATE,NO_ZERO_
NO_AUTO_CREATE_USER,NO_ENGINE_SUBSTITUTION
    Create Procedure: CREATE DEFINER=`root`@`localhost` PROCEDURE `get_score_proc1`()
BEGIN
SELECT * FROM student.score WHERE score>=90;
END
character_set_client: gbk
collation_connection: gbk_chinese_ci
  Database Collation: utf8_general_ci
1 row in set (0.00 sec)
```

5．通过 Routines 表查看存储过程和存储函数的详细信息

存储过程和存储函数的信息都保存在 information_schema 数据库的 routines 表中，可以使用 SELECT 语句查询存储过程和存储函数的相关信息。

【例 9-34】通过指定 routin_name 的值为 get_score_proc2 来查看该存储过程的信息。

```
mysql>SELECT * FROM information_schema.routines WHERE
       routine_name='get_score_proc2'\G;
*************************** 1. row ***************************
           SPECIFIC_NAME: get_score_proc2
          ROUTINE_CATALOG: def
           ROUTINE_SCHEMA: student
             ROUTINE_NAME: get_score_proc2
             ROUTINE_TYPE: PROCEDURE
                DATA_TYPE:
CHARACTER_MAXIMUM_LENGTH: NULL
   CHARACTER_OCTET_LENGTH: NULL
        NUMERIC_PRECISION: NULL
            NUMERIC_SCALE: NULL
        DATETIME_PRECISION: NULL
       CHARACTER_SET_NAME: NULL
           COLLATION_NAME: NULL
           DTD_IDENTIFIER: NULL
             ROUTINE_BODY: SQL
       ROUTINE_DEFINITION: BEGIN
SELECT * FROM student.score WHERE score>=num;
END
            EXTERNAL_NAME: NULL
        EXTERNAL_LANGUAGE: NULL
           PARAMETER_STYLE: SQL
         IS_DETERMINISTIC: NO
          SQL_DATA_ACCESS: CONTAINS SQL
                 SQL_PATH: NULL
            SECURITY_TYPE: DEFINER
                  CREATED: 2017-09-11 13:27:46
             LAST_ALTERED: 2017-09-11 13:27:46
                 SQL_MODE: ONLY_FULL_GROUP_BY,STRICT_TRANS_TABLES,NO_ZERO_IN_DATE,NO_ZERO_DATE,
ERO,NO_AUTO_CREATE_USER,NO_ENGINE_SUBSTITUTION
          ROUTINE_COMMENT:
                  DEFINER: root@localhost
     CHARACTER_SET_CLIENT: gbk
    COLLATION_CONNECTION: gbk_chinese_ci
       DATABASE_COLLATION: utf8_general_ci
1 row in set (0.00 sec)
```

其中，ROUTINE_TYPE 的值如果是 PROCEDURE，则表示为存储过程；如果是 FUNCTION，则表示是存储函数。

9.3.3　删除存储过程和存储函数

1．删除存储过程

存储过程创建后需要删除时使用 DROP PROCEDURE 语句。在此之前，必须确认该存储过程

没有任何依赖关系，否则会导致其他与之关联的存储过程无法运行。

【格式】DROP PROCEDURE [IF EXISTS] sp_name

【功能】删除存储过程。

【说明】sp_name：删除的过程名。

【例 9-35】删除存储过程 tes_proc。

```
mysql> DROP PROCEDURE tes_proc;
Query OK, 0 rows affected (0.01 sec)
```

查看存储过程 tes_proc 的创建信息，显示存储过程 tes_proc 不存在，证明已经删除。

```
mysql> SHOW CREATE PROCEDURE tes_proc\G;
ERROR 1305 (42000): PROCEDURE tes_proc does not exist
```

2．删除存储函数

删除存储函数的方法与删除存储过程的方法基本一样，使用 DROP FUNCTION 语句。语法格式如下：

【格式】DROP FUNCTION [IF EXISTS] fu_name

【功能】删除存储函数。

【说明】fu_name：删除的函数名。

9.3.4　修改存储过程和存储函数

可以使用 ALTER PROCEDURE 语句修改存储过程的特征；使用 ALTER FUNCTION 语句修改存储函数的特征。语法格式如下：

【格式】ALTER PROCEDURE sp_name[characteristic ...]

【功能】修改存储过程。

【格式】ALTER FUNCTION fu_name[characteristic ...]

【功能】修改存储函数。

【说明】Characteristic：存储过程和存储函数的某些特征设置。有以下取值：

① LANGUAGE SQL：指明编写这个存储过程的语言为 SQL。SQL 是 LANGUAGE 特性的唯一值，所以这个选项可以不指定。

② DETERMINISTIC：表示存储过程对同样的输入参数产生相同的结果；NOT DETERMINISTIC 则表示会产生不确定的结果（默认）。

③ CONTAINS SQL |NO SQL |READS SQL DATA |MODIFIES SQL DATA：

- CONTAINS SQL：表示存储过程包含读或写数据的语句（默认）。
- NO SQL 表示不包含 SQL 语句。
- READS SQL DATA：表示存储过程只包含读数据的语句。
- MODIFIES SQL DATA：表示存储过程只包含写数据的语句。

④ SQL SECURITY：用来指定存储过程使用创建该存储过程的用户(DEFINER)的许可来执行，还是使用调用者(INVOKER)的许可来执行，默认是 DEFINER。

⑤ COMMENT'string'：用于对存储过程的描述，其中 string 为描述内容。

【例 9-36】将存储函数 hellofunc1 的 CONTANS SQL 默认特性修改为 READS SQL DATA。

```
mysql> ALTER FUNCTION hellofunc1 READS SQL DATA;
```

```
Query OK, 0 rows affected (0.00 sec)
```

注意：ALTER 语句只能用于修改存储过程和存储函数的特征，如果要修改存储过程和存储函数的内容，可以先删除该存储过程或存储函数，然后再重新创建。

9.3.5 自定义错误处理程序

1. 错误处理和程序的定义

存储程序运行过程中（例如存储过程或者存储函数）发生错误时，MySQL 将自动终止存储程序的执行。然而，数据库开发人员有时希望自己控制程序的运行流程，并不希望 MySQL 自动终止存储程序的执行。MySQL 的错误处理机制可以帮助数据库开发人员自行控制程序流程。数据库开发人员可以自定义错误处理机制，当 MySQL 存储程序运行期间发生错误后，MySQL 会将控制交由错误处理程序处理，使得存储程序在遇到警告或者错误时能够继续执行，增强存储程序错误处理的能力。定义错误处理程序的格式如下：

【格式】DECLARE handler_type HANDLER FOR condition_value [,...] sp_statement

【功能】定义错误处理程序。

【说明】

① handler_type：为错误处理方式，参数为以下 3 个值之一：

- CONTINUE：表示错误发生后，MySQL 立即执行自定义错误处理程序，然后忽略该错误继续执行其他 MySQL 语句。
- EXIT：表示错误发生后，MySQL 立即执行自定义错误处理程序，然后立刻停止其他 MySQL 语句的执行。
- UNDO：表示遇到错误后撤回之前的操作，MySQL 暂不支持回滚操作。

② condition_value：表示错误触发条件，即满足什么条件时，自定义错误处理程序开始运行。错误触发条件有以下几种：

- SQLSTATE sqlstate_value：ANSI 标准的错误代码（即 5 个字符的字符串错误值）。
- mysql_error_cod：MySQL 的数值类型错误代码。
- condition_name：表示用 DECLARE CONDITION 定义的错误条件名称；MySQL error code 或者 SQLSTATE code 的可读性太差，为了便于理解错误含义所以引入了命名条件。

MySQL 预定义了一些错误触发条件，这些错误触发条件无须数据库开发人员定义，可以直接使用。例如：

- SQLWARNING：匹配所有以 01 开头的 SQLSTATE 错误代码。
- NOT FOUND：匹配所有以 02 开头的 SQLSTATE 错误代码。
- SQLEXCEPTION：匹配所有没有被 SQLWARNING 或 NOT FOUND 捕获的 SQLSTATE 错误代码。

③ sp_statement：自定义错误处理程序。错误发生后，MySQL 会立即执行自定义错误处理程序中的 MySQL 语句，如果有多条 MySQL 语句，也可以用 BEGIN...END 语句块。

2. 捕获异常的方法

根据定义错误处理程序的方法，捕获异常有 6 种常用的方法：

（1）捕获 sqlstate_value 异常

【代码】DECLARE CONTINUE HANDLER FOR SQLSTATE '42S02'

```
           SET @info='NO_SUCH_TABLE';
```

【功能】捕获 sqlstate_value 异常。

【说明】这种方法是捕获具体的 sqlstate_value 值。例如，遇到错误代码值为 42S02，错误处理方式为 CONTINUE 表示：MySQL 立即执行自定义错误处理程序输出 NO_SUCH_TABLE 信息，然后忽略该错误继续执行其他 MySQL 语句。

（2）捕获 mysql_error_code 异常

【代码】`DECLARE CONTINUE HANDLER FOR 1146 SET @info='NO_SUCH_TABLE';`

【功能】捕获 mysql_error_code 异常。

【说明】这种方法是捕获 mysql_error_code 值。例如，遇到 mysql_error_code 值为 1146，执行错误处理程序输出 NO_SUCH_TABLE 信息。

（3）先定义条件，然后捕获异常

【代码】
```
DECLARE no_such_table CONDITION FOR 1146;
DECLARE CONTINUE HANDLER FOR no_such_table
SET @info='NO_SUCH_TABLE';
```

【功能】捕获 mysql_error_code 异常。

【说明】定义 no_such_table 为 1146 错误的条件名，然后捕获名为 NO_SUCH_TABLE 的异常。

（4）使用 SQLWARNING 捕获异常

【代码】`DECLARE EXIT HANDLER FOR SQLWARNING SET @info='ERROR';`

【功能】捕获 SQLWARNING 异常。

【说明】使用系统预定义的错误触发条件 SQLWARNING，SQLWARNING 代表匹配所有以 01 开头的 SQLSTATE 错误代码；如果遇到这类错误，EXIT 表示立即执行自定义错误处理程序输出 ERROR，停止其他 MySQL 语句的执行。

（5）使用 NOT FOUND 捕获异常

【代码】
```
DECLARE EXIT HANDLER FOR NOT FOUND
SET @info='NO_SUCH_TABLE';
```

【功能】捕获 NOT FOUND 异常。

【说明】使用系统预定义的错误触发条件 NOT FOUND，NOT FOUND 代表匹配所有以 02 开头的 SQLSTATE 错误代码；如果遇到这类错误，EXIT 表示立即执行自定义错误处理程序输出 NO_SUCH_TABLE，停止其他 MySQL 语句的执行。

（6）使用 SQLEXCEPTION 捕获异常

【代码】`DECLARE EXIT HANDLER FOR SQLEXCEPTION SET @info='ERROR';`

【功能】捕获 SQLEXCEPTION 异常。

【说明】使用系统预定义的错误触发条件 SQLEXCEPTION，匹配所有没有被 SQLWARNING 或 NOT FOUND 捕获的 SQLSTATE 错误代码，EXIT 表示立即执行自定义错误处理程序输出 ERROR，停止其他 MySQL 语句的执行。

【例 9-37】创建一个测试表 test1，然后创建一个无错误处理程序的过程 no_handler_proc 来验证表中插入具有两条相同主键的记录，MySQL 检测到 PRIMARY KEY 错误时是否会自动终止存储程序的执行。

第一步：创建测试表。

```
mysql> CREATE TABLE test1(
    ->    Id INT,
    ->    Name VARCHAR(20),
    ->    PRIMARY KEY(Id)
    -> );
```

第二步：创建无错误处理程序的过程 no_handler_proc。

```
mysql> DELIMITER //
mysql> CREATE PROCEDURE  no_handler_proc()
    -> BEGIN
    ->    INSERT INTO test1(id,name) VALUES(1,'sky');
    ->    SET @x1='exit';
    ->    SELECT @x1;
    ->    INSERT INTO test1(id,name) VALUES(1,'sky');
    ->    SET @x1='continue';
    ->    SELECT @x1;
    -> END //
Query OK, 0 rows affected (0.00 sec)
```

第三步：调用过程 no_handler_proc。

```
mysql> CALL no_handler_proc//
+------+
| @x1  |
+------+
| exit |
+------+
1 row in set (0.00 sec)

ERROR 1062 (23000): Duplicate entry '1' for key 'PRIMARY'
```

【说明】通过调用过程 no_handler_proc 观察到，过程 no_handler_proc 首先向表 test1 插入一条记录，然后设置用户变量@x1 为'exit'；再向表插入具有相同主键的记录，此时 MySQL 检测到主关键值重复的错误，所以立即终止程序的执行，并提示 ERROR 1062 (23000): Duplicate entry '1' for key 'PRIMARY'。因此，终止执行后，SET @x1='continue';语句根本得不到执行。

【例 9-38】创建一个带有错误处理程序的过程 handler_proc 来验证 MySQL 发现存储程序运行后，是否根据由用户自定义的处理方式处理程序。

第一步：创建带有错误处理程序的过程。

```
mysql> DELIMITER //
mysql> CREATE PROCEDURE handler_proc()
    -> BEGIN
    ->    DECLARE CONTINUE HANDLER FOR SQLSTATE '23000'
    ->    SET @x='handler for sqlstate 23000';
    ->    INSERT INTO test1(id,name) VALUES(1,'sky');
    ->    SET @x1='exit';
    ->    INSERT INTO test1(id,name) VALUES(1,'bill');
    ->    SET @x1='continue';
    ->    SELECT @x;
    ->    SELECT @x1;
    -> END //
Query OK, 0 rows affected (0.00 sec)
```

第二步：调用过程。

```
mysql> CALL handler_proc()//
```

```
+---------------------------+
| @x                        |
+---------------------------+
| handler for sqlstate 23000 |
+---------------------------+
1 row in set (0.00 sec)

+----------+
| @x1      |
+----------+
| continue |
+----------+
1 row in set (0.00 sec)

Query OK, 0 rows affected (0.00 sec)
```

【说明】过程 handler_proc()中通过 DECLARE CONTINUE HANDLER FOR SQLSTATE '23000' SET @x='handler for sqlstate 23000'; 定义了捕捉错误类型为 SQLSTATE '23000'的错误，错误处理方式为 CONTINUE，所以当过程 handler_proc()插入第二条具有相同主键的记录时发生 23000 错误即主键错，MySQL 立即执行自定义错误处理程序 SET @x='handler for sqlstate 23000', 然后忽略该"主键错"错误继续执行其他 MySQL 语句。因此，语句 SET @x1='continue';得到执行。

3．自定义错误程序说明

自定义错误触发条件以及自定义错误处理程序可以在触发器、函数以及存储过程中使用。

参与软件项目的多个数据库开发人员，如果每个人都自建一套错误触发条件以及错误处理程序，极易造成 MySQL 错误管理混乱。在实际开发过程中，建议数据库开发人员建立清晰的错误处理规范，必要时可以将自定义错误触发条件、自定义错误处理程序封装在一个存储程序中。

9.3.6　游标

数据库开发过程中，经常遇到这样的情况，即从某一结果集中逐一读取每条记录，然后对每条记录进行简单处理等。通过 MySQL 的游标机制可以解决此类问题。

在数据库中，游标（CURSOR）是一个十分重要的概念。游标提供了一种对从表中检索出的数据进行操作的灵活手段，就本质而言，游标实际上是一种能从包括多条数据记录的结果集中每次提取一条记录的机制。游标总是与一条 SQL 选择语句（SELECT）相关联，因为游标由结果集（可以是零条、一条或由相关的选择语句检索出的多条记录）和结果集中指向特定记录的游标位置组成。

游标的使用可以概括为声明游标、打开游标、从游标中提取数据、关闭游标 4 个过程。

1．声明游标

游标（CURSOR）必须在声明处理程序之前被声明，并且变量和条件必须在声明游标或处理程序之前被声明。声明游标需要使用 DECLARE 语句，其语法格式如下：

【格式】DECLARE cursor_name CURSOR FOR SELECT 语句;

【功能】声明游标。

【说明】cursor_name：游标名。一条 SELECT 语句可以在存储过程中定义多个游标，但是必须保证每个游标名称的唯一性，即每一个游标必须有自己唯一的名称。这里 SELECT 子名中不能包含 INTO 子句，并且游标只能在存储过程或存储函数中使用。

注意：使用 DECLARE 语句声明游标后，此时与该游标对应的 SELECT 语句并没有执行，MySQL

服务器内存中并不存在一个与 SELECT 语句对应的结果集。

2．打开游标

声明游标之后，要从游标中提取数据，必须首先打开游标。使用 OPEN 语句来打开游标，其语法格式如下：

【格式】`OPEN cursor_name;`

【功能】打开游标。

【说明】使用 OPEN 语句打开游标后，游标对应的原 SELECT 语句将被执行，MySQL 服务器内存中将存放与 SELECT 语句对应的结果集。

3．从游标中提取数据

游标顺利打开后，可以使用 FETCH 语句从游标中提取数据，其语法格式如下：

【格式】`FETCH cursor_name INTO 变量名 1[，变量名 2]…`

【功能】从游标中提取数据。

【说明】cursor_name 游标名代表已经打开的游标名称；变量名表示将游标中的 SELECT 语句查询出来的信息存入该参数中，变量名必须在声明游标前定义好。变量名的个数必须与声明游标时使用的 SELECT 语句结果集中的字段个数保持一致。

第一次执行 FETCH 语句时，FETCH 语句从结果集中提取第一条记录，再次执行 FETCH 语句时，FETCH 语句从结果集中提取第二条记录……依此类推。FETCH 语句每次从结果集中仅仅提取一条记录，因此 FETCH 语句需要循环语句的配合，这样才能实现整个"结果集"的遍历。

当使用 FETCH 语句从游标中提取最后一条记录后，再次执行 FETCH 语句时，将产生 ERROR 1329(02000):No data to FETCH 错误信息，数据库开发人员可以针对 MySQL 错误代码 1329 自定义错误处理程序，以便结束"结果集"的遍历。

注意：MySQL 的游标是向前只读的，也就是说，只能顺序地从开始往后读取结果集，不能从后往前，也不能直接跳到中间的记录。

4．关闭游标

游标使用完毕后，要及时关闭。关闭游标使用 CLOSE 语句，其语法格式如下：

【格式】`CLOSE cursor_name`

【功能】关闭游标。

【说明】关闭游标的作用在于释放游标打开时产生的结果集，从而节省 MySQL 服务器的内存空间。游标如果没有被明确地关闭，那么它将在被打开的 BEGIN-END 语句块的末尾关闭。对于已关闭的游标，在其关闭之后则不能使用 FETCH 来使提取数据。

【例 9-39】 创建存储过程 my_count，利用游标统计 score 表的记录数。

第一步：创建过程。

```
mysql> DELIMITER //
mysql> CREATE PROCEDURE my_count(OUT num INT)
    -> BEGIN
    ->   DECLARE xh VARCHAR(11);
    ->   DECLARE flag BOOLEAN DEFAULT true;
    ->   DECLARE getsum CURSOR FOR SELECT stuID from score;
    ->   DECLARE CONTINUE HANDLER FOR NOT FOUND
```

```
    -> SET flag=false;
    -> SET num=0;
    -> OPEN getsum;
    -> FETCH getsum INTO xh;
    -> WHILE flag DO
    ->   SET num=num+1;
    ->   FETCH getsum INTO xh;
    -> END WHILE;
    ->  CLOSE getsum;
    -> END //
Query OK, 0 rows affected (0.05 sec)
mysql> DELIMITER ;
```

第二步：查看 score 表中的记录，共有 22 条。

```
mysql> SELECT * FROM score;
+-------------+----------+-------+
| stuID       | courseID | score |
+-------------+----------+-------+
| 20160511011 | G2225420 | 74.8  |
| 20160511011 | H2221520 | 84.7  |
| 20160111002 | D1000160 | 76.2  |
| 20160411002 | E2201040 | 80.8  |
| 20160310022 | E2201040 | 73.9  |
| 20160310022 | E2200640 | 81.9  |
| 20160211011 | D0400340 | 78.7  |
| 20160310022 | E2200440 | 83.9  |
| 20160411033 | E2200640 | 73.2  |
| 20160511011 | E2200740 | 81.4  |
| 20160611023 | E2201040 | 68.4  |
| 20160722018 | E2201140 | 74.9  |
| 20160711027 | E2201240 | 94.6  |
| 20160411033 | G2225420 | 78.5  |
| 20160211011 | H2221520 | 76.9  |
| 20160511002 | G2225420 | 71.8  |
| 20160511017 | H2221520 | 87.9  |
| 20160111007 | E2201140 | 79.4  |
| 20160211007 | D0400340 | 84.1  |
| 20160310017 | E2200640 | 73.7  |
| 20160211009 | E2200440 | 69.4  |
| 20160311024 | E2201240 | 75.9  |
+-------------+----------+-------+
22 rows in set (0.06 sec)
```

第三步：调用存储过程 my_count，并查看返回的变量值。

```
mysql> CALL my_count(@num);
Query OK, 0 rows affected (0.00 sec)
mysql> SELECT @num;
+------+
| @num |
+------+
|  22  |
+------+
1 row in set (0.00 sec)
```

【说明】存储过程 my_count 中声明了游标 getsum，关联 SELECT stuID from score 语句。打开游标后从记录值中提取数据，在 MySQL 中当游标遍历溢出时，会出现一个预定义的 NOT FOUND 的错误。存储过程中处理这个错误并定义一个 CONTINUE 的 HANDLER：定义一个 flag，在 NOT FOUND 时，标示 flag 为 false，在 WHILE 循环里以这个 flag 为结束循环的判断条件就可以完成结果集的遍历。

通过自定义错误处理程序和 WHILE 语句相结合来判断记录值是否遍历完，从而实现统计记录。这个例子也可以直接使用 COUNT()函数来解决，这里只是为了说明如何使用一个游标。

【例 9-40】创建存储过程 update_course，根据用户输入把课程信息备份表 course_copy 中的相应学时数提高 10 个学时。

【说明】course_copy 是课程信息表 course 的备份表，其表结构和表数据都来自 course 表。

```
mysql> CREATE TABLE course_copy LIKE course;
Query OK, 0 rows affected (0.11 sec)
mysql> INSERT INTO course_copy SELECT * FROM course;
Query OK, 10 rows affected (0.05 sec)
Records: 10  Duplicates: 0  Warnings: 0
mysql> SELECT * FROM course_copy;
```

courseID	courseName	courseTime
D1000160	高等数学	96
D0400340	大学物理	64
E2200440	数据结构与算法	64
E2200740	计算机组成原理	64
E2201040	操作系统	64
E2201140	计算机网络	64
E2201240	数据库原理	64
E2200640	Java程序设计	64
G2225420	汇编语言	48
H2221520	数字逻辑设计	48

```
10 rows in set (0.00 sec)
```

第一步：创建存储过程 update_course。

```
mysql> DELIMITER //
mysql> CREATE PROCEDURE update_course(in c_time INT(3))
    ->    BEGIN
    ->      DECLARE c_no INT(3);
    ->      DECLARE state CHAR(10);
    ->      DECLARE score_cursor CURSOR FOR SELECT courseTime FROM
    ->      course_copy WHERE courseTime=c_time;
    ->      DECLARE CONTINUE HANDLER FOR 1329 SET state='error';
    ->      OPEN score_cursor;
    ->      REPEAT
    ->        FETCH score_cursor INTO c_no ;
    ->        SET c_no=c_no+10;
    ->        UPDATE course_copy SET courseTime= c_no WHERE courseTime=c_time;
    ->        UNTIL state='error'
    ->      END REPEAT;
    ->      CLOSE score_cursor;
    ->    END
    ->    //
    -> DELIMITER ;
Query OK, 0 rows affected (0.00 sec)
```

【说明】本段程序利用游标访问 SELECT 结果集，当 FECTH 取完结果集最后一条数据时产生 1329（FETCH_NO_DATA）的错误代码，所以针对 1329 的错误代码建立自定义错误处理程序并与 REPEAT 语句结合来结束 SELECT 结果集的遍历。

第二步测试：调用 update_course 过程将 48 学时的课程改成 58 学时。

```
mysql> CALL update_course(48);
Query OK, 0 rows affected (0.00 sec)
mysql> SELECT * FROM course_copy;
```

courseID	courseName	courseTime
D1000160	高等数学	96
D0400340	大学物理	64
E2200440	数据结构与算法	64
E2200740	计算机组成原理	64
E2201040	操作系统	64
E2201140	计算机网络	64
E2201240	数据库原理	64
E2200640	Java程序设计	64
G2225420	汇编语言	58
H2221520	数字逻辑设计	58

10 rows in set (0.00 sec)

【说明】例 9-40 中存储过程 update_course 创建游标、自定义异常处理完成对数据表相应值的修改，这与大量离散的 SQL 语句写出的应用程序相比，使用存储过程更易于代码优化和维护。

9.4 访 问 控 制

MySQL 是一个多用户数据库，不同的用户对各自所需要的数据有着不同的访问权限，MySQL 通过访问控制来为不同的用户设置访问权限，因此 MySQL 中数据的安全性和完整性可以通过访问控制进行维护。MySQL 通过权限表来控制用户对数据库的访问，权限表存放在 MySQL 的数据库中，由 mysql_install_db 脚本初始化。用来存储账户权限信息的表主要有 user、db、host、table_priv、columns_priv 和 procs_priv。

9.4.1 登录和退出 MySQL 服务器

登录 MySQL 时要在 mysql 命令提示符后指定主机名、用户名、对应的密码，然后通过下面语法格式进行登录。

【格式】mysql –h host_name –u user_name –p password

【功能】登录 MySQL 服务器。

【说明】

① mysql：表示调用 mysql 应用程序命令。

② –h：表示主机，其后加空格然后接主机名称，如本机可表示成 –h loalhost。

③ –u：表示用户名，其后加空格然后接用户名，如–u root。

④ –p：表示密码，其后直接接入密码但不能加空格，如密码为 123，则输入–p123。–p 后也可以不加密码，等待下一步系统提示输入密码。

【例 9-41】以 Wampserver 为例，使用 root 用户登录本地 MySQL 数据库（root 密码为空）。

在 Windows 命令提示符 C:\wamp64\bin\mysql\mysql5.7.14\bin 中代码执行结果如下：

```
C:\wamp64\bin\mysql\mysql5.7.14\bin>mysql -h localhost -u root -p
Enter password:
Welcome to the MySQL monitor.  Commands end with ; or \g.
Your MySQL connection id is 19
Server version: 5.7.14 MySQL Community Server (GPL)
Copyright (c) 2000, 2016, Oracle and/or its affiliates. All rights reserved.
Oracle is a registered trademark of Oracle Corporation and/or its
affiliates. Other names may be trademarks of their respective
owners.
Type 'help;' or '\h' for help. Type '\c' to clear the current input statement.
mysql>
```

执行命令时，会提示输入密码，如果没有设置密码，可以直接按【Enter】键。

【例 9-42】使用 root 用户登录到本地 MySQL 服务器的 student 数据库，同时显示查询 student 数据库中的 admin 表结构。

执行结果如下：

```
C:\wamp64\bin\mysql\mysql5.7.14\bin>mysql -h  localhost -u root -p student -e
"DESC admin";
Enter password:
+-----------+-------------+------+-----+---------+-------+
| Field     | Type        | Null | Key | Default | Extra |
+-----------+-------------+------+-----+---------+-------+
| admin_ID  | varchar(30) | NO   |     | NULL    |       |
| admin_pwd | varchar(30) | NO   |     | NULL    |       |
| Email     | varchar(40) | NO   |     | NULL    |       |
+-----------+-------------+------+-----+---------+-------+

C:\wamp64\bin\mysql\mysql5.7.14\bin>
```

查询命令结束后会自动退出 MySQL 服务器。

9.4.2　创建用户账户

MySQL 的用户账号以及相关的信息都存储在 MySQL 数据库中一个名为 user 的数据表中，该表的 user 字段下包含了所有用户的账号。

【例 9-43】利用 SELECT 语句查看 MySQL 数据库的用户账号。

```
mysql> SELECT user FROM mysql.user;
```

其中，LiMing 为后创建的用户账号，root 为超级用户账号或超级管理员。当 MySQL 安装完成后会自动创建 root 用户，并且该用户密码为空。root 用户拥有所有的权限，包括创建用户、删除用户以及修改用户的密码等，而普通用户只能被授予各种权限。为了保护 root 账号，使用者应当在数据库安装完成后对其设置密码。当然，为方便使用者进行数据库的练习，root 账号也可以不设置密码。

当创建新用户时，必须要有相应的权限来执行该操作。在 MySQL 中，常见的方式是使用 CREATE USER 语句进行一个或者多个新用户的创建并设置相应的密码，该语句的基本语法格式如下：

【格式】CREATE USER 'username'@'host' [IDENTIFIED BY [PASSWORD]'password'];

【功能】创建用户。

【说明】

① CREATE USER：关键词，用于创建用户。

② 'username'@'host'：username 为创建的用户名，host 是 MySQL 所在的计算机或者 IP 地址，如果是本机，则使用 localhost。如果在创建中没有指定主机，则主机名会默认是通配符 "%"。

③ IDENTIFIED BY：指定用户账户对应的密码，若无须密码，则可以省略该语句。

④ PASSWORD：表示使用哈希值设置密码，该参数可选。

⑤ password：表示用户登录时使用的普通明文密码，可由数字和字母构成。

【例 9-44】使用 CREATE USER 语句创建一个用户，用户名为 ZhangSan，密码为普通明文密码 456bcd，主机为本机 localhost。

```
mysql> CREATE USER 'ZhangSan'@'localhost' IDENTIFIED BY '456bcd';
Query OK, 0 rows affected (0.02 sec)
```

显示创建成功，可以用 SELECT 语句进行新建用户查看：

```
mysql> select user from mysql.user;
+-----------+
| user      |
+-----------+
| ZhangSan  |
| root      |
+-----------+
```

有时为了避免指定明文密码，如果知道密码的哈希值，可以通过 PASSWORD 关键字使用密码的哈希值设置密码，可通过 password（）函数获取密码的哈希值。

【例 9-45】使用 CREATE USER 语句创建一个用户，用户名为 WangWu，密码为普通明文密码 456bcd 的哈希值，主机为本机 localhost。

首先创建 456bcd 的哈希值：

```
mysql> SELECT password('456bcd');
+-------------------------------------------+
| password('456bcd')                        |
+-------------------------------------------+
| *96D1B9EDE7C6049A93ED302C8597DBA22AAA869A |
+-------------------------------------------+
```

其中，*96D1B9EDE7C6049A93ED302C8597DBA22AAA869A 就是 456bcd 的哈希值。然后执行下面语句：

```
mysql> CREATE USER 'WangWu'@'localhost'
    ->IDENTIFIED BY
->PASSWORD '*96D1B9EDE7C6049A93ED302C8597DBA22AAA869A';
```

执行结束后，可以用 SELECT 语句进行新建用户查看：

```
mysql> SELECT user FROM mysql.user;
+-----------+
| user      |
+-----------+
| WangWu    |
| ZhangSan  |
| root      |
+-----------+
```

此外，在使用 CREATE USER 语句时还应该注意以下几点：

① 如果没有为用户指定密码，虽然可以登录系统，但出于安全方面的原因，建议对用户密码进行设置。

② 在使用该语句时，必须具备 MySQL 数据库的 INSERT 权限或全局 CREATE USER 权限。

③ 在创建新用户的过程中，如果用户名已经存在，则语句执行后会出现错误。

④ 使用该语句创建的新用户只拥有很少的权限，需要对其进行权限赋值操作。

⑤ 如果两个用户具有相同的用户名和不同的主机名，则 MySQL 将他们视为不同用户。

9.4.3 删除普通用户

在 MySQL 中可以使用 DROP USER 语句进行一个或者多个用户账号的删除，同时撤销这些用户的原有权限。在使用该语句时必须要具备 MySQL 数据库的全局 CREATE USER 权限或者 DELETE 权限。该语句的语法格式如下：

【格式】`DROP USER user [, user,…];`

【功能】删除用户。

在 DROP USER 语句的使用中,如果没有明确地给出账户的主机名,则该主机名会默认为%。使用 DROP USER 删除一个账户及本地登录权限的操作如下:

【格式】`DROP USER  'user'@'localhost';`

【功能】删除本地账户。

【例 9-46】使用 DROP USER 在 localhost 主机上删除 ZhangSan 账户。

代码执行过程如下:

```
mysql> DROP USER 'ZhangSan'@'localhost';
Query OK, 0 rows affected (0.01 sec)
```

语句执行成功后,查看执行结果:

```
mysql> SELECT host,user FROM user;
+-----------+-----------+
| host      | user      |
+-----------+-----------+
| localhost | WangWu    |
| localhost | LiMing    |
| localhost | mysql.sys |
| localhost | root      |
+-----------+-----------+
4 rows in set (0.00 sec)
```

可见,在 user 字段中已经没有用户名为 ZhangSan、主机名为 localhost 的账户。

注意:在使用 DROP USER 语句时,应该给出账户的主机名,否则执行时会出错。此外,DROP USER 命令进行删除时,命令不会生效,直到用户对话框被关闭后才能生效。

9.4.4　修改普通用户账号

可以使用 RENAME USER 语句修改一个或者多个已经存在的 MySQL 用户账号。在使用 RENAME USER 语句时,必须拥有 MySQL 中的 mysql 数据库的 UPDATE 权限或者全局 CREATE 权限。该语句的语法格式如下:

【格式】`RENAME USER olduser TO newuser;`

【功能】修改用户名。

【说明】olduser 为系统中已经存在的用户账号;newuser 为修改后的新用户账号。

【例 9-47】在 MySQL 中添加一个新的用户 WangPeng,密码为 123456,主机为 localhost,然后将用户 WangPeng 修改为 HuangPeng。代码执行过程如下:

```
mysql> CREATE USER 'WangPeng'@'localhost' IDENTIFIED BY '123456';
Query OK, 0 rows affected (0.00 sec)
```

通过 SELECT 语句进行查看:

```
mysql> SELECT host,user FROM mysql.user;
+-----------+-----------+
| host      | user      |
+-----------+-----------+
| localhost | WangPeng  |
| localhost | WangWu    |
| localhost | LiMing    |
| localhost | mysql.sys |
| localhost | root      |
+-----------+-----------+
5 rows in set (0.00 sec)
```

通过 RENAME USER 进行修改：

```
mysql> RENAME USER 'WangPeng'@'localhost' TO 'HuangPeng'@'localhost';
Query OK, 0 rows affected (0.02 sec)
```

通过 SELECT 语句进行查看：

```
mysql> SELECT host,user FROM mysql.user;
+-----------+-----------+
| host      | user      |
+-----------+-----------+
| localhost | HuangPeng |
| localhost | WangWu    |
| localhost | LiMing    |
| localhost | mysql.sys |
| localhost | root      |
+-----------+-----------+
5 rows in set (0.00 sec)
```

如果系统中不存在旧的账号或者新的账号已经存在，则语句在执行过程中会出现错误。例如在上述语句执行后，执行以下语句会提示错误。

```
mysql> RENAME USER 'WangPeng'@'localhost' TO 'HuangPeng'@'localhost';
ERROR 1064 (42000): You have an error in your SQL syntax; check the manual that
corresponds to your MySQL server version for the right syntax to use near '; RENAME USER
'WangPeng'@'localhost' TO 'HuangPeng'@'localhost'' at line 1
```

9.4.5　修改普通用户密码

可以使用 SET 语句进行普通用户密码的修改，语法格式如下：

【格式】`SET PASSWORD FOR 'user'@'host'=PASSWORD('somepassword');`

【功能】修改普通用户密码。

【例 9-48】使用 SET 语句将 LiMing 的密码改为 goodpass。

```
mysql> SET PASSWORD FOR 'LiMing'@'localhost'=PASSWORD('goodpass');
Query OK, 0 rows affected, 1 warning (0.00 sec)
```

SET 语句执行成功后，LiMing 的密码被成功地设置为 goodpass。

【例 9-49】上述例子中用户 LiMing 的密码改为明文 goodpass 对应的哈希值。

首先，在 MySQL 命令行通过下面语句和 PASSWORD（ ）函数得到 goodpass 所对应的哈希值：

```
mysql> SELECT PASSWORD('goodpass');
+-------------------------------------------+
| PASSWORD('goodpass')                      |
+-------------------------------------------+
| *CE4F9AAE1236B03029BB27C3165ADD020DF89F94 |
+-------------------------------------------+
```

其次，通过使用 SET PASSWORD 语句修改用户 LiMing 的密码为明文 goodpass 所对应的哈希值：

```
mysql> SET PASSWORD FOR 'liming'@'localhost'
    -> ='*CE4F9AAE1236B03029BB27C3165ADD020DF89F94';
Query OK, 0 rows affected (0.00 sec)
```

此时，密码修改成功。

注意：在 SET PASSWORD 语句中，如果不加 FOR 子句，则表示普通用户修改其自身的密码；若加上 FOR 子句则表示 root 账户或者其他授权账户来修改该普通用户的密码。此外，在使用该语句时，用户名必须存在，而且不能省略主机名，否则语句执行时会出现错误。

9.4.6　账号权限管理

当使用 CREATE USER 语句创建账户后，该账户除了可以登录 MySQL 服务器以及查看存储引擎之外，几乎没有权限来执行其他任何操作，还需要为该用户账户分配适当的权限。账号权限管理主要是对登录 MySQL 的用户进行权限认证，不合理的权限不仅会降低 MySQL 的工作效率，同时也会带来一定的安全隐患。数据库管理员应该对所有用户的权限进行合理的规划以提高用户使用数据库系统的效率。

【例 9-50】通过 SHOW GRANTS 语句查看用户 LiMing 的权限。

```
mysql> show grants for 'LiMing'@'localhost';
+------------------------------------------+
| Grants for LiMing@localhost              |
+------------------------------------------+
| GRANT USAGE ON *.* TO 'LiMing'@'localhost' |
+------------------------------------------+
1 row in set (0.00 sec)
```

语句 GRANT USAGE ON *.* TO 'LiMing'@'localhost'表明该用户对任何数据库和任何表都没有权限。

账户权限信息存储在 MySQL 数据库 user、db、host、tables_priv、columns_priv 以及 procs_priv 权限表中，MySQL 服务器启动时会将这些权限表的信息读入内存。MySQL 的权限可以分为全局层级、数据库层级、表层级、列层级以及子程序级。对应的权限表的具体内容如下：

① user 表是 MySQL 中最重要的权限表，是全局级别的权限。如果一个用户在 user 表中被授予 DELETE 权限，则该用户可以删除 MySQL 服务器上所有数据库中的任何记录。user 表有 42 个字段，被分成用户列、权限列、安全列和资源控制列。常见的 user 表权限有 CREATE、DROP、SELECT、INSERT、UPDATE、DELETE、INDEX、ALTER、CREATE ROUTINE、ALTER ROUTINE、EXECUTE、GRANT、SHOW DATABASES、FILE 等。

② db 表中存储了用户对某个数据库的操作权限，决定了用户能从哪个主机存取哪个数据库。host 表存储了某个主机对数据库的操作权限，配合 db 权限表对给定主机上的数据库级操作权限做更细致的控制。db 表比较常用，host 表用得很少。db 表和 host 表的字段大致上分为用户列和权限列，一般情况下 db 表就可以满足权限控制需求。user 表中的权限是全局级别的，是针对所有数据库的。例如，如果希望用户只是针对某个数据库（而不是全部数据库）有 SELECT 权限操作，那么需要将 user 表中该用户 SELECT 权限设置为 N，然后在 db 表中该用户对应的 SELECT 权限设置为 Y。常见的 db 表权限有 SELECT、INSERT、DELETE、UPDATE、REFERENCES、CREATE、ALTER、SHOW VIEW、CREATE ROUTINE、ALTER ROUTINE、INDEX、DROP、LOCK TABLES 等。

③ tables_priv 表用来对表设置操作权限。tables_priv 有 8 个字段，常见的权限有 SELECT、INSERT、DELETE、DROP、UPDATE、ALTER、REFERENCES、CREATE、TRIGGER、GRANT、INDEX 等。

④ columns_priv 表用来对列设置权限，包含 7 个字段。常见的权限有 SELECT、INSERT、UPDATE、REFERENCES。

⑤ procs_priv 表用来对存储过程和存储函数设置操作权限，包含 8 个字段。常见的权限有 EXECUTE、ALTER ROUTINE、GRANT。

1. 权限的授予

在 MySQL 中，用 GRANT 语句进行权限授予，必须是拥有 GRANT 权限的用户才可以执行 GRANT 语句。GRANT 语法格式如下：

【格式】GRANT　权限类型　[(列名)]　[，权限类型　[(列名)]]…

　　　　ON　[对象类型]　权限级别

　　　　TO　用户　[IDENTIFIED BY [PASSWORD] 'password']

　　　　[，用户 [IDENTIFIED BY [PASSWORD] 'password']]…

　　　　[WITH GRANT OPTION]

【功能】用户权限授予。

【说明】

① 权限类型：可指定为上述的 CREATE、DROP、SELECT、INSERT、UPDATE、DELETE、INDEX 等语句。

② 列名：可选项，用于指定权限要授予给表中哪些具体的列，不指定该参数则表示作用于整个表。

③ ON 子句：可在 ON 子句后面给出要授予权限的数据库名或者表名。

④ 对象类型：可选项，用于指定权限授予的类型，包括表、函数和存储过程，分别用关键字 TABLE、FUNCTION 和 PROCEDURE 来标识。当旧版本进行升级时，必须使用对象类型子句。

⑤ 权限级别：在 GRANT 语句中可用于指定权限级别的方式有以下几种。

● *：表示当前数据库中的所有表。

● *.*：表示所有数据库中的所有表。

● db_name.*：表示某个数据库中的所有表。

● db_name.tbl_name：表示某个数据库中的某个表或视图。

● tbl_name：表示某个表或视图。

● db_name.routine_name：表示某个数据库中的某个存储过程或者函数。

⑥ TO 子句：用来指定被赋予权限的用户 user。user 由用户名和主机名构成，形式是'username'@'hostname'。

⑦ IDENTIFIED BY 子句：用于设置密码。若给系统中已经存在的用户设置密码，则新密码会覆盖原密码。若系统中不存在该用户，则 MySQL 会自动执行一条 CREATE USER 语句来创建该用户，但同时必须为该用户指定密码。

⑧ WITH 子句。WITH 子句后可跟一个或多个选项，具体如下：

● GRANT OPTION：表示 TO 子句中所指定的用户具有把自己的权限授予其他用户的权利。

● MAX_QUERIES_PER_HOUR 次数：设置每小时可以执行查询的次数。

● MAX_UPDATES_PER_HOUR 次数：设置每小时可以执行更新的次数。

● MAX_CONNECTIONS_PER_HOUR 次数：设置每小时可以建立连接的次数。

● MAX_USER_ CONNECTIONS 次数：设置单个用户可以同时建立连接的次数。

【例 9-51】新建数据库 test_priv 并在数据库中建立表 student（stu_id INT NOT NULL, stu_name VARCHAR(20) NOT NULL），新建用户 LiXiang 并授予 LiXiang 对表 student 拥有列 stu_id、列 stu_name 的 SELECT 权限。

① 建立数据库和相应的表并进行查看：

```
mysql> create database test_priv ;
Query OK, 1 row affected (0.00 sec)
mysql> use test_priv;
Database changed
mysql> CREATE TABLE student
```

```
    -> ( stu_id INT NOT NULL,
    -> stu_name VARCHAR(20) NOT NULL);
Query OK, 0 rows affected (0.01 sec)
mysql> DESC student;
```

Field	Type	Null	Key	Default	Extra
stu_id	int(11)	NO		NULL	
stu_name	varchar(20)	NO		NULL	

```
2 rows in set (0.00 sec)
```

② 新建用户 LiXiang 并进行查看：
```
mysql> create user 'LiXiang'@'localhost';
Query OK, 0 rows affected (0.00 sec)
mysql> select user from mysql.user;
```

user
LiXiang
mysql.sys
root

③ 使用 GRANT 语句进行授权：
```
mysql> GRANT SELECT(stu_id,stu_name)
    -> ON test_priv.student
    -> TO 'LiXiang'@'localhost';
Query OK, 0 rows affected (0.00 sec)
```

当系统中不存在用户[如 WangXing（密码为 789）]时，可以改写 TO 子句如下：
```
TO 'WangXing'@'localhost' IDENTIFIED BY '789';
```
语句执行成功后可以用 WangXing 登录到 MySQL 服务器，执行 SELECT 相关语句来验证用户所授予的权限。

【例 9-52】授予系统中已存在的用户 LiXiang 对数据库 test_priv 拥有所有数据库操作的权限。
```
mysql> GRANT ALL
    -> ON test_priv.*
    -> TO 'LiXiang'@'localhost';
Query OK, 0 rows affected (0.00 sec)
```
其中，test_priv.*表示该数据库中的所有表。

【例 9-53】授予系统中已存在的用户 LiXiang 对所有数据表的 SELECT 和 UPDATE 权限。
```
mysql> GRANT SELECT,UPDATE ON *.*
    -> TO 'LiXiang'@'localhost';
Query OK, 0 rows affected (0.00 sec)
```
使用 SELECT 语句查询用户 LiXiang 的部分权限：
```
mysql> SELECT host,user,select_priv,update_priv FROM mysql.user where user='LiXiang';
```
host	user	select_priv	update_priv
localhost	LiXiang	Y	Y

```
1 row in set (0.00 sec)
```
查询结果显示相应权限字段值均为"Y"表示已经授权。

2. 权限转移与限制

【例 9-54】授予系统中已存在的用户 LiXiang 对表 test_priv.student 拥有 SELECT 和 UPDATE 权限，并允许其可以将自身的权限授予其他用户。

```
mysql> GRANT SELECT, UPDATE
    -> ON test_priv.student
    -> TO 'LiXiang'@'localhost'
    -> WITH GRANT OPTION;
Query OK, 0 rows affected (0.00 sec)
```

通过使用 WITH GRANT OPTION 子句，以账户 LiXiang 登录 MySQL 服务器后就可以根据需要将自身的权限授予其他指定用户。

【例 9-55】授予系统中已存在的用户 LiXiang 对表 test_priv.student 拥有每小时只能处理一条 SELECT 语句的权限。

```
mysql> GRANT SELECT
    -> ON test_priv.student
    -> TO 'LiXiang'@'localhost'
    -> WITH MAX_QUERIES_PER_HOUR 1;
Query OK, 0 rows affected, 1 warning (0.00 sec)
```

通过 WITH MAX_QUERIES_PER_HOUR 等 4 条语句对授权加以限制。

3. 权限的撤销

权限撤销就是取消已经赋予用户的某些权限。MySQL 中使用 REVOKE 语句取消用户的某些权限，但此用户不会被删除。若删除 user 表中的账户记录，可以使用 DROP USER 语句。要使用 REVOKE 语句，必须拥有 MySQL 数据库的全局 CREATE USER 权限或 UPDATE 权限。

REVOKE 语句有两种语法格式。第一种是收回特定用户的所有权限，语法格式如下：

【格式】REVOKE ALL PRIVILEGES, GRANT OPTION
　　　　FROM 'user'@'host' [, 'user'@'host'…]

第二种是用于收回特定用户的某些特定权限，语法格式如下：

【格式】REVOKE　权限类型　[(列名)]　[, 权限类型　[(列名)]]…
　　　　ON　权限级别
　　　　FROM　'user'@'host' [, 'user'@'host'…]

可见，REVOKE 语句和 GRANT 语句的语法格式相似，但作用刚好相反。

【例 9-56】撤销用户 LiXiang 对所有数据表的 UPDATE 权限。

```
mysql> REVOKE UPDATE ON *.* FROM 'LiXiang'@'localhost';
Query OK, 0 rows affected (0.00 sec)
```

执行结果显示成功，使用 SELECT 语句查询用户 LiXiang 的权限：

```
mysql> SELECT host,user,select_priv,update_priv FROM mysql.user where user='LiXiang';
+-----------+---------+-------------+-------------+
| host      | user    | select_priv | update_priv |
+-----------+---------+-------------+-------------+
| localhost | LiXiang | Y           | N           |
+-----------+---------+-------------+-------------+
1 row in set (0.00 sec)
```

查询结果显示 LiXiang 的 update_priv 字段值为 N，UPDATE 权限已经被收回。

【例 9-57】撤销用户 LiXiang 对 test_priv.student 表的 SELECT 权限。

```
mysql> REVOKE SELECT
    -> ON test_priv.student
    -> FROM 'LiXiang'@'localhost';
Query OK, 0 rows affected (0.00 sec)
```

4. 权限的查看

通过使用 SHOW GRANTS 语句可以显示指定用户的权限信息，其基本的语法格式如下：

【格式】SHOW GRANGTS FOR 'user'@'host';

【功能】显示用户权限。

【例 9-58】查询用户 LiXiang 权限信息。

```
mysql> SHOW GRANTS FOR 'LiXiang'@'localhost';
+---------------------------------------------+
| Grants for LiXiang@localhost                |
+---------------------------------------------+
| GRANT USAGE ON *.* TO 'LiXiang'@'localhost' |
+---------------------------------------------+
1 row in set (0.00 sec)
```

语句 GRANT USAGE ON *.* TO 'LiXiang'@'localhost'表明该用户对任何数据库和任何表都没有权限。

9.5 备份与恢复

数据库在使用过程中存在着一些不可预估的因素，例如，计算机硬盘的损害会导致存储数据的丢失，计算机软件的不正确使用以及计算机病毒攻击都会导致数据遭到破坏，意外停电或者人为的误操作会导致数据丢失或者出现错误，洪水、地震等不可抵抗的因素也会损害计算机系统和相关数据。因此，保证数据库安全的最重要措施是对数据库中的数据进行定期备份，在数据丢失或者发生问题时可以使用备份方式对数据库中的数据进行恢复。MySQL 提供了多种方式对数据进行备份和恢复以保证数据库中数据的可靠性和完整性，在意外发生时，尽可能地降低对数据库的影响。

9.5.1 使用 mysqldump 命令备份

在 MySQL 安装目录下的 bin 子目录中有自带的客户端实用工具，其中 mysqldump 是一个非常有用的数据库备份和恢复实用工具。以 Wampserver64 为例，bin 子目录位于 C:\wamp64\bin\mysql\mysqx.x.x 下。

mysqldump 备份数据库语句的语法格式如下：

【格式】mysqldump -u user -h host -p password 数据库名[表名,[表名…]]>
　　　　备份文件名.sql

【功能】数据库备份。

【说明】user 表示用户名，host 表示主机名，password 为用户密码，可指定数据库中多个要备份的表，">"表示写入备份文件，备份文件应该以.sql 作为扩展名。

【例 9-59】使用 mysqldump 命令备份 test_priv 数据库中的所有表到 C:\backup 目录中。

首先建立 C:\backup 目录，在 Windows 命令提示符 C:\wamp64\bin\mysql\mysql5.7.14\bin 中输入语句如下：

```
mysqldump -u root -h localhost -p test_priv>C:/backup/test_priv.sql
```

代码执行完成后，可以看到 C:\backup 目录下的 test_priv.sql 文件。

【例 9-60】使用 mysqldump 命令备份 test_priv 数据库中 student 表到 C:\backup 目录中。

在 Windows 命令提示符 C:\wamp64\bin\mysql\mysql5.7.14\bin 中输入语句如下：

```
mysqldump -u root -h localhost -p test_priv student>C:/backup/student.sql
```

代码执行完成后，可以看到 C:\backup 目录下的 student.sql 文件。

【例 9-61】使用 mysqldump 命令备份 test_priv 数据库和 mysql 数据库到 C:\backup 目录中。

在 Windows 命令提示符 C:\wamp64\bin\mysql\mysql5.7.14\bin 中输入如下语句：

```
mysqldump -u root -h localhost -p --databases test_priv
mysql>C:/backup/test_mysql.sql;
```

代码执行完成后，可以看到 C:\backup 目录下的 test_mysql.sql 文件。

【例 9-62】使用 mysqldump 命令备份所有的数据库到 C:\backup 目录中。

在 Windows 命令提示符 C:\wamp64\bin\mysql\mysql5.7.14\bin 中输入如下语句：

```
mysqldump -u root -h localhost -p --all-databases>C:/backup/all.sql;
```

代码执行完成后，可以看到 C:\backup 目录下的 all.sql 文件.

9.5.2　使用 mysql 命令恢复

可以使用 mysql 命令将 mysqldump 程序备份的文件中的全部数据还原到 MySQL 服务器中，从而恢复一个损坏的数据库。其语法格式如下：

【格式】`mysql -u user -p 数据库名<备份文件名.sql;`

【功能】使用命令恢复数据库。

【例 9-63】使用 mysql 命令将 C:\backup 目录下的 student.sql 文件导入到数据库 test_priv 中。

在 Windows 命令提示符 C:\wamp64\bin\mysql\mysql5.7.14\bin 中输入语句如下：

```
mysql -u root -p test_priv<c:/backup/student.sql;
```

该语句在执行前，必须在 MySQL 服务器中创建 test_priv 数据库，如果不存在此数据库，恢复过程将会出错。

9.5.3　使用 SELECT INTO OUTFILE 导出文本文件

MySQL 数据库中的数据可以导出成.sql 文件、.xml 文件或者.html 文件，这些导出的文件也可以导入到 MySQL 数据库中。SELECT INTO OUTFILE 语句的基本格式如下：

【格式】`SELECT * INTO OUTFILE '文件名' [OPTIONS]`

【功能】导出文本文件。

【说明】使用该语句时必须要具备 FILE 权限，导出的文件名不能是一个已经存在的文件，否则将会被覆盖。导出的数据如果为空值，则用 "\N" 表示。OPTIONS 为可选参数，具体内容如下：

① FIELDS TERMINATED BY 'value'：设置字段的间隔符，默认情况下为制表符 "\t"。

② FIELDS [OPTIONALLY] ENCLOSED BY 'value'：设置字段的包围字符，只能为单个字符，如果使用 OPTIONALLY 则只包括 CHAR 和 VERCHAR 等字符数据字段。

③ FIELDS ESCAPED BY'value'：设置如何写入或者读取特殊字符，只能为单个字符，即设置转义字符，默认值为 "\"。

④ LINES STARTING BY'value'：设置每行数据开头的字符，默认情况下不使用任何字符。

⑤ LINES TERMINATED BY'value'：设置每行数据结尾的字符，默认值为 "\n"。

⑥ 如果 FIELDS 和 LINES 两个都被指定，则 FIELDS 必须位于 LINES 的前面。

【例 9-64】使用 SELECT INTO OUTFILE 语句将 test_priv 数据库中的 student 表中的记录导出到文本文件,要求每个字段用逗号分开，字符用双引号标注，每行以叹号结束。

输入的语句如下：

```
SELECT * FROM test_priv.student  INTO OUTFILE  'C:\student1.txt'
FIELDS TERMINATED BY  ','
OPTIONALLY ENCLOSED BY  '"'
LINES TERMINATED BY '!' ;
```

9.5.4　使用 LOAD DATA INFILE 导入文本文件

LOAD DATA INFILE 语句用于从一个文件中读取行，并装入到一个表中。执行该语句时需要有 FILE 权限，该语句的基本格式如下：

【格式】`LOAD DATA INFILE 'filename.txt' INTO TABLE tablename [OPTIONS] [IGNORE number LINES]`

【功能】导入文本文件。

【说明】filename 为导入数据的来源，tablename 为待导入的数据表名称。IGNORE number LINES 选项表示忽略文件开始的行数。OPTIONS 为可选参数，具体内容如下：

① FIELDS TERMINATED BY 'value'：设置字段的间隔符，默认情况下为制表符 "\t"。

② FIELDS [OPTIONALLY] ENCLOSED BY 'value'：设置字段的包围字符，只能为单个字符，如果使用 OPTIONALLY 则只包括 CHAR 和 VERCHAR 等字符数据字段。

③ FIELDS ESCAPED BY'value'：设置如何写入或者读取特殊字符，只能为单个字符，即设置转义字符，默认值为 "\"。

④ LINES STARTING BY'value'：设置每行数据开头的字符，默认情况下不使用任何字符。

⑤ LINES TERMINATED BY'value'：设置每行数据结尾的字符，默认值为 "\n"。

【例 9-65】使用 LOAD DATA INFILE 语句将 C:\student1.txt 文件中的数据导入 test_priv 数据库的 student 表。

导入之前将 stduent 表中的数据全部删除，代码执行过程如下：

```
mysql>use test_priv;
Database changed;
mysql>DELETE FROM student;
```

数据导入语句如下：

```
mysql>LOAD DATA INFILE 'C:\student1.txt' INTO TABLE test_priv.student;
```

在数据导入时，还应该注意以下两点：

① 必须根据数据备份文件中数据行的格式来指定判断符号，如果源文件中的字段是以逗号隔开的，导入数据时一定要使用 FIELDS TERMINATED BY ','。

② 在多个用户同时使用数据库的情况下，为了得到一致的备份，需要在指定表上做一个读锁定，以防止备份过程中被其他用户更新。当数据恢复时，需要使用写锁定，以避免发生冲突。在数据备份和恢复完毕后使用 UNLOCK TABLES 语句对表进行解锁。

9.5.5　使用图形界面备份和恢复数据

用户可以采用图形界面工具对 MySQL 数据库进行备份与恢复。下面以 phyMyAdmin 为例，介绍其备份和恢复 MySQL 数据库的操作。

① 以浏览器方式登录 phpMyAdmin，出现如图 9-1 所示的登录界面，单击 "执行" 按钮并登录。

图 9-1 phyMyAdmin 登录界面

② 登录后在界面左侧选择要导出的数据库或者表，例如选择 student 数据库的 stu 表，如图 9-2 所示。

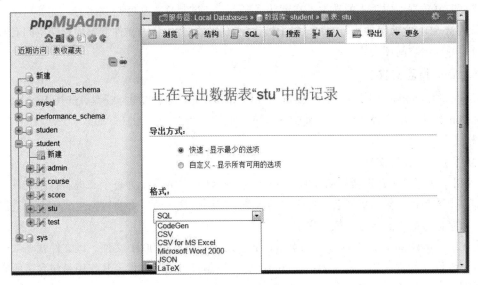

图 9-2 选择数据库

③ 单击"导出"选项卡，选择导出文件格式，单击"浏览"按钮，选择文件导出位置，如图 9-3 所示。

④ 单击"保存"按钮即可。类似地在选择好数据库后，单击"导入"选项卡，选择导入备份文件所在的位置，选择导入格式，单击"执行"按钮就可以完成数据库的恢复操作。

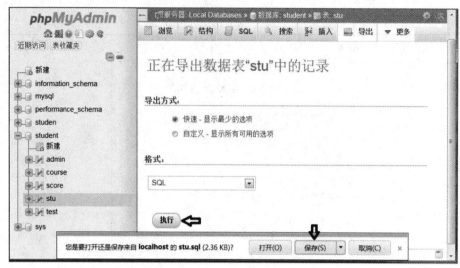

图 9-3　导出数据库中的表

9.5.6　使用二进制日志还原数据库

MySQL 日志是用来记录数据库客户端连接情况、SQL 语句的执行情况、错误信息的文件。MySQL 日志可以分为二进制日志、错误日志等。二进制日志也叫作变更日志，主要用于记录数据库的变化情况。在没有对文件进行备份的情况下，如果数据库发生文件损坏，可以使用更新日志的方式来恢复数据库中丢失的数据。在默认情况下，二进制日志功能是关闭的，此外启动日志功能会降低 MySQL 数据库的执行速度。对于操作频繁的数据库，日志文件需要的存储空间有时比数据库需要的存储空间还大。

1. 启动日志文件

以 Wampserver64 为例，首先在桌面右下角单击 Wampserver 的图标托盘，选择 MySQL 文件夹中的 my.ini 文件，单击该文件后在标签[mysqld]下面添加语句：

【格式】`log_bin`

【功能】启动日志文件。

【说明】保存修改后重新启动 Wampserver64。MySQL 服务器会为每个二进制日志文件名后自动添加一个数字标号作为扩展名，每次启动服务器或刷新日志时，都会重新生成一个二进制日志文件，数字标号的扩展名也会依次递增。

在 C:\wamp64\bin\mysql\mysql5.7.14\data 下会找到 xxx-bin.00001 文件，该文件就是二进制日志文件。该目录下还有一个名为 xxx-bin.index 的二进制日志索引文件，其作用是包含了所有使用的二进制日志文件的文件名。

2. 查看二进制日志文件

二进制日志文件不能直接打开，需要用 mysqlbinlog 实用工具进行查看，其命令语法形式如下：

【格式】`mysqlbinlog filename.number`

【功能】查看二进制文件。

【例 9-66】演示使用 mysqlbinlog 实用工具来查看系统的二进制日志文件。

假设二进制日志的文件名为 DESKTOP-RSCNK2V-bin.000001，以 Wampserver64 为例，在 Windows 命令提示符 C:\wamp64\bin\mysql\mysql5.7.14\bin 下输入代码，查看运行结果。

```
C:\wamp64\bin\mysql\mysql5.7.14\bin>mysqlbinlog DESKTOP-RSCNK2V-bin.000001
/*!50530 SET @@SESSION.PSEUDO_SLAVE_MODE=1*/;
/*!50003 SET @OLD_COMPLETION_TYPE=@@COMPLETION_TYPE,COMPLETION_TYPE=0*/;
DELIMITER /*!*/;
mysqlbinlog: File 'DESKTOP-RSCNK2V-bin.000001' not found (Errcode: 2 - No such file or
directory)
SET @@SESSION.GTID_NEXT= 'AUTOMATIC' /* added by mysqlbinlog */ /*!*/;
DELIMITER ;
# End of log file
/*!50003 SET COMPLETION_TYPE=@OLD_COMPLETION_TYPE*/;
/*!50530 SET @@SESSION.PSEUDO_SLAVE_MODE=0*/;
C:\wamp64\bin\mysql\mysql5.7.14\bin>
```

3. 使用二进制日志文件恢复数据

二进制日志还原数据库的命令格式如下：

【格式】`mysqlbinlog filename.number | mysql -u root -p;`

【功能】使用二进制还原数据库。

【说明】使用 mysqlbinlog 命令进行还原时，必须是编号小的日志文件先还原。

【例 9-67】演示使用 mysqlbinlog 命令还原编号分别为 log.000001、log.000002、log.000003 的二进制日志文件。

```
mysqlbinlog log.000001 | mysql -u root -p
mysqlbinlog log.000002 | mysql -u root -p
mysqlbinlog log.000003 | mysql -u root -p
```

4. 删除二进制日志

① 使用 PURGE MASTER LOGS 删除指定的日志文件，有两种语法格式：

【格式】`PURGE MASTER LOGS TO 'log_name';`
　　　　`PURGE MASTER LOGS BEFORE 'date';`

【功能】删除二进制日志。

【说明】第一种方法指定文件名，执行命令将删除文件名编号比指定文件编号小的所有日志文件。第二种方法指定日期，执行命令将删除指定日期前的所有日志文件。

【例 9-68】演示使用第一种方法删除系统二进制日志文件。

首先使用 SHOW binary logs 语句显示系统二进制日志文件：

```
mysql> SHOW binary logs;
+---------------------------+-----------+
| Log_name                  | File_size |
+---------------------------+-----------+
| DESKTOP-RSCNK2V-bin.000001 |       177 |
| DESKTOP-RSCNK2V-bin.000002 |       154 |
+---------------------------+-----------+
2 rows in set (0.00 sec)
```

其次，删除编号为 000001 的二进制日志文件并显示剩下的日志：

```
mysql> PURGE MASTER LOGS TO "DESKTOP-RSCNK2V-bin.000002";
Query OK, 0 rows affected (0.02 sec)
mysql> SHOW binary logs;
+---------------------------+-----------+
| Log_name                  | File_size |
+---------------------------+-----------+
| DESKTOP-RSCNK2V-bin.000002 |       154 |
+---------------------------+-----------+
1 row in set (0.00 sec)
```

② 使用 RESET MASTER 语句删除所有的二进制日志文件，其语法格式如下：

【格式】RESET MASTER;

【功能】删除二进制日志文件。

【例 9-69】演示使用 RESET MASTER 删除系统二进制日志文件。

```
mysql> RESET MASTER;
Query OK, 0 rows affected (0.02 sec)
mysql> SHOW binary logs;
+---------------------------+-----------+
| Log_name                  | File_size |
+---------------------------+-----------+
| DESKTOP-RSCNK2V-bin.000001 |       154 |
+---------------------------+-----------+
1 row in set (0.00 sec)
```

执行完语句之后，所有的二进制日志文件将被删除，新的日志文件扩展名将从 000001 开始编号。

习　　题

一、选择题

1. 下列关于 MySQL 触发器的描述中，错误的是（　　）。

    A. 触发器的执行是自动的　　　　　　B. 触发器多用来保证数据的完整性

    C. 触发器可以创建在表或视图上　　　D. 一个触发器只能定义在一个基本表上

2. 下列操作中，不可能触发对应关系表上触发器的操作是（　　）。

    A. SELECT　　　　B. INSERT　　　　C. UPDATE　　　　D. DELETE

3. 设有触发器

```
CRETAE TRIGGER test.insTrg AFTER INSERT
ON test.student FOR EACH ROW SET @msg ='Hello!'
```

以下叙述中正确的是（　　）。

    A. 在对 student 表进行插入操作时，自动执行 insTrg 触发器

    B. 在对 test 表进行插入操作时，自动执行 insTrg 触发器

    C. 在对 insTrg 表进行插入操作时，自动执行 test 触发器

    D. 在对 student 表进行插入操作时，自动执行 test 触发器

4. 以下关于触发器的叙述中，正确的是（　　）。

    A. 触发器由数据表上的特定事件所触发

    B. 触发器可以由 CREATE 操作触发

    C. 触发器可以带有参数

    D. 删除触发器用 DELETE TRIGGER

5. 下列关于触发器的叙述中，错误的是（　　）。

    A. 在触发器的创建中，每个表每个事件每次只允许一个触发器

    B. 触发器程序能调用将数据返回客户端的存储程序

    C. 每个表最多支持 6 个触发器

    D. 同一表不能拥有两个具有相同触发时刻和事件的触发器

6. 以下不能开启事件调试器的语句是（　　　）。

    A．SET GLOBAL event_scheduler = TRUE;

    B．SET GLOBAL event_scheduler = 1;

    C．SET @@event_scheduler;

    D．SET GLOBAL event_scheduler = ON;

7. 以下有关 MySQL 事件的叙述中，错误的是（　　　）。

    A．事件能够按设置的时间自动执行　　　　B．事件是由操作系统调用的过程

    C．在事件中可以调用存储过程　　　　　　D．在事件中可以对数据表进行数据更新操作

8. 下列语句中可以用(　　)来声明游标。

    A．CREATE CURSOR　　　　　　　　　B．ALTER CURSOR

    C．SET CURSOR　　　　　　　　　　　D．DECLARE CURSOR

9. 下列关于事件的描述中错误的是（　　　）。

    A．事件是基于特定时间周期来触发的

    B．创建事件的语句是 CREATE EVENT

    C．事件触发后，执行事件中定义的 SQL 语句序列

    D．如果不显式地指明，事件在创建后处理关闭状态

10. 现要求删除 MySQL 数据库中已创建的事件，通常使用的语句是（　　　）。

    A．DROP EVENT　　B．DROP EVENTS　　C．DELETE EVENT　　D．DELETE EVENTS

11. 存储过程和存储函数的主要区别在于（　　　）。

    A．存储函数可以被其他应用程序调用，而存储过程不能被其他应用程序调用

    B．存储过程中必须包含一条 RETURN 语句，而存储函数中不允许出现该语句

    C．存储函数只能建立在单个数据表上，而存储过程可以同时建立在多个数据表上

    D．存储过程可以拥有输出参数，而存储函数不能拥有输出参数

12. 在使用游标时，实际完成数据读取任务的语句（　　　）。

    A．FETCH...INTO...　　　　　　　　　　B．SELECT

    C．DECLARE...CURSOR　　　　　　　　D．SET

13. 在 MySQL 的命令行中调用存储过程 sp 和函数 fn() 的方法分别是（　　　）。

    A．SELECT sp()、CALL fn();　　　　　　B．CALL sp()、SELECT fn();

    C．CALL sp()、CALL fn();　　　　　　　D．SELECT sp()、SELECT fn();

14. 存储过程与存储函数的区别之一是存储过程不能包含（　　　）。

    A．RETURN 语句　　B．SET 语句　　　　C．游标　　　　　　D．局部变量

15. 使用关键字 CALL 可以调用的数据库对象是（　　　）。

    A．触发器　　　　　B．事件　　　　　　C．存储过程　　　　　D．存储函数

16. 查看存储函数 fun() 具体内容的命令是（　　　）。

    A．CREATE FUNCTION fun;　　　　　　B．DISPLAY CREATE FUNCTION fun;

    C．SHOW CREATE FUNCTION fun;　　　D．SELECT FUNCTION fun;

17. 设有学生成绩表 score(sno, cno, grade)，各字段含义分别是学生学号、课程号及成绩。现有如下创建存储函数的语句：

```
CREATE FUNCTION fun()
RETURNS DECIMAL
BEGIN
DECLARE x DECIMAL
SELECT  AVG(grade) INTO x FROM score;
RETURN x
END;
```

以下关于上述存储函数的叙述中，错误的是（　　　）。

    A. 表达式 AVG(grade) INTO x 有语法错误

    B. x 是全体学生选修所有课程的平均成绩

    C. fun() 没有参数

    D. RETURNS DECIMAL 指明返回值的数据类型

18. 在存储过程中，使用游标的一般流程是（　　　）。

    A. 打开→读取→关闭

    B. 声明→打开→读取→关闭

    C. 声明→填充内容→打开→读取→关闭

    D. 声明→读取→关闭

19. SHOW GRANTS FOR 'Li'@'localhost' 的结果显示为（　　　）。

    A. 用户 Li 所拥有的所有权限　　　　　B. 系统中所有的用户信息

    C. 系统中所有的资源信息　　　　　　　D. 授权给用户 Li

20. 要给数据库创建一个名为 wang，密码为 456 的用户，下列正确的创建语句是（　　　）。

    A. CREATE USER 'wang'@'localhost' IDENTIFIED WITH '456';

    B. CREATE 'wang'@'localhost' IDENTIFIED BY '456';

    C. CREATE 'wang'@'localhost' IDENTIFIED WITH '456';

    D. CREATE USER 'wang'@'localhost' IDENTIFIED BY '456;

21. 备份数据库所使用的命令是（　　　）。

    A. COPY　　　　　　B. DUMP　　　　　　C. MYSQLDUMP　　　　D. MYSQL

22. 撤销用户权限所使用的命令是（　　　）。

    A. DROP　　　　　B. ALTER　　　　　C. REVOKE　　　　D. GRANT

23. 在 MySQL 中，账户信息存放在（　　　）。

    A. mysql.host　　　B. mysql.user　　　C. mysql.accout　　　D. mysql.db

24. MySQL 中最小授权对象是（　　　）。

    A. 列　　　　　　B. 表　　　　　　C. 数据库　　　　　D. 用户

25. 恢复 MySQL 数据库可使用的命令是（　　　）。

    A. mysqldump　　B. mysql　　　　　C. mysqladmin　　　D. mysqld

26. 下列备份方式中不能同时备份表结构和数据的是（　　　）。

    A. 使用图形界面 phyMyadmin　　　　　B. mysqldump

    C. SELECT INTO OUTFILE　　　　　　D. 直接复制

27. MySQL 命令行客户端的提示符是（　　　）。

    A. sql>　　　　　B. mysql>　　　　　C. mysql/　　　　　D. mysql:

28. 下列关于二进制日志文件的叙述，错误的是（　　　）。

　　A. 使用二进制日志文件能够监视用户对数据库的所有操作

　　B. 启动二进制日志文件会占用一定的存储空间

　　C. MySQL 默认是不开启二进制日志文件功能

　　D. 启动二进制日志文件会降低系统的性能

29. 删除全部二进制日志文件所用的命令是（　　　）。

　　A. DROP　　　　　B. REVOKE　　　　　C. DELETE　　　　　D. RESET MASTER

30. 下列关于 MySQL 授权描述正确的是（　　　）。

　　A. 只能对数据表和存储过程授权

　　B. 只能对数据表和视图授权

　　C. 可以对数据项、数据表、存储过程和存储函数授权

　　D. 可以对属性列、数据表、视图、存储过程和存储函数授权

二、填空题

1. 在实际使用中，MySQL 所支持的触发器有_____、_____和_____ 3 种。

2. 触发程序的动作时间取值为_____表示触发事件之前执行触发语句，取值为_____表示触发事件之后执行触发语句。

3. 事件是基于_____来执行某些任务；触发器是基于_____所产生的事件所触发。

4. 事件在创建之后可以通过_____语句修改事件的定义和属性。

5. 创建事件时如果不指定任何选项，在一个事件创建之后，它立即变为_____。

6. 开启每天定时清空 test 表，一个月后停止执行：

```
_____ EVENT e_test
 ON SCHEDULE_____
_____ CURDATE() +_____
ENDS CURDATE() +_____
DO TRUNCATE TABLE test;
```

7. 自定义错误处理程序中处理方式为_____表示忽略该错误继续执行其他 SQL 语句。

8. 使用 NOT FOUND 捕获异常的语句：

```
DELARE EXIT_____NOT FOUND SET @info='NO_SUCH_TABLE';
```

9. 关闭游标使用_____语句。

10. 删除存储过程使用_____语句。

11. 创建用户的语句是_____。

12. 给用户授权的语句是_____。

13. 修改用户所用密码的语句是_____。

14. MySQL 的用户账户及相关信息都存放在_____表中。

15. 二进制日志文件不能直接打开，需要用_____实用工具进行查看。

16. _____表中存储了用户对某个数据库的操作权限。

三、判断题

1. MySQL 目前仅支持行级触发器。　　　　　　　　　　　　　　　　（　　　）

2. SELECT TRIGGERS 可以查看触发器的信息。　　　　　　　　　　（　　　）

3．对于某一表，可以有两个 BEFORE UPDATE 触发器。　　　　　　　　　　（　　　）

4．事件也叫时间触发器，是指在特定的时刻或特定的周期才被调用的过程式数据库对象。　　　　　　　　　　　　　　　　　　　　　　　　　　　　　　　　（　　　）

5．存储函数可以向调用者返回多个结果值。　　　　　　　　　　　　　　（　　　）

6．存储过程的 INOUT 表示既可以作为输入也可以作为输出参数。　　　　　（　　　）

7．存储过程和存储函数都可以使用 CALL 语句调用。　　　　　　　　　　（　　　）

8．声明游标后 MySQL 服务器内存中立刻存放与 SELECT 语句对应的结果集。（　　　）

9．ALTER PROCEDURE 语句不仅可以修改存储过程的特征，还可以修改内容。

　　　　　　　　　　　　　　　　　　　　　　　　　　　　　　　　（　　　）

10．MySQL 是一个单用户数据库。　　　　　　　　　　　　　　　　　　（　　　）

11．MySQL 通过权限表来控制用户对数据库的访问。　　　　　　　　　　（　　　）

12．当创建新用户时，必须要有相应的权限来执行该操作。　　　　　　　　（　　　）

13．二进制日志文件可以直接打开查看。　　　　　　　　　　　　　　　　（　　　）

14．MySQL 会为每个二进制日志文件名后自动添加一个数字标号作为扩展名。（　　　）

15．使用 CREATE USER 语句创建账户后，该账户就拥有了 SELECT 权限。　（　　　）

第10章 PHP 的 MySQL 编程

本章导读

当前较为流行的动态网站开发软件组合是 Windows+Apache+MySQL+PHP，简称 WAMP。其中，PHP 是开发动态网站要使用的在服务器端执行的脚本。PHP 使用简单、功能强大并且是开源的，这些使得 PHP 已经成为流行的 Web 开发语言。通过适当地配置 PHP 与 Apache 服务器并将 PHP 中加入 MySQLi 接口后就可以对 MySQL 数据库进行操作，如数据的添加、查询、修改及删除。本章介绍如何使用 PHP 进行 MySQL 数据库的编程，包括 PHP 如何建立与 MySQL 数据库服务器的连接以及如何对 MySQL 数据库进行查询操作等相关知识。

学习目标

- 配置并建立 PHP 与 MySQL 数据库服务的连接。
- 理解 PHP 的 MySQL 编程原理。
- 掌握使用 PHP 对 MySQL 数据库的操作。

10.1 编程步骤

PHP 通过使用内置的函数库 MySQLi 能够顺利地与 MySQL 数据库进行交互。通过 PHP 与 MySQL 建立的 B/S 模式下的 Web 访问数据库工作流程可描述如下：

① 用户使用浏览器对某个网页发出 HTTP 请求，该页面含有访问后台 MySQL 数据库服务器的 PHP 脚本代码。

② Web 应用服务器（如 Apache）找到该页面后，解释执行页面内包含 PHP 的脚本代码，PHP 脚本代码开始执行并通过内置的函数库如 MySQL 访问后台的 MySQL 数据库服务器。

③ Web 应用服务器将 PHP 访问 MySQL 数据库服务器的结果以 HTML 文档的格式返回给用户浏览器。

PHP 通过内置函数库 MySQLi 进行 MySQL 数据库编程的步骤如下：

① 建立与 MySQL 数据服务器的连接（使用 mysqli_connect（ ）函数）。
② 选择要进行操作的数据库（使用 mysqli_select_db（ ）函数）。
③ 执行数据库的操作，如数据的添加、删除等（使用 mysqli_query（ ）函数）。
④ 关闭与 MySQL 数据库服务器进行的连接（使用 mysqli_close（ ）函数）。

10.2 连接 MySQL 数据库服务器

PHP 可以通过 MySQLi 接口连接 MySQL 数据库服务器。MySQLi 接口提供了 mysqli_connect（ ）

函数进行连接，其语法格式如下：

【格式】$con=mysqli_connect("host_name", "user_name", "password");

【功能】链接 MySQL 数据库。

【说明】

① host_name：主机名或者主机的 IP 地址，本章中默认的主机名为 localhost:3306。

② user_name：用于登录 MySQL 服务器的用户名，默认值为 root。

③ pass_word：用户登录密码，默认值为空。

上述语句通过 mysqli_connect（）函数连接 MySQL 数据库服务器并把此连接生成的对象传递给名为$con 的变量。默认情况下，MySQL 服务器的端口号为 3306。如果采用默认端口号，可以不指定端口；如果采用了其他端口号，则要特别指出，如 localhsot:3307，表示 MySQL 服务于本地机器的 3307 端口。mysqli_connect( )若成功执行，则返回一个资源句柄型连接标识号，否者返回逻辑值 FALSE。mysqli_connect( )函数将返回值存放在一个变量中，在其他地方直接引用该变量即可。

【例 10-1】编写连接本地计算机 MySQL 数据库服务器的文件 connect.php，登录 MySQL 数据库服务器所使用的用户名为 root，密码为空。

```php
<?php
 $con=mysqli_connect("localhost:3306","root");
 if (!$con)
  { echo "连接失败".mysqli_connect_error( );  //显示连接失败信息
    exit;                  //退出程序
  }
 else echo"连接成功";       //显示连接成功
 ?>
```

上述语句通过 mysqli_connect( )函数连接 MySQL 数据库并把此连接生成的对象传递给名为$con 的变量。在 PHP 中，非 0 值被认为是逻辑值 TRUE，而数值 0 则被认为是逻辑值 FALSE。若mysqli_connect( )函数成功执行，则返回一个连接标识号（非 0 值），否者返回逻辑值 FALSE。mysqli_connect_error( )用来获取连接 MySQL 数据库服务器时出现的错误信息，如果没有错误发生则返回 NULL，否者返回连接错误信息。在 Wamserver 安装目录下的 www 文件夹中创建并保存此文件，选择 Wampserver 的 Localhost 选项并在浏览器中输入 connect.php。程序运行结果如图 10-1所示。

图 10-1　connect.php 的运行结果

10.3　选择 MySQL 数据库

成功连接 MySQL 数据库服务器后，需要选择其中具体的数据库。MySQL 数据库服务器中通常会包含多个数据库，只有选择了具体的数据库后，才能对相应的数据表进行相关操作。在 PHP 中，可以使用 mysqli_select_db( )函数进行数据库的选择，语法格式如下：

【格式】`mysqli_select_db(数据库服务器连接对象, "数据库名")`

【功能】选择数据库。

【说明】其中数据库服务器连接对象用于指定与 MySQL 数据库服务器相连的连接标识号，数据库名为指定需要连接的数据库名称。

【例 10-2】编写一个 PHP 程序 selectdb.php，用来选定数据库 student 作为当前工作数据库，登录 MySQL 数据库服务器所使用的用户名为 root，密码为空。

```php
<?php
$con=mysqli_connect("localhost:3306","root");
if(!mysqli_select_db($con,"student"))        //判断是否连接成功
 { echo "连接 sudent 数据库出错";            //输出连接失败信息
   exit;                                     //退出程序
 }
else echo "连接 student 数据库成功";
?>
```

上述语句首先通过 PHP 的 MySQLi 接口中的 mysqli_connect( )函数连接 MySQL 数据库服务器并把此连接生成的对象传递给名为$con 的变量。连接 MySQL 数据库服务器后，通过 mysqli_select_db( )函数连接目标数据库 student，如果连接成功，该函数返回 TRUE，否则返回 FALSE。在 if 语句判断中，通过验证 mysqli_select_db( )函数的返回值来判断连接目标数据是否成功。在 Wamserver 安装目录下的 www 文件夹中创建并保存此文件，选择 Wampserver 的 Localhost 选项并在浏览器中输入 selectdb.php。程序运行结果如图 10-2 所示。

图 10-2　select.php 的运行结果

10.4　操作 MySQL 数据库

连接好 MySQL 数据库服务器中的某个数据库作为当前工作的数据库后，PHP 可以通过 mysqli_query( )函数执行 SQL 语句，从而对当前工作的数据库进行查询、插入、更新、删除等操作。mysqli_query( )函数格式如下：

【格式】`mysqli_query(数据库服务器连接对象，SQL 语句)`

【功能】操作数据库。

【说明】其中数据库服务器连接对象用于指定与 MySQL 数据库服务器相连的连接标识号，SQL 语句是 INSERT 语句、UPDATE 语句、DELETE 语句等。在该函数中，SQL 语句是以字符串形式提交且不以分号作为结束符。

在 mysqli_query( )函数的返回结果中，针对 SELECT、SHOW、DESCRIBE 或 EXPLAIN 查询操作，将返回一个 mysqli_result 对象，否则返回 FLASE。针对其他查询操作如 CREATE TABLE、DROP TABLE、INSERT、DELETE、UPDATE 等非检索语句成功后返回 TRUE，否则返回 FALSE。

10.4.1 数据的添加

【例 10-3】编写 insert.php 程序，其目的是向 student 数据库的 stu 表中插入一条新的学生记录：('20160611024', '胡晓杰', '女', '1998-05-24', '运输管理学院')，登录 MySQL 数据库服务器所使用的用户名为 root，密码为空。

```php
<?php
$con=mysqli_connect("localhost:3306","root");
if (!mysqli_select_db($con,"student"))         //判断是否连接成功
  { echo "连接 sudent 数据库出错";                //输出连接失败信息
    exit;                                      //退出程序
  }
else echo "连接 student 数据库成功\n";
$q="INSERT INTO stu VALUES
('20160611024', '胡晓杰', '女', '1998-05-24', '运输管理学院')";
mysqli_query($con,"set names utf8");           //设置 utf-8 字符集
if (mysqli_query($con,$q))
  echo "新学生记录已经成功加入到学生基本信息表中";
 else
  echo "添加记录不成功";
?>
```

在 Wamserver 安装目录下的 www 文件夹中创建并保存此文件，选择 Wampserver 的 Localhost 选项并在浏览器中输入 insert.php。程序运行结果如图 10-3 所示。

图 10-3　insert.php 的运行结果

在 phpMyAdmin 中可以查看新的学生记录插入前后 stu 表的记录情况，如图 10-4、图 10-5 所示。

10.4.2 数据的查询

当 mysqli_query( )函数成功地执行 SELECT 语句后，会返回一个 mysqli_result 对象，其中包含了 SELECT 查询的结果和获取结果集中数据的成员方法以及与查询结果有关的成员属性。结果集代表了相应查询语句的查询结果，并且每个结果集都有一个记录指针，指向的记录即为当前记录。在初始状态下，结果集的当前记录就是第一条记录。为了处理结果集中的有关记录，PHP 提供了一系列处理函数，如读取结果集中的记录、读取结果集的记录行总数、读取指定记录号的记录等。

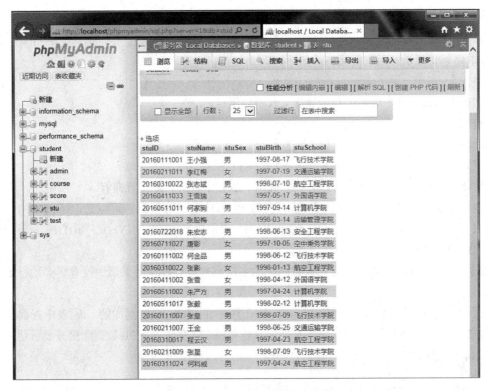

图 10-4　添加记录前的 stu 表

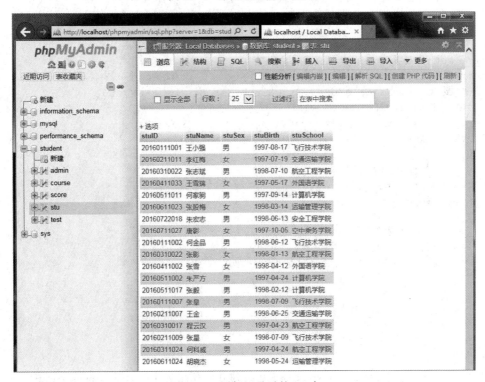

图 10-5　添加记录后的 stu 表

1．读取结果集中的记录

假设$result 为 mysqli_query( )函数成功执行 SELECT 语句后返回的一个 mysqli_result 对象，常见的读取结果集记录的函数语法格式如下：

【格式】mysqli_fetch_row($result);

【功能】从结果集中取得一行，并作为枚举数组返回。

【格式】mysqli_fetch_assoc(($result);

【功能】从结果集中取得一行作为关联数组。

【格式】mysqli_fetch_array($result,resulttype);

【功能】从结果集中取得一行作为关联数组，或数字数组，或二者兼有。

【说明】resulttype 为可选项，规定了应该产生哪种类型的数组，可以是以下值中的一个：MYSQLI_ASSOC（表示关联数组）、MYSQLI_NUM（表示数字数组）、MYSQLI_BOTH（表示同时产生数字数组和关联数组）。

以上 3 个函数执行后返回与读取行匹配的字符串数组。如果结果集中没有更多的行则返回 NULL。

【例 10-4】编写一个 PHP 程序 query.php，用来在 student 数据库的 stu 表中查询学号为 20160111001 的学生姓名、性别、出生日期以及所在院系，登录 MySQL 数据库服务器所使用的用户名为 root，密码为空。

```php
<?php
$con=mysqli_connect("localhost:3306","root");
if (!mysqli_select_db($con,"student"))      //判断是否连接成功
  { echo "连接 sudent 数据库出错";            //输出连接失败信息
    exit;                                    //退出程序
  }
else echo "连接 student 数据库成功\n";
mysqli_query($con,"set names utf8");         //设置 utf-8 字符集
$q="SELECT stuName, stuSex, stuBirth, stuSchool FROM stu
   WHERE  stuID=20160111001";
 $result= mysqli_query($con,$q);
if ($result)
  {
    echo "信息查询成功<br>";
    $p=mysqli_fetch_array($result, MYSQLI_BOTH);
    if ($p)
      {
        echo "姓名:".$p[0]. " <br>";
        echo "性别:".$p[1]. " <br>";
        echo "出生日期:".$p[2]. " <br>";
        echo "院系:".$p[3]. " <br>";
      }
    else  echo "该学生信息不存在";
  }
else echo "信息查询失败";
?>
```

在 Wamserver 安装目录下的 www 文件夹中创建并保存此文件，选择 Wampserver 的 Localhost 选项并在浏览器中输入 query.php。程序运行结果如图 10-6 所示。

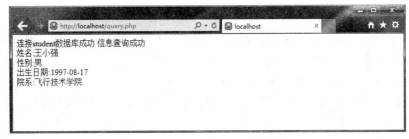

图 10-6　query.php 的运行结果

2. 读取结果集中的记录行数

假设$result 为 mysqli_query( )函数成功执行 SELECT 语句后返回的一个 mysqli_result 对象，读取结果集中记录行数的函数语法格式如下：

【格式】mysqli_num_rows($result);

【功能】返回结果集中记录行总数。

【例 10-5】编写一个 PHP 程序 counter.php，用来计算 student 数据库的 stu 表中的记录行总数，登录 MySQL 数据库服务器所使用的用户名为 root，密码为空。

```php
<?php
 $con=mysqli_connect("localhost:3306","root");
 if (!mysqli_select_db($con,"student"))     //判断是否连接成功
   { echo "连接 sudent 数据库出错";          //输出连接失败信息
     exit;                                  //退出程序
   }
else echo "连接 student 数据库成功\n";
mysqli_query($con,"set names utf8");        //设置 utf-8 字符集
$q="SELECT * FROM stu";
   $result=mysqli_query($con,$q);
if ($result)
   {
     echo "记录总数查询成功<br>";
     $p=mysqli_num_rows($result);
     echo "stu 表记录总数为".$p;
   }
else echo "查询记录总数失败";
?>
```

在 Wamserver 安装目录下的 www 文件夹中创建并保存此文件，选择 Wampserver 的 Localhost 选项并在浏览器中输入 counter.php。程序运行结果如图 10-7 所示。

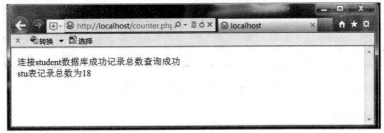

图 10-7　counter.php 的运行结果

3. 读取指定记录号的记录

假设$result 为 mysqli_query( )函数成功执行 SELECT 语句后返回的一个 mysqli_result 对象，读取指定记录号记录的函数语法格式如下：

【格式】mysqli_data_seek($result, 偏移量);

【说明】该函数调整结果指针到结果集中的任意行，其中偏移量范围必须在 0（第一条记录）行和行总数–1（最后一条记录）之间。

【例 10-6】编写一个 PHP 程序 seek.php，用来查询 student 数据库的 stu 表中第三个学生的姓名和学号，登录 MySQL 数据库服务器所使用的用户名为 root，密码为空。

```php
<?php
$con=mysqli_connect("localhost:3306","root");
if (!mysqli_select_db($con,"student"))       //判断是否连接成功
  { echo "连接 sudent 数据库出错";          //输出连接失败信息
    exit;                                     //退出程序
  }
else echo "连接 student 数据库成功\n";
mysqli_query($con,"set names utf8");          //设置 utf-8 字符集
$q="SELECT * FROM stu";
  $result=mysqli_query($con,$q);
if ($result)
  {
    echo "stu 表相关信息查询成功<br>";
    if ( mysqli_data_seek($result, 2))
      {
        $p=mysqli_fetch_array($result, MYSQLI_BOTH);
        echo "stu 表中第三个学生的学号是: ".$p[0] . " <br>";
        echo "stu 表中第三个学生的姓名是: ".$p[1] . " <br>";
      }
    else echo "定位失败";
  }
else echo  "查询失败";
?>
```

在 Wamserver 安装目录下的 www 文件夹中创建并保存此文件，选择 Wampserver 的 Localhost 选项并在浏览器中输入 seek.php。程序运行结果如图 10-8 所示。

图 10-8　seek.php 的运行结果

10.4.3　数据的修改

【例 10-7】编写一个 PHP 程序 update.php，用来修改 student 数据库的 stu 表中学生王小强的

姓名，修改为王晓强，登录 MySQL 数据库服务器所使用的用户名为 root，密码为空。

```php
<?php
$con=mysqli_connect("localhost:3306","root");
if (!mysqli_select_db($con,"student"))        //判断是否连接成功
  { echo "连接 sudent 数据库出错";              //输出连接失败信息
    exit;                                     //退出程序
  }
else echo "连接 student 数据库成功\n";
mysqli_query($con,"set names utf8");          //设置 utf-8 字符集
$q="UPDATE stu SET stuName='王晓强' WHERE stuName='王小强'";
if (mysqli_query($con,$q))
    echo "学生姓名修改成功";
else
    echo "学生姓名修改失败";
?>
```

在 Wamserver 安装目录下的 www 文件夹中创建并保存此文件，选择 Wampserver 的 Localhost 选项并在浏览器中输入 update.php。程序运行结果如图 10-9 所示。

图 10-9 update.php 的运行结果

在 phpMyAdmin 中可以查看学生基本信息表中指定学生姓名修改前后的情况，如图 10-10、图 10-11 所示。

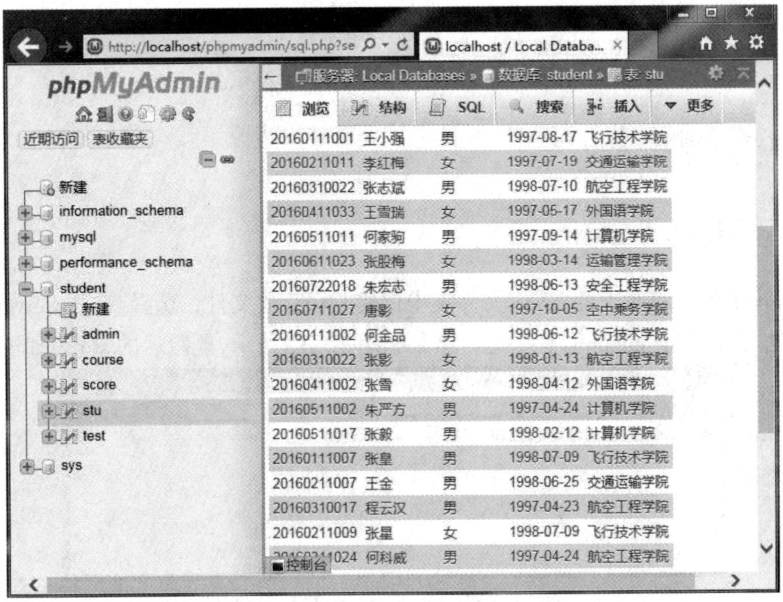

图 10-10 学生姓名修改前的 stu 表

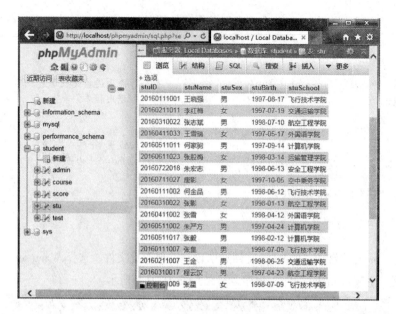

图 10-11   学生姓名修改后的 stu 表

10.4.4　数据的删除

【例 10-8】编写一个 PHP 程序 delete.php，用来删除 student 数据库的 stu 表中学生姓名为王晓强的基本信息，登录 MySQL 数据库服务器所使用的用户名为 root，密码为空。

```php
<?php
$con=mysqli_connect("localhost:3306","root");
if (!mysqli_select_db($con,"student"))      /判断是否连接成功
   { echo "连接 sudent 数据库出错";           //输出连接失败信息
     exit;                                   //退出程序
   }
else echo "连接 student 数据库成功\n";
mysqli_query($con,"set names utf8");        //设置 utf-8 字符集
$q="DELETE FROM stu WHERE stuName='王晓强' ";
if (mysqli_query($con,$q))
    echo "相关信息删除成功";
else
    echo "相关信息删除失败";
?>
```

在 Wamserver 安装目录下的 www 文件夹中创建并保存此文件，选择 Wampserver 的 Localhost 选项并在浏览器中输入 delete.php。程序运行结果如图 10-12 所示，删除后的 stu 表如图 10-13 所示。

图 10-12   delete.php 的运行结果

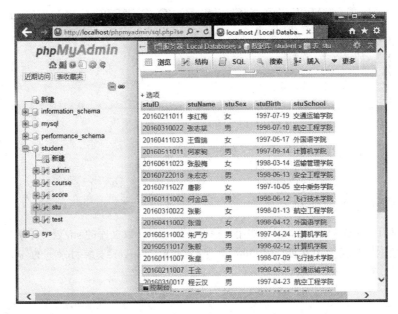

图 10-13　删除学生"王晓强"后的 stu 表

10.5　关闭 MySQL 服务器的连接

当对 MySQL 数据库服务器操作执行完成后，应该及时关闭与 MySQL 服务器的连接，以释放操作过程中所占用的连接和资源，同时也可以避免对数据库中数据的误操作。在连接数据库服务器时，使用的是 mysqli_connect( )函数；在关闭与数据库服务器的连接时，使用的是 mysqli_close( )函数。语法格式如下：

【格式】mysqli_close(需要关闭的数据连接对象);

【功能】关闭 MySQL 服务连接。

【说明】如果该函数成功执行，返回值为 TRUE，否则为 FALSE。

【例 10-9】编写一个 PHP 程序 close.php，用来演示关闭与 MySQL 数据库服务器的连接，登录 MySQL 数据库服务器所使用的用户名为 root，密码为空。

```php
<?php
$con=mysqli_connect("localhost:3306","root");
if (!$con)
  { echo "数据库连接失败".mysqli_connect_error( );    //显示连接失败信息
    exit;                                              //退出程序
  }
else echo"数据库连接成功<br>";                          //显示连接成功
if (mysqli_close($con))
  echo "成功关闭与 MySQL 数据库连接";
else
  echo "关闭与 MySQL 数据库连接失败";
?>
```

在 Wamserver 安装目录下的 www 文件夹中创建并保存此文件，选择 Wampserver 的 Localhost 选项并在浏览器中输入 close.php。程序运行结果如图 10-14 所示。

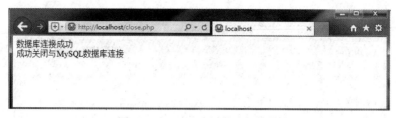

图 10-14　close.php 的运行结果

10.6　实　　例

10.6.1　动态添加用户信息

本例通过使用 INSERT 语句动态添加用户信息，在 student 数据库的 stu 表中添加新的学生信息。

① 创建数据库连接页面文件 conn.php 并保存在 Wamserver 安装目录下的 www 文件夹中。conn.php 文件代码如下：

```php
<?php
$con=mysqli_connect("localhost","root");    //连接数据库服务器
mysqli_select_db($con,"student");            //选择 student 数据库
mysqli_query($con,"set names utf8");         //设置 utf8 字符集
?>
```

② 在 www 文件夹中创建添加学生信息页面 insertStu.php，输入以下代码并保存，实现 HTML 表单提交后向数据库 student 的表 stu 中添加数据记录。

```php
<html>
<head>
<title>添加学生</title>
</head>
<body>
<?php
    if(!isset($_POST['submit'])){            //如果没有表单提交，显示一个表单
?>
<h3>添加学生</h3>
<form action="" method="post">
学生学号: <input type="text" name="stuid"><br>
学生姓名: <input type="text" name="stuname"><br>
学生性别: <input type="text" name="stusex"><br>
出生日期: <input type="text" name="stubirth"><br>
所在院系: <input type="text" name="stuschool"><br>
        <input type="submit" name="submit" value="提交" />
</form>
<?php  }
    else
    {                                        //如果提交了表单
      require_once  "conn.php";
      $stuid=$_POST["stuid"];
      $stuname=$_POST["stuname"];
      $stusex=$_POST["stusex"];
      $stubirth=$_POST["stubirth"];
      $stuschool=$_POST["stuschool"];
      $sql="INSERT  INTO  stu  VALUES('$stuid', '$stuname', '$stusex',
'$stubirth', '$stuschool')";
      if(mysqli_query($con,$sql))
```

```
        echo "添加成功";
    else
        echo "添加失败";
    mysqli_close($con);
    }
?>
</body>
</html>
```

③ 选择 Wampserver 的 Localhost 选项并在浏览器中输入 insertStu.php。程序运行结果如图 10-15 所示。

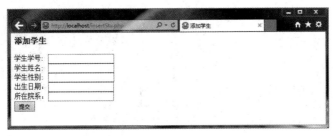

图 10-15　添加学生页面

④ 在添加学生页面完成学生信息的填写之后（例如，添加 20170000000、测试、男、2017-01-01、计算机学院），单击页面的"提交"按钮，结果如图 10-16 所示。

图 10-16　学生信息添加成功页面

⑤ 在 phpMyAdmin 中查看新添加的学生信息，结果如图 10-17 所示。

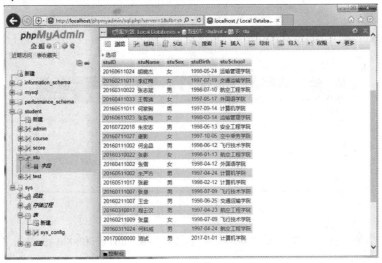

图 10-17　phpMyAdmin 中查看添加结果

10.6.2 动态删除用户信息

本例通过使用 DELETE 语句动态删除用户信息，在 student 数据库的 stu 表中删除指定学号的学生信息。

① 在 Wamserver 安装目录下的 www 文件夹中创建删除学生信息页面 deleteStu.php，代码如下：

```html
<html>
<head>
<title>删除学生</title>
</head>
<body>
<?php
    if(!isset($_POST['submit'])){      //如果没有表单提交，显示一个表单
?>
<h3>删除学生信息</h3>
<form action="" method ="post">
学号: <input type="text" name="stuid"><br>
<input type="submit" name="submit" value="提交" />
</form>
<?php
    }
    else
    {                                  //如果提交了表单
      require_once  "conn.php";
      $stuid=$_POST["stuid"];
      $sql="DELETE FROM stu WHERE stuid='$stuid'";
      if(mysqli_query($con,$sql))
        echo "删除成功";
      else
        echo "删除失败";
      mysqli_close($con);
    }
?>
</body>
</html>
```

② 选择 Wampserver 的 Localhost 选项并在浏览器中输入 deleteStu.php。程序运行结果如图 10-18 所示。

图 10-18　删除学生信息页面

③ 在删除学生信息页面填写要删除的学生学号（例如 20170000000），单击"提交"按钮，结果如图 10-19 所示。

图 10-19　学生信息删除成功页面

习　　题

一、选择题

1．下列不属于 WAMP 软件组合的是（　　　）。
　　A．Windows　　　　B．Apache　　　　　　　C．MySQL　　　　　　　D．JSP
2．PHP 建立与 MySQL 数据库服务器所使用到的函数是（　　　）。
　　A．mysql_connect（ ）　　　　　　　　　B．mysql_select_db（ ）
　　C．mysqli_query（ ）　　　　　　　　　　D．mysqli_close（ ）
3．PHP 对 MySQL 数据库服务器进行操作所使用的函数是（　　　）。
　　A．mysql_connect（ ）　　　　　　　　　B．mysql_select_db（ ）
　　C．mysqli_query（ ）　　　　　　　　　　D．mysqli_close（ ）
4．在默认情况下，MySQL 数据库服务器的端口号是（　　　）。
　　A．8080　　　　　　B．3306　　　　　　C．80　　　　　　　　D．3307
5．为处理结果集中的有关记录，下列（　　　）PHP 提供的处理函数。
　　A．mysqli_fetch_row（ ）　　　　　　　　B．mysqli_fetch_assoc（ ）
　　C．mysql_fetch_array（ ）　　　　　　　　D．mysqli_fetch_column（ ）

二、选择题

1．PHP 中通过添加＿＿＿＿＿＿接口后就可以对 MySQL 数据库进行操作。
2．PHP 选择要进行操作的数据库所使用的函数是＿＿＿＿＿＿。
3．PHP 关闭与 MySQL 数据库服务器进行连接的函数是＿＿＿＿＿＿。
4．在 PHP 中，可以使用＿＿＿＿＿＿函数进行数据库的选择。
5．mysqli_query（　）函数的第二个参数是＿＿＿＿＿＿。

三、判断题

1．PHP 使用简单、功能强大并且是开源的，已经成为流行的 Web 开发语言。　　（　　）
2．PHP 不需要配置就可以直接访问 MySQL 数据库服务器。　　　　　　　　　（　　）
3．mysqli_connect（ ）若执行成功，则返回一个代表到 MySQL 服务器的连接对象，否则返回逻辑值 FALSE。　　　　　　　　　　　　　　　　　　　　　　　　　　　　　（　　）
4．在 PHP 中，非零值被认为是逻辑值 TRUE。　　　　　　　　　　　　　　　（　　）
5．mysql_select_db（)函数连接目标数据库成功时，该函数返回值为 TRUE。　　（　　）

第11章 开发实例

本章导读

本章介绍使用 PHP+MySQL 开发一个简单的学生基本信息管理系统，该系统采用浏览器/服务器模式，可以在系统管理员权限下添加学生信息、修改学生信息以及删除学生信息。同时，本章也对系统开发的一般规范进行简单介绍。在系统开发之前，应该明确系统的需求，要进行合理的需求分析；其次，进行系统设计，分析系统的使用对象、系统所采用的数据结构以及系统的开发语言，对系统所需数据库中的各个表以及表中的各个字段也要进行规划与设置。

学习目标

- 了解系统开发的规范和一般流程。
- 理解系统需求分析与总体设计。
- 掌握系统开发中数据库的设计与实现。

11.1 需求分析

随着计算机技术发展不断成熟以及网络应用不断普及，为了更好地管理数量日益增多的在校学生数据，实现信息管理的规范化和自动化，同时也使得管理人员可以方便快捷地对众多学生数据进行添加、查找、更新以及删除，开发出一个学生基本信息管理系统显得尤其必要。针对这种需求，本章设计了一个简单的学生基本信息管理系统，使得用户在信息管理操作上变得高效易用。

11.2 系统设计

通常，系统管理员对学生基本信息系统进行维护和使用，根据学生的基本信息管理系统。一个简单的学生基本信息系统可以分为两个主要的功能模块:学生信息管理模块和系统管理员模块，如图 11-1 所示。

图 11-1　学生基本信息管理系统功能模块

1．学生信息管理模块

该模块主要用于学生基本信息的管理，如学号、姓名、性别、出生日期以及院系等。该模块由具有相关权限的管理员操作和维护，如学生信息的查看、添加、删除和修改等。

2．系统管理员模块

该模块主要用于对管理员进行管理以及赋予相应的权限，如创建管理员的名称、登录密码，授予相应的管理权限等。该模块仅由系统管理员使用。

学生信息管理模块及系统管理员模块的 UML（标准建模语言）用例如图 11-2、图 11-3 所示。

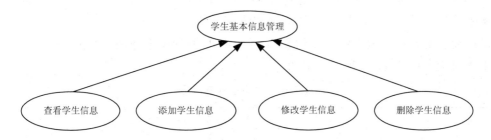

图 11-2　学生信息管理模块 UML 用例

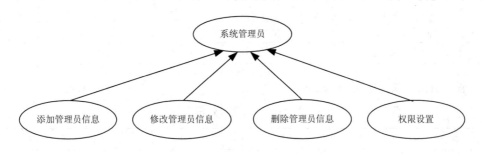

图 11-3　系统管理员模块 UML 用例

11.3　数据库设计

根据对学生基本信息管理系统的分析，学生基本信息管理系统的 E-R（实体-联系）图如图 11-4 所示。

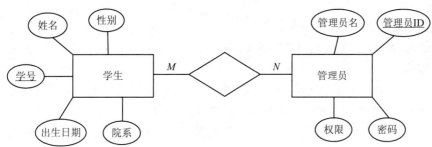

图 11-4　学生基本信息管理系统 E-R 图

学生基本信息管理系统 E-R 图，由以下四部分构成：

① 矩形框：表示实体，在框中记入实体名。

② 菱形框：表示联系，在框中记入联系名。

③ 椭圆形框：表示实体或联系的属性，将属性名记入框中。对于主属性名，则在其名称下加下画线。

④ 连线：实体与属性之间，实体与联系之间，联系与属性之间用直线相连，并在直线上标注联系的类型。对于一对一联系，要在两个实体连线方向各写 1。对于一对多联系，要在一的一方写 1，多的一方写 N。对于多对多联系，则要在两个实体连线方向各写上 N 和 M。图 11-4 中学生和管理员的关系可以是 M 对 1，当有多个管理员时，则是 M 对 N。

E-R 图可以转换成数据库中的关系模型，可将 E-R 图转换成以下两个关系表：

① 学生基本信息表，如表 11-1 所示。

表 11-1　学生基本信息表

字 段 名 称	类　　　型	空	主　　　键	默认值	备　　　注
学号	varchar(11)	否	是		
姓名	varchar(30)	否			
性别	varchar(2)	否			
出生日期	Date	否			
院系	varchar(30)	否			

② 管理员信息表，如表 11-2 所示。

表 11-2　管理员信息表

字 段 名 称	类　　　型	空	主　　　键	默认值	备　　　注
管理员 ID	varchar(11)	否	是		
管理员名	varchar(255)	否			
管理员口令	varchar(255)	否			
管理员权限	int(11)	是			

11.4　系 统 实 现

系统的实现通常采用三层软件体系构架：

① 表示层。表示层是系统用户的界面或者接口，例如 Web 显示页面。本系统中 Web 页面主要用 HTML 编写。

② 应用层。应用层处于中间层，位于表示层之下。应用层负责具体的业务逻辑处理并与上下两层进行交互。本系统中主要用 PHP 脚本语言编写。

③ 数据层。数据层位于最底层，在本系统中为 MySQL 数据库服务器。通过使用 SQL 数据库操作语言对 MySQL 数据库服务器中的数据进行查询等操作，实现与上一层的数据交互。

11.4.1　学生基本信息管理系统页面实现

学生基本信息管理系统主页代码如下，编写后保存在文件 sindex.html 中。

```
<html>
<head>
<title> 学生基本信息管理系统 </title>
</head>
<body>
  <h2>学生基本信息管理系统</h2>
  <h3>学生管理</h3>
  <a href="insertS.html">添加学生信息</a>
  <a href="seekS.html">查看学生信息</a>
  <a href="deleteS.html">删除学生信息</a>
  <h3>管理员管理</h3><br>
  <a href="admin_add.html">添加管理员</a>
  <a href="admin_check.html">查看管理员</a>
</body>
</html>
```

在 Wamserver 安装目录下的 www 文件夹中创建并保存此文件，选择 Wampserver 的 Localhost 选项并在浏览器中输入 sindex.html。程序运行结果如图 11-5 所示。

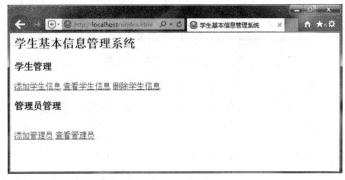

图 11-5　学生基本信息管理系统主页

11.4.2　添加学生信息页面实现

添加学生信息页面的代码如下，编写后保存在文件 insertS.html 中。

```php
<?php
 $con=mysqli_connect("localhost:3306","root");
 if (!mysqli_select_db($con,"student"))      //判断是否连接成功
   { echo "连接 sudent 数据库出错";          //输出连接失败信息
     exit;                                    //退出程序
   }
else echo "连接 student 数据库成功\n";
mysqli_query($con,"set names utf8");         //设置 utf-8 字符集
?>
<html>
<head>
<title>添加学生信息</title>
</head>
<body>
```

```
<h3>添加学生信息</h3>
<form name="insertS" method ="post" action="insertS.php">
学      号: <input type="text" name="学号"><br>
姓      名: <input type="text" name="姓名"><br>
性      别: <input type="text" name="性别"><br>
出生年月:  <input type="text" name="出生年月"><br>
院      系: <input type="text" name="院系"><br>
<input type="submit" value="提交">
</form>
</body>
</html>
```

在 Wamserver 安装目录下的 www 文件夹中创建并保存此文件，选择 Wampserver 的 Localhost 选项并在浏览器中输入 insertS.html。程序运行结果如图 11-6 所示。

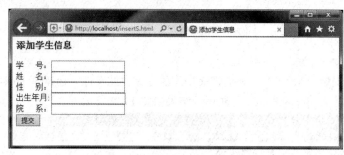

图 11-6　添加学生信息页面

在添加学生信息页面添加完信息后（如添加 20160711028、王鹏、男、1997-10-01、计算机学院），单击"提交"按钮，就可调用上述代码中的 insertS.php 文件进行信息添加。insertS.php 代码如下：

```php
<?php
$con=mysqli_connect("localhost:3306","root");
if(!mysqli_select_db($con,"student"))   //判断是否连接成功
 { echo "连接 sudent 数据库出错";        //输出连接失败信息
   exit;                                //退出程序
 }
 else echo "连接 student 数据库成功\n";
mysqli_query($con,"set names utf8");    //设置中文字符集utf8
$学号=$_POST["学号"];
$姓名=$_POST["姓名"];
$性别=$_POST["性别"];
$出生年月=$_POST["出生年月"];
$院系=$_POST["院系"];
$q="INSERT INTO 学生基本信息 VALUES
('$学号', '$姓名', '$性别', '$出生年月', '$院系')";
if (mysqli_query($con,$q))
   echo "新学生记录已经成功加入到学生基本信息表中";
 else
   echo "添加记录不成功";
mysqli_close($con);
?>
```

在 Wamserver 安装目录下的 www 文件夹中创建并保存此 insertS.php 文件。单击图 11-6 中的

"提交"按键后将自动调用 insertS.php 文件，该文件执行成功后的页面如图 11-7 所示。

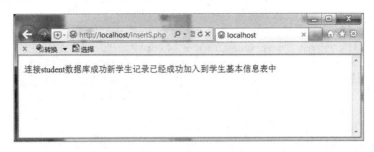

图 11-7 学生信息添加成功页面

此时，可以打开 phpMyAdmin，对新加入的学生信息进行查看确认。

11.4.3 查看学生信息页面实现

编写一个按学号查看学生信息的页面，编写后保存在文件 seekS.html 中，页面代码如下：

```
<?php
 $con=mysqli_connect("localhost:3306","root");
 if (!mysqli_select_db($con,"student"))      //判断是否连接成功
   { echo "连接 sudent 数据库出错";          //输出连接失败信息
     exit;                                   //退出程序
   }
else echo "连接 student 数据库成功\n";
mysqli_query($con,"set names utf8");          //设置 utf-8 字符集
?>
<html>
<head>
<title>查看学生信息</title>
</head>
<body>
  <h3>查看学生信息</h3>
  <form name="seekS" method ="post" action="seekS.php">
  学      号: <input type="text" name="学号"><br>
  <input type="submit" value="提交">
  </form>
</body>
</html>
```

在 Wamserver 安装目录下的 www 文件夹中创建并保存此文件，选择 Wampserver 的 Localhost
选项并在浏览器中输入 seekS.html，程序运行结果如图 11-8 所示。

图 11-8 查看学生信息页面

在查看学生信息页面输入要查看的学生的学号后（如输入 20160111001），单击 "提交" 按钮，就可调用 seekS.php 文件进行信息的查看。seekS.php 代码如下：

```php
<?php
 $con=mysqli_connect("localhost:3306","root");
 if (!mysqli_select_db($con,"student"))         //判断是否连接成功
   { echo "连接 student 数据库出错";              //输出连接失败信息
    exit;                                        //退出程序
   }
else echo "连接 student 数据库成功\n";
mysqli_query($con,"set names utf8");            //设置utf-8字符集
$q="SELECT 姓名, 性别, 出生日期, 院系 FROM 学生基本信息
   WHERE 学号=20160111001";
 $result=mysqli_query($con,$q);
 if ($result)
   {
      echo "信息查询成功<br>";
      $p=mysqli_fetch_array($result, MYSQLI_BOTH);
      if ($p)
   {
       echo "姓名:".$p[0]."<br>";
       echo "性别:".$p[1]."<br>";
   echo "出生日期:".$p[2]."<br>";
   echo "院系:".$p[3]."<br>";
   }
      else  echo "该学生信息不存在";
      }
   else echo "信息查询失败";
?>
```

在 Wamserver 安装目录下的 www 文件夹中创建并保存此 seekS.php 文件。单击图 11-8 中的 "提交" 按键后将自动调用 seekS.php 文件，该文件执行成功后的页面如图 11-9 所示。

图 11-9 学生信息查看结果页面

11.4.4 删除学生信息页面实现

编写一个按学号删除学生信息的页面，编写后保存在文件 deleteS.html 中，页面代码如下：

```php
<?php
 $con=mysqli_connect("localhost:3306","root");
 if (!mysqli_select_db($con,"student"))         //判断是否连接成功
   { echo "连接 sudent 数据库出错";               //输出连接失败信息
```

```
        exit;                                          //退出程序
    }
else echo "连接 student 数据库成功\n";
mysqli_query($con,"set names utf8");              //设置 utf-8 字符集
?>
<html>
<head>
<title>删除学生信息</title>
</head>
<body>
    <h3>删除学生信息</h3>
    <form name="seekS" method ="post" action="deleteS.php">
    学      号: <input type="text" name="学号"><br>
    <input type="submit" value="提交">
    </form>
</body>
</html>
```

在 Wamserver 安装目录下的 www 文件夹中创建并保存此文件，选择 Wampserver 的 Localhost 选项并在浏览器中输入 deleteS.html，程序运行结果如图 11-10 所示。

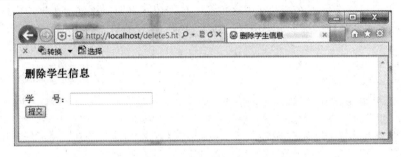

图 11-10　删除学生信息页面

在删除学生信息页面输入要删除的学生学号后（如输入 20160711028），单击"提交"按钮，就可调用 deleteS.php 文件进行信息的删除。deleteS.php 代码如下：

```php
<?php
$con=mysqli_connect("localhost:3306","root");
if (!mysqli_select_db($con,"student"))  //判断是否连接成功
    { echo "连接 sudent 数据库出错";            //输出连接失败信息
      exit;                                      //退出程序
    }
else echo "连接 student 数据库成功\n";
mysqli_query($con,"set names utf8");       //设置 utf-8 字符集
$学号=$_POST["学号"];
$q="DELETE FROM 学生基本信息 WHERE 学号='$学号' ";
 if (mysqli_query($con,$q))
    echo "学生相关信息删除成功";
else
echo "学生相关信息删除失败";
mysqli_close($con);
?>
```

在 Wamserver 安装目录下的 www 文件夹中创建并保存此 deleteS.php 文件。单击图 11-10 中的"提交"按钮后将自动调用 deleteS.php 文件，该文件执行成功后的页面如图 11-11 所示。

图 11-11　删除学生信息后的页面

当学生信息删除后，可以进入学生基本信息管理系统的主页面进行该学生信息的查询，查询结果应为不存在，或者直接进入 phpMyAdmin 中进行查看确认。

11.5　学生信息管理系统程序清单

本节以学生信息管理系统为例，介绍该系统中各个功能页面的设计与实现，供读者参考。

① 学生基本信息管理系统主页关键代码如下，编写后保存在文件 index.php 中。

```
<div class="container-fluid">
<div class="row-fluid">
<div class="span3">
<div class="sidebar-nav">
<div class="nav-header" data-toggle="collapse"
data-target="#dashboard-menu"><i class="icon-dashboard"></i>学生管理</div>
<ul id="dashboard-menu" class="nav nav-list collapse in">
<li ><a href="#myModal" role="button" data-toggle="modal">学生信息</a></li>
<li ><a href="#myModal" role="button" data-toggle="modal">添加学生</a></li>
<li ><a href="#myModal" role="button" data-toggle="modal">编辑学生</a></li>
</ul>
<div class="nav-header" data-toggle="collapse"
data-target="#accounts-menu"><i class="icon-briefcase"></i>课程管理</div>
<ul id="accounts-menu" class="nav nav-list collapse in">
<li ><a href="#myModal" role="button" data-toggle="modal">课程信息</a></li>
<li ><a href="#myModal" role="button" data-toggle="modal">添加课程</a></li>
<li ><a href="#myModal" role="button" data-toggle="modal">编辑课程</a></li>
</ul>
<div class="nav-header" data-toggle="collapse"
data-target="#settings-menu"><i class="icon-exclamation-sign"></i>成绩管理
</div>
<ul id="settings-menu" class="nav nav-list collapse in">
<li ><a href="#myModal" role="button" data-toggle="modal">成绩信息</a></li>
<li ><a href="#myModal" role="button" data-toggle="modal">添加成绩</a></li>
<li ><a href="#myModal" role="button" data-toggle="modal">修改成绩</a></li>
<li ><a href="#myModal" role="button" data-toggle="modal">删除成绩</a></li>
```

```
</ul>
<div class="nav-header" data-toggle="collapse" data-target="#legal-menu"><i
class="icon-legal"></i>综合查询</div>
<ul id="legal-menu" class="nav nav-list collapse in">
<li ><a href="#myModal" role="button" data-toggle="modal">Privacy
Policy</a></li>
<li ><a href="#myModal" role="button" data-toggle="modal">Terms and
Conditions</a></li>
</ul>
</div>
</div>
```

在 Wamserver 安装目录下的 www 文件夹中首先创建 student 文件夹并保存此文件，选择 Wampserver 的 Localhost 选项并在浏览器中输入 http://localhost/student/index。程序运行结果如图 11-12 所示。

图 11-12 学生基本信息管理系统主页面

② 添加学生信息页面的关键代码如下，编写后保存在文件 stuAdd.php 中。

```
<div class="well">
<ul class="nav nav-tabs">
<li class="active"><a href="#home" data-toggle="tab">个人信息</a></li>
<li><a href="#profile" data-toggle="tab">密码</a></li>
</ul>
<div id="myTabContent" class="tab-content">
<div class="tab-pane active in" id="home">
<form id="tab" action="stuAddCheck.php" method = "post">
<label>学号</label>
<input name="stuID" type="text" value="" class="input-xlarge">
```

```
<label>姓名</label>
<input name="stuName" type="text" value="" class="input-xlarge">
<label>性别</label>
<select name="stuSex" id="sex" class="input-xlarge">
<option value="男">男</option>
<option value="女">女</option>
</select>
<label>出生日期</label>
<input name="stuBirth" type="date" value="" class="input-xlarge">
<label>院系</label>
<input name="stuSchool" type="text" value="" rows="3" class="input-xlarge">
<div class="btn-toolbar">
<button type = "submit" class="btn btn-primary"><i class="icon-save"></i> 添
加</button>
<a href="#myModal" data-toggle="modal" class="btn">删除</a>
<div class="btn-group">
</div>
</div>
</form>
</div>
```

在之前创建的 student 文件夹中，创建新文件夹 stu 并保存此文件，选择 Wampserver 的 Localhost 选项并在浏览器中输入 http://localhost/student/stu/stuAdd.php。程序运行结果如图 11-13 所示。

图 11-13　添加学生信息页面

此后，例如添加"20160711028、王鹏鹏、男、1997-10-01、计算机学院"，单击页面中的"添加"按钮，就可调用执行具体信息添加的 stuAddCheck.php 文件进行信息的添加，该文件关键代码如下：

```php
<?php
header("content-type:text/html;charset=GBK");
require_once '../comfun/Mysql.php';
$stuID=$_POST['stuID'];
$stuName=$_POST['stuName'];
$stuSex=$_POST['stuSex'];
$stuBirth=$_POST['stuBirth'];
$stuSchool=$_POST['stuSchool'];
if ($stuID != ''&&$stuName != ''&&$stuSex != ''&&$stuSchool != ''&&$stuBirth){
$sql="insert into stu(stuID, stuName, stuSex, stuBirth, stuSchool) values
        ('$stuID', '$stuName', '$stuSex', '$stuBirth', '$stuSchool')";
    //echo $sql;
    $query=mysqli_query($link,$sql);
    if ($query){
     echo '添加成功';
     echo '<a href="stuAdd.php" role="button" data-toggle="modal">继续添加
</a>'.'</br>';
     echo '<a href="stuDis.php">退出</a>'.'</br>';
     exit();
    }else{
     echo '添加失败';
     echo '<a href="stuAdd.php">重新添加</a>'.'</br>';
     echo '<a href="stuDis.php">退出</a>'.'</br>';
    }
    }else{
    echo '请输入完整信息';
    echo '<a href="stuAdd.php" role="button" data-toggle="modal">返回</a>'.
'</br>';
    exit();
    }

?>
```

将 stuAddCheck.php 保存于 stu 文件夹中，信息添加后运行结果如图 11-14 所示。

图 11-14 学生信息添加结果

此时，可以打开 phpMyAdmin，对新加入的学生信息进行查看确认。

③ 查找学生信息页面的关键代码如下，编写后保存在文件 stuSearch.php 中。

```html
<div class="well" action = "stuSesrchCheck.php">
<div id="myTabContent" class="tab-content">
<div class="tab-pane active in" id="home">
<form id="tab" action = "stuSearchDis.php" method= "post">
```

```
<label>学号</label>
<input name="stuID" type="text" value="" class="input-xlarge">
<label>姓名</label>
<input name="stuName" type="text" value="" class="input-xlarge">
<label>性别</label>
<select name="stuSex" id="sex" class="input-xlarge">
<option value="男">男</option>
<option value="女">女</option>
</select>
<label>出生日期</label>
<input name="stuBirth"  type="date" value="" class="input-xlarge">
<label>院系</label>
<input name="stuSchool" type="text" value="" rows="3" class="input-xlarge">
<div class="btn-toolbar">
<button type = "submit" class="btn btn-primary"><i class="icon-save"></i> 提
交</button>
<div class="btn-group">
</div>
</div>
</form>
</div>
</div>
</div>
```

在文件夹 stu 中保存此文件,选择 Wampserver 的 Localhost 选项并在浏览器中输入 http://localhost/ student/stu/stuSearch.php,运行结果如图 11–15 所示。

图 11–15　查找学生信息页面

　　此后，如查找学号为 20160111001 的学生信息，输入该学号后单击页面中的 "提交 "按钮，就可调用执行具体查找功能的 stuSearchDis.php 文件进行信息的查找。该文件关键代码如下：

```
<div class="well">
<table class="table">
<thead>
<tr>
<th>序号</th>
<th><a href="stuDisSort.php?field=stuID"><span style="color: black">学号
</span></th>
<th><a href="stuDisSort.php?field=stuName"><span style="color: black">姓名
</th>
<th><a href="stuDisSort.php?field=stuSex"><span style="color: black">性别
</th>
<th><a href="stuDisSort.php?field=stuBirth"><span
style="color: black">出生日期</th>
<th><a href="stuDisSort.php?field=stuSchool"><span
style="color: black">院系</th>
<th style="width: 26px;"></th>
</tr>
</thead>
<tbody>
<tr>

<?php
        $stuID=$_POST ['stuID'];
        $stuName=$_POST ['stuName'];
        $stuBirth=$_POST ['stuBirth'];
        $stuSex=$_POST ['stuSex'];
        $stuSchool=$_POST ['stuSchool'];
        $page='"stuChange.php"';
        $matchdata[]=$stuID;
        $matchdata[]=$stuName;
        $matchdata[]=$stuSex;
        $matchdata[]=$stuBirth;
        $matchdata[]=$stuSchool;
     // print_r($matchdata);
        $datasheet = "stu";
        $data=new dataFetch ( );
        $studata=$data->getSearchData($datasheet, $matchdata, $link );
        $data->showData ( $studata,$page );
?>
</tbody>
</table>
</div>
```

将 stuSearchDis.php 保存于 stu 文件夹中，查找结果如图 11-16 所示。

图 11-16 学生信息查找结果页面

习   题

1. 完成本章案例中删除学生信息的功能代码。
2. 将本章案例中所有男生的信息进行显示并输出。